普通高等教育计算机系列教材

大学计算机实践教程

（Windows 10+WPS Office 2019）

李作主　主　编

王　莉　副主编

项巧莲　徐　薇　费丽娟　张慧丽　参　编

電子工業出版社

Publishing House of Electronics Industry

北京 • BEIJING

内 容 简 介

本书是与《大学计算机（Windows 10+WPS Office 2019）（微课版）》（主编莫海芳）配套使用的实践教材，全书共8章，主要介绍Windows 10操作系统、多媒体处理软件、WPS 2019文字文档处理、WPS表格处理、WPS演示文稿及PDF文档处理、Python程序设计、网络基础、数据库应用技术。本书不仅包括全国计算机等级考试中的二级考试知识点，还与行业应用挂钩，设计的示例兼顾综合性和实用性。实验内容循序渐进、由浅入深，便于学生在学习过程中自主地完成实验任务。每章都包括知识要点、基础性实验和提高性实验。每个实验后面都提供操作练习，以增强学生的动手能力和综合应用能力。附录是全国计算机等级考试一级 WPS Office考试大纲（2022年版），可作为考前的复习资料。

本书面向应用，重视操作能力和综合应用能力的培养，可作为高校各专业计算机基础课的教材，也可作为各类计算机基础知识的培训教材和自学参考教材。

图书在版编目（CIP）数据

大学计算机实践教程：Windows 10+WPS Office 2019 / 李作主主编. —北京：电子工业出版社，2022.9
ISBN 978-7-121-44227-8

Ⅰ. ①大… Ⅱ. ①李… Ⅲ. ①Windows 操作系统－高等学校－教材②办公自动化－应用软件－高等学校－教材 Ⅳ. ①TP316.7②TP317.1

中国版本图书馆CIP数据核字（2022）第160267号

责任编辑：徐建军　　文字编辑：徐云鹏
印　　刷：保定市中画美凯印刷有限公司
装　　订：保定市中画美凯印刷有限公司
出版发行：电子工业出版社
　　　　　北京市海淀区万寿路173信箱　邮编 100036
开　　本：787×1 092　1/16　印张：10.75　字数：275.2千字
版　　次：2022年9月第1版
印　　次：2025年1月第6次印刷
定　　价：35.00元

凡所购买电子工业出版社图书有缺损问题，请向购买书店调换。若书店售缺，请与本社发行部联系，联系及邮购电话：（010）88254888，88258888。

质量投诉请发邮件至 zlts@phei.com.cn，盗版侵权举报请发邮件至 dbqq@phei.com.cn。

本书咨询联系方式：（010）88254570，xujj@phei.com.cn。

前言
Preface

本书是与《大学计算机（Windows 10+WPS Office 2019）（微课版）》配套使用的实践教材，本书内容新颖、面向应用，重视计算机操作能力的培养。书中所选的示例循序渐进、由浅入深，对提高学生的计算机操作能力，尽快掌握和巩固所学知识有极大的帮助，同时，也为教师授课提供了极好的素材。书中精心设计的习题，可帮助学生深入掌握基础知识。

本书编者有多年从事大学计算机基础课程教学的经验，本书的特点如下。

（1）每章都有相关知识要点，便于学生复习相关知识。

（2）将实例教学和任务驱动教学结合起来。每个实验都有详细操作步骤，便于学生在学习过程中自主地完成实验任务，也便于教师进行操作演示。每个实验的末尾都有操作练习，以此作为学生独立完成的实验任务，让学生举一反三，强化他们的动手能力和综合应用能力。

（3）书中既有基础性实验，也有提高性实验，可以满足不同层次读者的学习要求。

（4）在实验内容的选取上，注重先进性、实践性与综合性，坚持面向应用、强调操作能力培养和综合应用的原则。

本书由中南民族大学的老师组织编写，李作主担任主编，王莉担任副主编。张慧丽编写第1章，王莉编写第2、7章，李作主编写第3、5章，徐薇编写第4章，项巧莲编写第6章，费丽娟编写第8章。中南民族大学“计算机公共课教学平台”的各位老师给本书提了很多宝贵意见，在此一并表示感谢。

由于编者水平有限，书中难免有疏漏和不足之处，恳请广大读者批评指正。

编　者

目录

Contents

第 1 章　Windows 10 操作系统…………（1）

实验 1　Windows 10 基本操作…………（4）

实验 2　Windows 10 高级操作…………（13）

习题…………（22）

第 2 章　多媒体处理软件…………（24）

实验　多媒体处理软件…………（25）

习题…………（38）

第 3 章　WPS 2019 文字文档处理…………（39）

3.1　文档的基本排版…………（42）

实验 1　WPS 文档文字和段落的格式化…………（42）

实验 2　使用 WPS 的首字下沉、分栏、项目符号和编号排版…………（45）

3.2　图文混排和表格操作…………（51）

实验 3　使用 WPS 实现图文混排…………（51）

实验 4　使用 WPS 创建表格…………（54）

实验 5　使用 WPS 实现邮件合并…………（59）

3.3　长文档编辑…………（62）

实验 6　样式和目录…………（62）

实验 7　题注和脚注/尾注…………（66）

实验 8　插入页眉和页脚…………（70）

习题…………（76）

第 4 章　WPS 表格处理…………（78）

实验 1　WPS 表格的数据输入及格式化…………（80）

实验 2　WPS 表格中的函数及公式应用…………（87）

实验 3　数据分析与统计…………（92）

习题…………（103）

第 5 章　WPS 演示文稿及 PDF 文档处理…………（106）

5.1　WPS 演示文稿操作…………（108）

实验 1　WPS 演示文稿基本操作…………（108）

实验 2　WPS 演示文稿高级操作……（115）
5.2　PDF 文档处理和云办公……（122）
实验 3　用 WPS 进行 PDF 文档处理……（122）
实验 4　WPS 云办公……（126）
习题……（133）
第 6 章　Python 程序设计……（136）
实验　程序设计基础……（136）
习题……（142）
第 7 章　网络基础……（146）
实验　网络基础应用……（147）
习题……（158）
第 8 章　数据库应用技术……（160）
实验　数据库应用基础……（161）
习题……（163）
附录　全国计算机等级考试一级 WPS Office 考试大纲（2022 年版）……（165）

第1章 Windows 10操作系统

知识要点

1. 任务栏的设置

任务栏由“开始”按钮、“搜索”按钮、“任务视图”按钮、“应用程序”区和“托盘”区组成。系统中打开的所有应用软件的图标都显示在任务栏中，利用任务栏可以进行窗口排列和任务管理等操作。在任务栏的空白处右击，在快捷菜单中确定“锁定任务栏”项未被勾选，这样用户就可以调整任务栏的位置和高度。在任务栏的空白处右击，在弹出的快捷菜单中选择“任务栏设置”命令，弹出“设置”对话框，可以对任务栏进行个性化设置。

2. “开始”菜单的常用功能和设置

单击任务栏上的“开始”按钮，打开“开始”菜单，即可启动程序、打开文档文件夹、改变系统设置、进行账户设置等，菜单右边是排列着彩色磁贴的“开始”屏幕。在系统默认情况下，“开始”屏幕包括生活动态及播放和浏览的主要应用，用户可以根据需要添加应用到“开始”屏幕。右击“开始”屏幕中的磁贴，在弹出的快捷菜单中选择“从‘开始’屏幕取消固定”命令，可以从“开始”屏幕取消固定的应用。

3. 窗口和对话框的基本操作

窗口是屏幕上与一个应用程序相对应的矩形区域，是用户与产生该窗口的应用程序之间的可视化界面。当用户开始运行一个应用程序时，应用程序就创建并显示一个窗口；当用户操作窗口中的对象时，程序会做出相应的反应。可通过关闭窗口来终止程序的运行，通过选择相应的应用程序窗口来选择相应的应用程序。窗口的操作包括打开、关闭、移动、放大及缩小等。在桌面上可以同时打开多个窗口，每个窗口可扩展至覆盖整个桌面或缩小为图标。

对话框是Windows提供给用户的一种人机对话界面，广泛应用于Windows 10操作系统中。出现对话框时，用户可根据情况选择或输入信息。

在以下几种情况下会弹出对话框。

（1）在菜单命令或按钮名称后面如果有省略号“…”，则执行后会弹出一个对话框。

（2）用户按某些组合键时会弹出对话框。

（3）执行程序时，系统提示操作和警告信息时会弹出对话框。

（4）选择某些帮助信息时会弹出对话框。

4. 任务管理器

Windows 任务管理器显示计算机性能信息，以及计算机上正在运行的程序和进程的详细信息等。“任务管理器”窗口中有文件、选项、查看 3 个菜单项，其下还有进程、性能、应用历史记录、启动、用户、详细信息和服务 7 个选项卡，如图 1-1 所示。

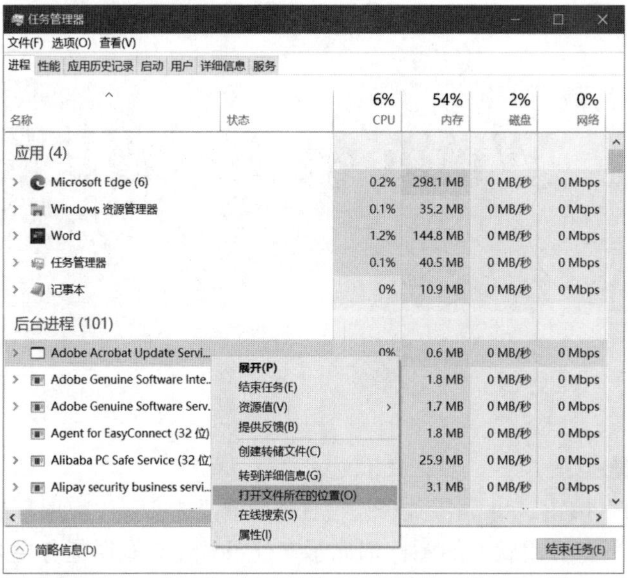

图 1-1 “任务管理器”窗口

打开“任务管理器”窗口的方法有很多。右击“开始”按钮，从打开的菜单中选择“任务管理器”命令，即可打开“任务管理器”窗口；也可在任务栏空白处右击，在弹出的快捷菜单中选择“任务管理器”命令，打开“任务管理器”窗口。

“进程”选项卡中显示计算机正在运行的所有程序，以及它们占用的系统资源，这对于了解哪些程序消耗大量计算机资源非常重要。如果不清楚运行中的程序的来源，则右击程序名，在弹出的快捷菜单中选择“打开文件所在的位置”命令，打开该程序的安装文件夹进行查看。如果某个程序无法正常关闭，或者由于某个程序没有响应造成死机时，在“任务管理器”中选择该程序，然后单击窗口右下角的“结束任务”按钮，一般就可以结束该程序的运行。对于使用“结束任务”按钮也无法关闭的程序，可以在程序名上右击，在弹出的快捷菜单中选择“转到详细信息”命令，在“详细信息”选项卡中默认选中的程序上右击，在弹出的快捷菜单中选择“结束进程树”命令关闭该程序即可。

“性能”选项卡显示计算机硬件资源的详细使用状况。各参数会随着用户对计算机的操作而实时变动。

“启动”选项卡可以管理系统开机后自动启动的程序。开机时需要自动启动的程序越多，计算机从开机到流畅运行所需的时间就越长，所以用户应只保留必要的需要自动启动的程序。

5. 利用文件资源管理器对文件和文件夹进行管理

文件是一组彼此相关并按一定规律组织起来的数据的集合。这些数据使用用户给定的文件名存储在外存储器中。当用户需要使用某文件时，操作系统根据文件名及其在外存储器中的路径找到该文件，然后将其调入内存储器中使用。

众多的文件在磁盘上需要分门别类地存放在不同的文件夹中，以利于对文件进行方便有效的管理。操作系统采用目录树（或称树形文件系统）结构来组织系统中的所有文件。

右击“开始”按钮，从打开的菜单中选择“文件资源管理器”命令，即可打开“文件资源管理器”窗口。

在“文件资源管理器”窗口右窗格的空白处右击，可弹出该窗格的快捷菜单。当鼠标放在菜单中的“查看”选项上时，可以看到有“超大图标”“大图标”“中等图标”“小图标”“列表”“详细信息”“平铺”“内容”8 种查看方式。使用该快捷菜单还可进行图标排序等操作。

6. 选择文件或文件夹的方法

单击某个对象可选中该对象，该对象名称呈反白显示状态。要选择不连续的对象，可在按住 Ctrl 键的同时逐个单击要选择的对象。要选择连续的对象时，可单击要选择的第一个对象，然后按住 Shift 键，单击要选择的最后一个对象；也可以按鼠标左键拖出一个矩形，被矩形包围的所有对象都将被选中。在“文件资源管理器”窗口中按“Ctrl+A”组合键，可选择右窗格中的所有对象，在空白处单击即可取消选择。

7. 新建、删除和重命名文件或文件夹的方法

（1）新建文件或文件夹。

在“文件资源管理器”窗口的左窗格中选择新建文件或文件夹的存放位置，然后在右窗格中右击，在弹出的快捷菜单中选择“新建”命令，在弹出的级联菜单中选择要新建的对象类型后，“文件资源管理器”窗口的右窗格中会出现新建对象的图标，对象名称呈反白显示。此时，用户只需输入新的对象名并确定即可完成创建操作。

（2）删除与恢复对象。

右击“文件资源管理器”窗口中要删除的对象，在弹出的快捷菜单中选择“删除”命令，弹出放入“回收站”的确认对话框。用户可以选择“是”按钮确认删除，或选择“否”按钮放弃删除。在“回收站”中右击要恢复的文件或文件夹，在弹出的快捷菜单中选择“还原”命令，可以将所选对象还原至原来的地方。右击桌面上的“回收站”图标，在弹出的快捷菜单中选择“属性”命令，弹出“回收站属性”对话框，可对“回收站”的属性进行设置。

（3）文件或文件夹的重命名。

右击“文件资源管理器”窗口中要更名的对象，弹出该对象的快捷菜单，选择菜单中的“重命名”命令，此时，该对象名称呈反白显示状态。输入新名称后按 Enter 键即可。

8. 移动和复制文件或文件夹的方法

移动或复制文件或文件夹有 3 种常用方法，即利用剪贴板、利用鼠标左键拖动和利用鼠标右键拖动。

（1）利用剪贴板。

剪贴板是内存中的一块区域，用于暂时存放用户剪切或复制的内容。若要利用剪贴板实现文件或文件夹的移动（或复制）操作，可在“文件资源管理器”窗口中找到要移动（或复制）的对象，在对象上右击，在弹出的快捷菜单中选择“剪切”（或“复制”）命令，该对象即可被移动（或复制）到剪贴板。找到要移动（或复制）到的目标文件夹，在其上右击，弹出该对象的快捷菜单，选择其中的“粘贴”命令，对象即可从剪贴板移动（或复制）到该文件夹中。

（2）利用鼠标左键拖动。

打开“文件资源管理器”窗口，在右窗格中找到要移动的对象，在按 Shift 键的同时按住鼠标左键并拖动到目标文件夹上，即可完成移动该对象的操作；在按 Ctrl 键的同时按住鼠标左键并拖动到目标文件夹上，即可完成复制该对象的操作。需要注意的是，按住 Ctrl 键并拖动时对象的旁边有一个“+”标记。

（3）利用鼠标右键拖动。

打开“文件资源管理器”窗口，在右窗格中找到要移动的对象，按鼠标右键并将其拖动到目标文件夹上。松开鼠标右键后将弹出快捷菜单，选择菜单中的相应命令即可完成移动或复制该对象的操作。

9. 搜索文件或文件夹的方法

Windows 10 任务栏中集成了 Cortanna 搜索，可用来查找存储在计算机上的文件资源。在搜索框中输入关键词后，可自动开始搜索，搜索结果会即时显示在搜索框上方的“开始”菜单中，且搜索结果按照应用、文档和网页等类别分别列出，用户可根据类别快速找到自己所需要的文件资源。

10. 设置文件或文件夹属性

右击“文件资源管理器”窗口中要查看属性的对象，在弹出的快捷菜单中选择“属性”命令，弹出对象属性对话框，可以查看或修改文件或文件夹的属性。

在“文件资源管理器”窗口中单击“查看”选项卡中的“选项”按钮，弹出“文件夹选项”对话框，在该对话框中所做的任何设置和修改，都将对以后打开的所有窗口起作用。

11. 磁盘重命名

右击“文件资源管理器”窗口中的磁盘图标，在弹出的快捷菜单中选择“重命名”命令，可更改磁盘的名称。通常可给磁盘取一个反映其内容的名称。

12. 磁盘格式化

磁盘在第一次使用前需要进行格式化操作。另外，要删除某磁盘分区的所有内容时也可以通过格式化完成。右击“文件资源管理器”窗口中待格式化的磁盘图标，在弹出的快捷菜单中选择“格式化”命令，进行相应设置后即可进行格式化操作。

13. 磁盘属性

右击“文件资源管理器”窗口中的磁盘图标，在弹出的快捷菜单中选择“属性”命令，在弹出的对话框中可查看磁盘的软件和硬件信息，还可对磁盘进行查错、整理及设置磁盘共享属性等操作。

14. 设置

“设置”是用户根据个人需要对系统软件和硬件的参数进行安装和设置的工具程序。单击“开始”按钮，然后选择“开始”菜单中的“设置”命令即可打开“设置”窗口。利用该窗口可以对显示、声音、应用、网络、打印机、日期/时间等配置进行修改和调整，还可以创建和切换用户账户。

实验 1　Windows 10 基本操作

实验目的

（1）掌握 Windows 10 的启动和关闭方法。

（2）掌握 Windows 桌面上基本元素的使用。

（3）了解文件和文件夹的概念。

（4）熟练掌握在“文件资源管理器”窗口中对文件及文件夹的操作，包括文件和文件夹的创建、选择、移动、复制、删除、重命名、搜索和属性设置。

实验内容

1. Windows 10 的启动和关闭

（1）启动。

先打开外设（如显示器、打印机等）的电源，再打开主机电源，计算机自动完成启动过程，进入桌面状态，观察桌面的组成。

有时在操作中因种种原因，出现计算机不响应的情况，这时可以按“Ctrl+Alt+Delete”组合键，然后选择“任务管理器”，打开“任务管理器”窗口，如图 1-1 所示。在“进程”选项卡中选择状态为“未响应”的任务，单击“结束任务”按钮可结束不能响应的程序。若此方法无效，可以长时间按主机电源按钮来强制关机，然后稍等几分钟再重新开机。

（2）关闭。

单击“开始”按钮，在“开始”菜单中选择“电源”命令，在弹出的菜单中选择“关机”命令，系统就会退出 Windows 10 系统并关闭电源。待计算机自动关闭主机电源且显示器屏幕上无内容后，关闭显示器电源。

2. 任务栏的设置

（1）将常用的应用程序固定到任务栏。

用户可以把常用的应用程序固定到任务栏的“应用程序”中，以便以后使用时可以快速打开。一般来说，右击该程序的快捷方式，在弹出的快捷菜单中选择“固定到任务栏”即可。

例如，要将“记事本”的快捷方式固定到任务栏，具体操作如下。

单击“开始”按钮旁边的搜索按钮，输入“记事本”，显示搜索结果最佳匹配为“记事本应用”，如图 1-2 所示。在“记事本”图标上右击，在弹出的快捷菜单中选择“固定到任务栏”，“记事本”图标即可出现在任务栏上。以后需要打开“记事本”时，只需单击任务栏上的“记事本”图标即可。

图 1-2　将“记事本”固定到任务栏

在任务栏的固定图标上右击，在弹出的快捷菜单中选择“从任务栏取消固定”，可解除固定。

（2）将任务栏设置为自动隐藏。

在任务栏空白处右击，在弹出的快捷菜单中选择“任务栏设置”命令，弹出“设置”对话框，在“任务栏”栏中将“在桌面模式下自动隐藏任务栏”下的开关打开。

（3）将任务栏的位置移动到屏幕上方。

将任务栏快捷菜单中的“锁定任务栏”项设置为非选中状态，然后将鼠标指针移动到任务栏空白处，按住鼠标左键并拖动至屏幕上方后松开，即可将任务栏调整到屏幕上方。

提示：要调整任务栏的位置、高度等，首先必须将任务栏快捷菜单中的“锁定任务栏”项设置为非选中状态。

3. “开始”菜单的常用功能和设置

（1）打开“开始”菜单。

单击任务栏上的“开始”按钮，打开“开始”菜单，观察“开始”菜单的组成。

（2）用“开始”菜单启动应用程序。

例如，启动 Windows 中的“截图和草图”应用程序，具体操作如下。

单击“开始”按钮，在“开始”菜单中找到并单击“截图和草图”命令，即可打开“截图和草图”应用程序窗口。

（3）动态磁贴的使用。

“开始”屏幕中的方块图形叫“磁贴”，如图 1-3 所示。通过它可以快速打开应用程序。

图 1-3　动态磁贴

如果想要将某个应用程序固定到“开始”菜单的磁贴栏，可右击该应用，在弹出的快捷菜单中选择“固定到‘开始’屏幕”。

右击某个磁贴，在弹出的快捷菜单中选择“从‘开始’屏幕取消固定”，可将其从磁贴栏移除。

按鼠标左键不放，将磁贴拖曳至任意位置或分组，可对磁贴位置进行调整。

4. 窗口操作

在桌面上双击“此电脑”图标，打开“此电脑”窗口，可以看到窗口包括标题栏、工具面板、地址栏、“→（前进）”按钮、“←（返回）”按钮、“↑（上移）”按钮、滚动条、“关闭”按钮、“最小化”按钮、“最大化”/“还原”按钮等。

（1）移动窗口。

将鼠标指针放在窗口的标题栏上，按住鼠标左键并拖动至所需位置后松开即可。

（2）缩放窗口（改变窗口的大小）。

将鼠标指针移到窗口边框或窗口角上，待鼠标指针变成双向箭头时，按住鼠标左键并拖动即可。

（3）“最小化”、“最大化”、“还原”和“关闭”窗口。

分别单击标题栏右上角的“－（最小化）”按钮、“□（最大化）”按钮、“🗗（还原）”按钮、“×（关闭）”按钮，观察窗口变化。

（4）切换窗口。

当桌面上有多个正在运行的窗口时，可单击任务栏上对应的程序按钮，将其切换成当前活动窗口。按“Alt+Tab”组合键，或单击某个窗口中的任意位置也可以将其切换成当前活动窗口。

（5）排列窗口。

窗口的排列有层叠显示、堆叠显示和并排显示 3 种方式。当桌面上运行多个窗口时，右击任务栏上的空白处，从弹出的快捷菜单中可选择一种排列方式，如图 1-4 所示。

图 1-4　任务栏快捷菜单

5. 打开文件资源管理器

右击“开始”按钮，从打开的菜单中选择“文件资源管理器”命令，即可打开“文件资源管理器”窗口。

在“文件资源管理器”窗口的左窗格中显示计算机中资源的结构，右窗格中显示左侧选定的某项目的内容。

6. 资源管理器的基本操作

（1）显示和隐藏布局中的窗格。

在“查看”选项卡的“窗格”组中，通过单击“预览窗格”“详细信息窗格”按钮可控制是否显示相应窗格；单击“导航窗格”按钮，可在弹出的列表中选择导航窗格显示的内容。

（2）调整左右窗格大小。

将鼠标指针放在左右窗格之间的分隔线上，当鼠标指针变成双向箭头时，按住鼠标左键左右拖动鼠标即可调整左右窗格的大小。

（3）显示某一文件夹中的内容。

在左窗格中双击 C 盘根目录下的 Windows 文件夹，此时该文件夹处于打开状态，同时右窗格显示该文件夹中的内容。

单击“↑（上移）”按钮，返回 Windows 文件夹的上一级，即 C 盘根文件夹下，此时右窗格显示的是 C 盘根目录下的内容。如果在右窗格中双击 Windows 文件夹，它会再次成为当前文件夹，在右窗格中显示其内容。

（4）右窗格中对象的排列。

在右窗格中右击，在弹出的快捷菜单中选择“排序方式”命令，然后分别选择“排序方式”

子菜单中的“名称”、“修改日期”、“类型”和“大小”命令，观察右窗格中的文件和文件夹排列方式的变化。选择“排序方式”子菜单中的“递增”或“递减”命令，可以按照指定的“名称”、“修改日期”、“类型”或“大小”对对象进行升序或降序排序。

7. 文件资源管理器的使用

（1）选定文件和文件夹。

在对文件和文件夹进行操作前，一般要先选定该操作对象。

例如，选择D盘中的文件和文件夹，具体操作如下。

① 在“文件资源管理器”窗口的左窗格中单击“驱动器D”。

（以下的操作均在右窗口中进行）。

② 如果只选定一个文件或文件夹，则只需单击该对象即可。

③ 若需选定多个连续的文件或文件夹，可以用鼠标拖动拉出一个方框，框内呈反白显示状态的即为所选文件；或者先单击第一个文件，在按住Shift键的同时，再单击要选择的最后一个文件。

④ 若需选定多个不连续的文件或文件夹，只需按住Ctrl键不放，单击要选定的每个对象。

⑤ 若要选择以某些字符开头的文件或文件夹，可先将右窗格中的对象按“名称”排序（右击，在弹出的快捷菜单中选择“排序方式”→“名称”命令），然后重复③或④步的操作。

⑥ 若要选择某一类型的文件或文件夹，可先将右窗格中的对象按“类型”排序（右击，选择“排序方式”→“类型”命令），然后重复③或④的操作。

⑦ 若要选择全部文件或文件夹，可直接按“Ctrl+A”组合键。

⑧ 若要取消对个别对象的选择，在按住Ctrl键的同时单击该对象即可；若要取消对所有对象的选择，单击空白区域即可。

（2）文件夹和文件的创建。

① 在D盘根目录下建立以自己的学号命名的文件夹，然后在其下建立名为“one”和“two”的两个子文件夹。具体操作如下。

图1-5 新建的文件夹

在“文件资源管理器”窗口的左窗格中单击“驱动器D”，打开D盘根目录。在右窗格的空白处右击，在弹出的快捷菜单中选择“新建”→“文件夹”命令，此时在右窗格中将出现一个“新建文件夹”图标，输入自己的学号作为文件夹的名称，然后按Enter键确认。双击打开该文件夹，在右窗格的空白处右击，在弹出的快捷菜单中选择“新建”→“文件夹”命令，此时在右窗格中将出现一个“新建文件夹”图标，输入“one”作为文件夹的名称，然后按Enter键确认，此文件夹“one”为学号文件夹的子文件夹。用同样的方法在学号文件夹下建立另一个名为“two”的子文件夹。此时在“文件资源管理器”窗口的左窗格中可看到如图1-5所示的新建的文件夹，注意其中学号文件夹的名称是自己的学号。

② 在one文件夹下新建一个名为work.docx的Word文档。

在“文件资源管理器”窗口的左窗格中选定one文件夹，在右窗格的空白处右击，在弹出的快捷菜单中选择“新建”→“Microsoft Word文档”命令，此时在右窗格中会出现一个“新建Microsoft Word文档.docx”图标，输入“work”作为文件的主文件名，扩展名.docx保持不变。

（3）文件及文件夹的复制。

将C盘“Windows”文件夹中的所有扩展名为“.exe”的文件复制到“one”子文件夹中，具体操作如下。

① 在“文件资源管理器”窗口的左窗格中选定C盘的“Windows”文件夹，此时右窗格中显示“Windows”文件夹下的所有内容。

② 在该窗口的“查看”选项卡的“布局”组中选择“详细信息”查看方式。单击文件列表标题栏中的“类型”列，使右窗格中的文件按照文件类型排列。

③ 拖动滚动条，找到扩展名为“.exe”的应用程序文件。在第一个“.exe”文件上单击，然后按住Shift键并在最后一个“.exe”文件上单击，可选择所有“.exe”文件。

④ 将鼠标移至选中的区域，按住鼠标右键将选中的文件拖动到左窗格的目标文件夹“one”上。松开鼠标后，在弹出的快捷菜单中选择“复制到当前位置”命令即可。

提示：也可以用剪贴板或按住鼠标左键拖动的方法来完成复制操作。如果使用剪贴板方法，则先执行上述①、②、③步，然后按“Ctrl+C”组合键，将其复制到剪贴板，再在左窗格中选定要复制到的目标文件夹“one”，按“Ctrl+V”组合键完成复制。另外，在“文件资源管理器”窗口的左窗格中选择D盘根目录，然后按“Ctrl+V”组合键，通过观察发现又复制了一份到D盘根目录，这说明“复制”一次后可“粘贴”多次。如果使用按住鼠标左键拖动的方法，则先执行上述①、②、③步，然后将鼠标移至选中的区域，在按Ctrl键的同时按住鼠标左键将选中的文件拖动到左窗口的目标文件夹“one”上，松开鼠标和Ctrl键即可。

（4）文件及文件夹的移动。

将“one”文件夹中以字母W开头的文件移动到“two”文件夹中，具体操作如下。

① 在“文件资源管理器”窗口的左窗格中，选定D盘的“one”文件夹，此时右窗格中显示“one”文件夹下的所有内容。

② 在该窗口的“查看”选项卡的“布局”组中选择“详细信息”查看方式。单击文件列表标题栏中的“名称”列，使右窗格中的文件按照文件名称排列。

③ 拖动滚动条，找到以字母W开头的文件。在第一个以字母W开头的文件上单击，然后按住Shift键并在最后一个以字母W开头的文件上单击，可选择所有以字母W开头的文件。

④ 按住鼠标右键，将选中的文件拖动到左窗格的目标文件夹“two”上。松开鼠标后，在弹出的快捷菜单中选择“移动到当前位置”命令即可。

提示：也可以用剪贴板或采用按住鼠标左键拖动的方法来完成移动操作。如果使用剪贴板方法，则先执行上述①、②、③步，然后按“Ctrl+X”组合键将其剪切到剪贴板，再在左窗格中选定要移动到的目标文件夹“two”，按“Ctrl+V”组合键完成移动。另外，在“文件资源管理器”窗口的左窗格中选择D盘根目录，然后按“Ctrl+V”组合键。通过观察发现以字母W开头的文件并未移动到D盘根目录，这说明“剪切”一次后只能“粘贴”一次。如果使用按住鼠标左键拖动的方法，则先执行上述①、②、③步，然后将鼠标移至选中的区域，在按Shift键的同时按住鼠标左键将选中的文件拖动到左窗格的目标文件夹“two”上，松开鼠标和Shift键即可。

（5）文件及文件夹的重命名。

将上面建立的“two”文件夹改名为“too”，然后将“too”文件夹下的文件“write.exe”（这是Windows 10自带的写字板程序）的主文件名改为“wt”，具体操作如下。

① 在“文件资源管理器”窗口的左窗格中选中D盘的学号文件夹，在右窗格中将鼠标指向

“two”文件夹后右击，在弹出的快捷菜单中选择“重命名”命令，此时文件夹名“two”呈反白显示状态。

② 输入新名称“too”，按 Enter 键。

③ 单击“查看”选项卡中的“选项”按钮，弹出“文件夹选项”对话框，在该对话框中选择“查看”选项卡，在“高级设置”列表框中，确保“隐藏已知文件类型的扩展名”复选框处于非选中状态，如图 1-6 所示，然后单击“确定”按钮。

④ 在“文件资源管理器”窗口的左窗格中选中“too”文件夹，在右窗格中单击选中“write.exe”文件，在其文件名上单击，此时文件名的主文件名“write”呈反白显示状态。

⑤ 拖动选中整个文件名“write.exe”，输入新名称“wt”，按 Enter 键，弹出如图 1-7 所示的“重命名”对话框，仔细阅读其中的提示。

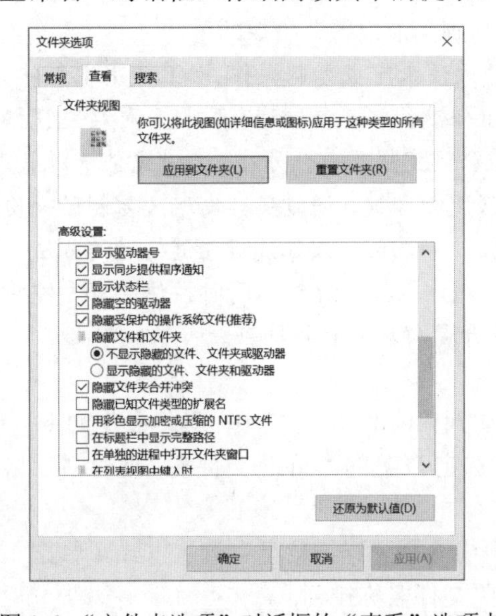

图 1-6 “文件夹选项”对话框的“查看”选项卡

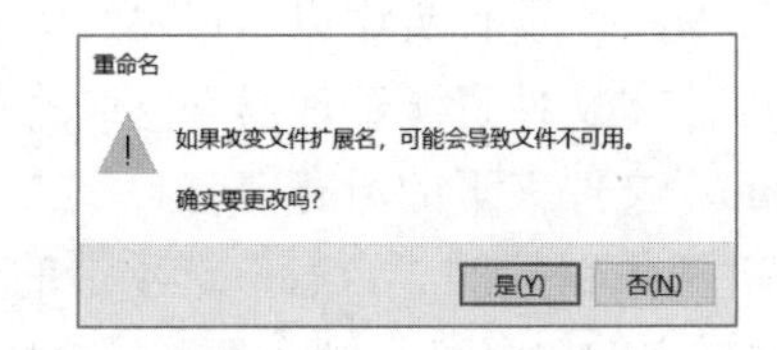

图 1-7 “重命名”对话框

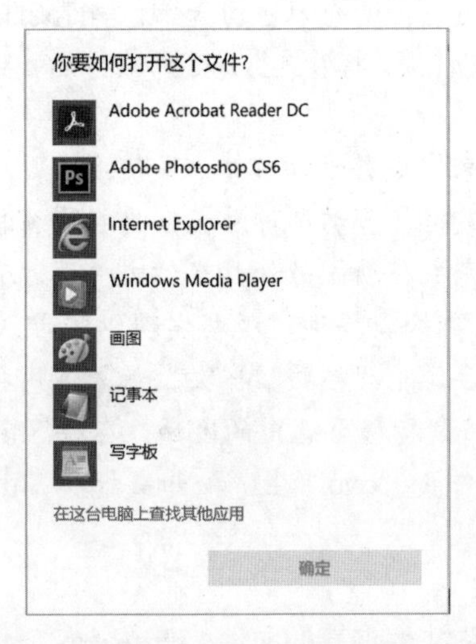

图 1-8 “你要如何打开这个文件？”提示

⑥ 单击“是”按钮，观察图标变化。

⑦ 双击“wt”文件图标，弹出“你要如何打开这个文件？”提示，如图 1-8 所示，表明由于 Windows 10 不能识别此文件，因而无法找到匹配的软件来打开它，希望用户自己选择打开此文件的软件。

⑧ 在提示之外的任意地方单击退出该提示。

⑨ 在“文件资源管理器”窗口的右窗格中选中“wt”文件，在其文件名上单击，文件名呈反白显示后，将文件名改为“wt.exe”，按 Enter 键，观察图标变化。

⑩ 双击文件“wt.exe”的图标，此时可顺利打开写字板程序，在写字板中输入一段文字，然后在弹出的快捷菜单中选择“文件”→“保存”命令，弹出“保存为”对话框，如图 1-9 所示。选择保存位置为“one”文件夹，输入文件名“你好_smile.rtf”。

对文件进行重命名时需要特别注意，文件的扩展名标志着文件的类型，且与打开该文件的软件相关，不能随便更改。

提示：在上述步骤①中选中“two”文件夹后，也可用其他方法完成重命名操作。例如，可直接按F2键，此时文件夹名“two”呈反白显示。输入新名称“too”，按Enter键确认。

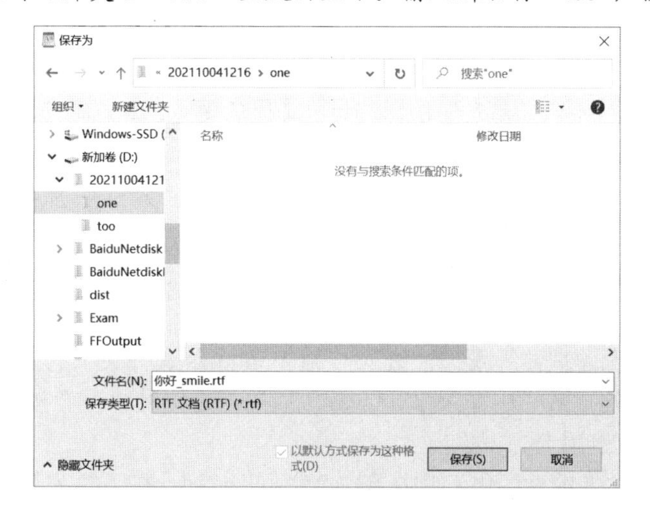

图1-9 “保存为”对话框

（6）文件及文件夹的删除和恢复。

删除“one”文件夹，然后将其恢复到之前的位置，具体操作如下。

① 选中“one”文件夹，然后按Delete键，弹出“删除文件夹”对话框，如图1-10所示，单击“是”按钮，即可删除文件夹。

图1-10 “删除文件夹”对话框

② 查看“回收站”中的内容。

③ 在“回收站”中选择“one”文件夹，然后右击，在弹出的快捷菜单中选择“还原”命令，即可将此对象还原到删除前的位置。

提示：在选中的对象上右击，在弹出的快捷菜单中选择“删除”命令也可以删除该对象。所谓删除文件及文件夹实际上并没有真正删除它们，只是将它们放到“回收站”内。“回收站”内的文件及文件夹是可以恢复的，只有在“回收站”内删除文件才是真正的删除，不可恢复。但如果在删除文件及文件夹时，按“Shift+Delete”组合键，则文件不会被放到“回收站”内，而是被彻底删除。

（7）文件及文件夹属性的设置。

将“too”文件夹中的“wt.exe”文件的属性设置为“隐藏”，具体操作如下。

① 将鼠标指向“too”文件夹中的“wt.exe”文件后右击，在弹出的快捷菜单中选择“属性”命令，弹出相应的属性对话框。

② 在该对话框中勾选“隐藏”复选框，然后单击“确定”按钮，即可将“wt.exe”文件隐藏。

提示： 文件设置为“隐藏”属性后，在“文件资源管理器”窗口中是否还能被看到取决于“文件夹选项”对话框中的设置。要看到隐藏文件，应在“文件资源管理器”窗口单击“查看”选项卡中的“选项”按钮，弹出“文件夹选项”对话框，选择“查看”选项卡，如图 1-6 所示，在“高级设置”列表框中，选中“隐藏文件和文件夹”选项中的“显示隐藏的文件、文件夹和驱动器”单选按钮，然后单击“确定”按钮。如果要彻底隐藏，则应选中“不显示隐藏的文件、文件夹或驱动器”单选按钮。

（8）查找文件或文件夹。

可在本地计算机或网络上搜索需要的文件。

在 C:\Windows\Media 文件夹中查找所有第二个字母为 i、扩展名为.wav、大小为 16KB～1MB 的文件，具体操作如下。

① 打开“文件资源管理器”窗口，进入 C 盘 Windows 文件夹下的 Media 子文件夹。

② 在窗口右上角的搜索栏中输入“?i*.wav”后单击右侧的“→”按钮开始搜索。此时在工具栏中出现“搜索”选项卡。

③ 在“搜索”选项卡的“优化”组中单击“大小”按钮，在下拉列表中选择“小（16KB-1MB）”，系统会根据搜索要求进行查找，最后将搜索到的文件显示在右窗格中，如图 1-11 所示。

图 1-11　搜索结果

提示： 如果在“搜索”选项卡的“位置”组中选择“当前文件夹”，则只在 C:\Windows\Media 文件夹中查找；选择“所有子文件夹”，则在 C:\Windows\Media 文件夹以及它的所有子文件夹内查找。“优化”组的选项可以限定搜索的范围。

在搜索中注意通配符的用法。例如，“*let.*”表示要搜索主文件名的最后 3 个字符为“let”的所有文件；“*let*.*”表示要搜索主文件名中含有“let”这 3 个字符的所有文件；“?let*.*”表示要搜索主文件名的第 2、3、4 个字符依次是“l”“e”“t”的所有文件；而“?let.*”则表示要搜索主文件名由 4 个字符组成，且后 3 个字符是“let”的所有文件。

（9）创建文件或文件夹的快捷方式。

① 在桌面上为“one”文件夹创建快捷方式，具体操作如下。

在“文件资源管理器”窗口中右击“one”文件夹，在弹出的快捷菜单中选择“发送到”→“桌面快捷方式”命令。

② 在D盘根目录下为“one”文件夹创建快捷方式，具体操作如下。

在“文件资源管理器”中右击“one”文件夹，在弹出的快捷菜单中选择 “复制”命令，然后选择 D 盘根目录，在“文件资源管理器”窗口的右窗格中右击，在弹出的快捷菜单中选择“粘贴快捷方式”命令即可。

操作练习

（1）在桌面上排列图标，把“回收站”排在左上角第一个位置。

（2）将任务栏的位置调整至屏幕上方。

（3）使任务栏不显示系统时间。

（4）在“开始”菜单显示最常用的应用。

（5）在D盘建立“我的文件”文件夹。

（6）在“我的文件”文件夹下建立“图片”和“资料”文件夹。

（7）在“图片”文件夹下建立图片文件“smile.png”，图片内容为一张笑脸。

（8）将图片文件“smile.png”复制一份至“我的文件”文件夹下。

（9）在计算机中查找“aero_arrow_l.cur”文件。可能找到多个，观察它们的存放位置。

（10）将“aero_arrow_l.cur”文件复制到D盘的“资料”文件夹中。

（11）在桌面上建立“aero_arrow_l.cur”文件的快捷方式。

（12）将“资料”文件夹下的“aero_arrow_l.cur”文件移动到D盘根目录。

（13）将D盘根目录下的“aero_arrow_l.cur”文件的属性设置为隐藏。若需要，在“文件夹选项”对话框中进行设置，使其真正隐藏。

（14）将桌面上“aero_arrow_l.cur”文件的快捷方式放到“回收站”内。

（15）查看“回收站”，并将“aero_arrow_l.cur”文件的快捷方式还原。

（16）显示系统已知文件类型的扩展名。

（17）将“我的文件”文件夹下的“smile.png”文件的主文件名改为“laugh”。

（18）将“laugh.png”文件设置为墙纸。

（19）使所有项目以单击方式打开（将鼠标指向该对象即被选中，然后单击即被打开）。

（20）以“详细信息”的形式显示D盘根目录下的所有文件（包括隐藏文件和系统文件），并按照文件大小的升序排列。

实验2 Windows 10高级操作

实验目的

（1）掌握磁盘工具的使用。

（2）了解“设置”的功能，更改计算机的设置。

（3）熟练掌握“设置”中常规项目的设置。

实验内容

1. 磁盘重命名

将E盘重命名为“资料”，具体操作如下。

打开“此电脑”窗口，右击要重命名的磁盘，在弹出的快捷菜单中选择“重命名”命令，此时磁盘名称呈反白显示，输入新名称“资料”，然后按Enter键即可。

2. 磁盘检查

对D盘进行磁盘检查的具体操作如下。

（1）打开“此电脑”窗口，右击要检查的磁盘 D，在弹出的快捷菜单中选择“属性”命令。

（2）在磁盘属性对话框中选择“工具”选项卡，如图 1-12 所示。

（3）在“查错”栏中单击“检查”按钮，弹出如图 1-13 所示的对话框。

（4）根据提示可取消检查，或者选择“扫描驱动器”进行磁盘检查。

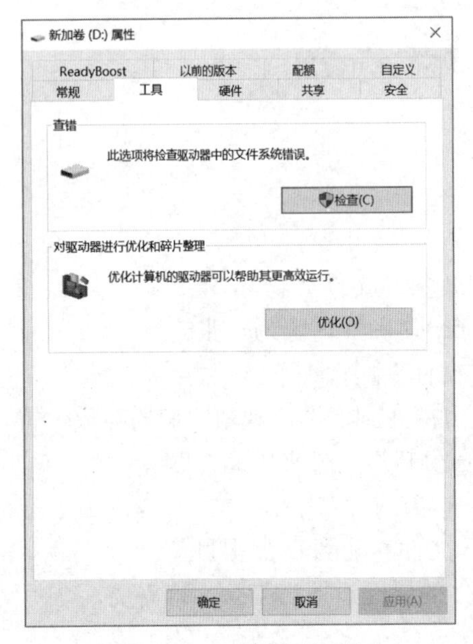

图 1-12 “工具”选项卡

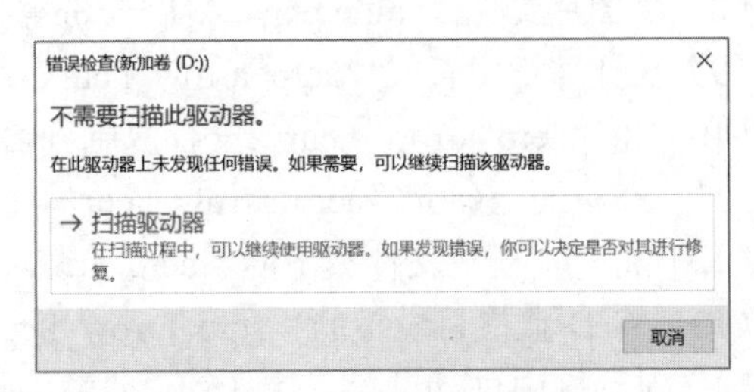

图 1-13 “错误检查”对话框

3. 磁盘碎片整理

对 D 盘进行磁盘碎片整理的具体操作如下。

（1）在如图 1-12 所示的“工具”选项卡中单击“优化”按钮，弹出如图 1-14 所示的“优化驱动器”对话框。

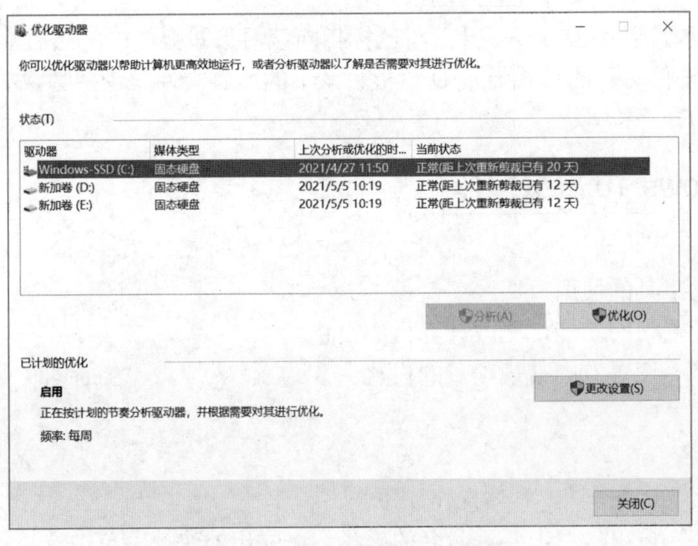

图 1-14 “优化驱动器”对话框

（2）在“状态”列表框中选择要整理的磁盘（分区）D，单击“优化”按钮，系统开始进行整理。

（3）整理期间可单击“停止操作”按钮，停止对磁盘碎片的整理。

提示：磁盘碎片是指存放在磁盘不同位置上的一个文件的各个部分。磁盘碎片较多时会影响文件的存取速度，从而导致计算机整体运行速度下降。Windows 所提供的优化驱动器程序可以重新安排文件的存储位置，将文件尽可能地存放在连续的存储空间上，从而减少碎片，提高计算机的运行速度。碎片整理功能并不适用于固态硬盘。消费级固态硬盘的擦写次数是有限制的，碎片整理会大大减少固态硬盘的使用寿命。

4. 磁盘清理

在如图 1-12 所示的磁盘属性对话框中选择“常规”选项卡，单击“磁盘清理”按钮即可进行磁盘清理。

提示：Windows 的磁盘清理工具可以将磁盘上无用的文件成批地删除，以释放所占用的存储空间。

5. 启动“设置”窗口

右击“开始”按钮，从打开的菜单中选择“设置”命令，即可打开“设置”窗口主界面。

6. 桌面背景的设置

用户可以根据自己的喜好，自由设置桌面背景，具体操作如下。

（1）在“设置”窗口主界面中单击“个性化”，进入“个性化”设置界面。也可以在桌面空白处右击，在弹出的快捷菜单中选择“个性化”命令，进入“个性化”设置界面。单击“个性化”设置界面左上角的“←”或“主页”项，可返回“设置”窗口主界面。

（2）在“个性化”设置界面的左窗格中选择“背景”时，可设置桌面背景。

（3）如图 1-15 所示，在右窗格的“背景”栏选择“纯色”，即可在“选择你的背景色”栏中选择自己喜欢的颜色作为桌面背景。

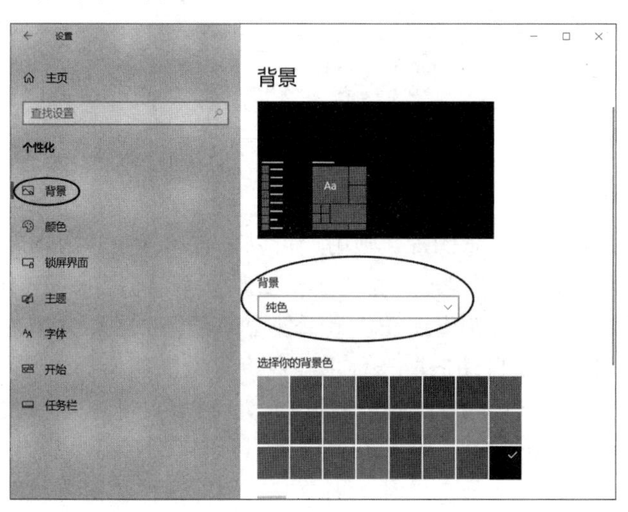

图 1-15 “背景”设置界面

（4）在右窗格的“背景”栏中选择“图片”，即可在“选择图片”栏中选择系统给出的图片作为桌面背景；也可以单击系统图片下方的“浏览”按钮，在计算机中选择图片来作为桌面背景。如果选择的图片与屏幕的长宽比不匹配，则可以在“选择契合度”栏中进行设置。选择“填充”时，会将图片等比缩放，优先适应最小边，以填充屏幕，如果图片大小和屏幕分辨率不一样，会被剪裁掉一部分；选择“适应”时，会将图片等比缩放，保持图片比例的同时最大化地显示图片；选择“拉伸”时图片不按比例缩放，而是根据屏幕显示分辨率拉伸，让图片占满桌面；选择“平铺”时，如果图片较小，则按照图片实际大小显示，挨个排列，直到铺满整个桌面；选择“居中”时，如果图片较小，则按照图片实际大小显示，并显示在桌面中央；选择“跨区”时，如果计算机连接了多个显示器，则系统将所有显示器连接起来使用一张图片壁纸，从而使屏幕看起来更宽广。

（5）在右窗格的“背景”栏中选择“幻灯片放映”，然后在“为幻灯片选择相册”栏中单击“浏览”按钮，选择一个存放图片的文件夹；还可以在“图片切换频率”栏中设置多张图片间的切换频率，并根据需要设置是否无序播放和契合度等。

7. 设置颜色

在“个性化”设置界面的左窗格中选择“颜色”，可以设置系统主题色。Windows 10 中系统主题色有两个来源，一个是自动从背景图片中选择，如图 1-16 所示；另一个是从微软提供的若干颜色中选取。

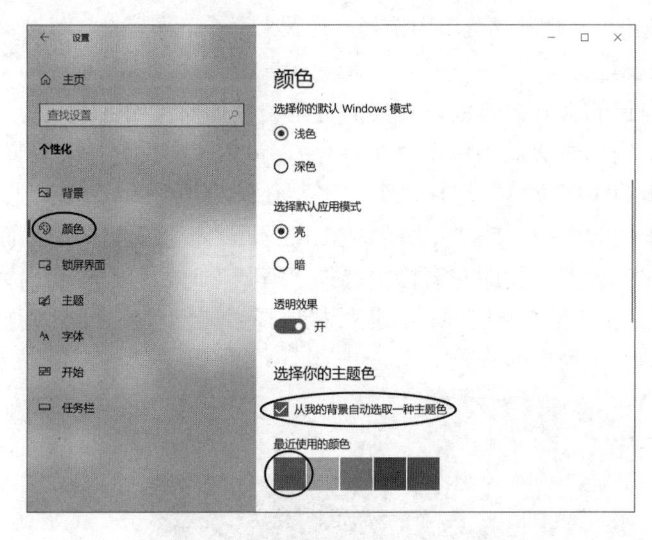

图 1-16　从背景图片中选择主题色

如果计算机的桌面背景是一张图片，则用户可以在右窗格中，在“选择你的主题色”栏中勾选“从我的背景自动选取一种主题色”复选框，此时，系统会自动在桌面背景图中选取一种颜色作为主题色，同时这个颜色会出现在“最近使用的颜色”中，并排列在第一个。

如果取消对“从我的背景自动选取一种主题色”复选框的选择，则用户可以在如图 1-17 所示的“Windows 颜色”色块列表中选择一种颜色作为主题色；也可以单击色块列表下方的“自定义颜色”，自己定义一种颜色作为主题色。在“在以下区域显示主题色”栏中勾选“标题栏和窗口边框”复选框，当打开多个窗口时，当前窗口的标题栏和窗口边框将显示为主题色。

8. 设置主题和桌面图标

在“个性化”设置界面的左窗格中选择“主题”，可进行主题设置。主题设置包括背景、颜色、声音和鼠标光标的设置等。

① 设置背景。选择右窗格中的“背景”按钮，可切换到如图 1-15 所示的“背景”设置界面。

② 设置颜色。选择右窗格中的“颜色”按钮，可切换到如图 1-17 所示的界面。

③ 设置声音。选择右窗格中的“声音”按钮，弹出“声音”对话框。在“声音”对话框中可以设置 Windows 各种事件发生时的伴随声音，如图 1-18 所示，默认的声音方案是“Windows

默认”。在“程序事件”列表框中选择一个 Windows 事件，如“清空回收站”，然后在“声音”下拉列表中选择一个声音文件，如“Ring03.wav”，单击“确定”按钮，以后每次清空回收站时，就会同时播放“Ring03.wav”声音文件。

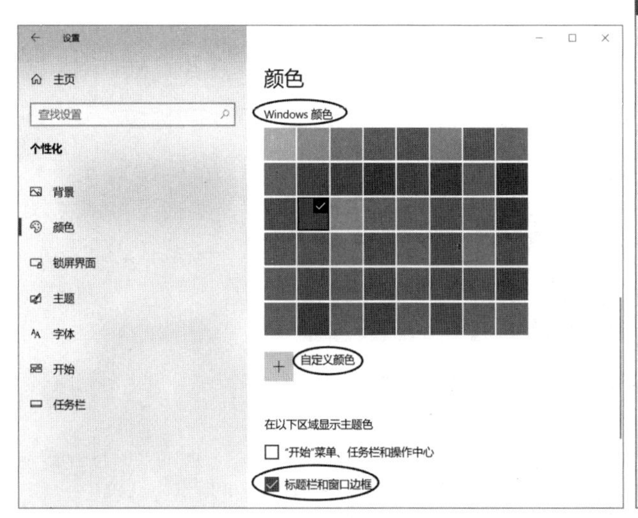

图 1-17 选择 Windows 颜色作为主题色

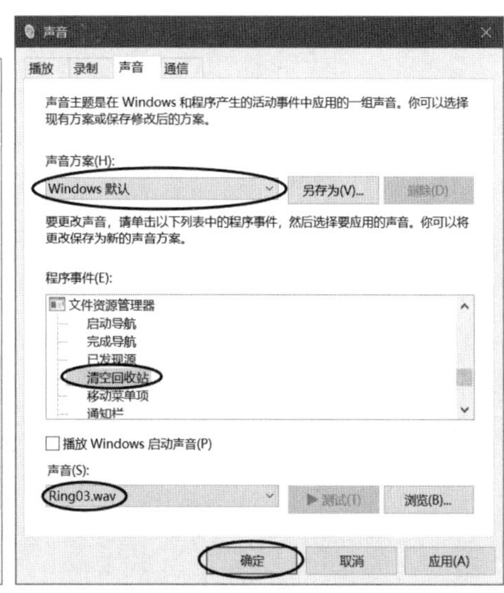

图 1-18 “声音”对话框

④ 设置鼠标光标。在主题设置下选择右窗格中的“鼠标光标”按钮，弹出“鼠标属性”对话框，可以对鼠标键、鼠标指针形状、滑轮等进行设置。

⑤ 设置桌面图标。在主题设置下单击右窗格下部“相关设置”栏中的“桌面图标设置”命令，弹出如图 1-19 所示的“桌面图标设置”对话框。在“桌面图标”栏中勾选的系统图标可出现在桌面上。

在该对话框中部的矩形框中选择“网络”图标后，单击“更改图标”按钮，弹出“更改图标”对话框，如图 1-20 所示。在“从以下列表中选择一个图标”栏选择喜欢的图标后单击“确定”按钮，观察桌面上的“网络”图标是否已变为在图 1-20 中所选的图标。

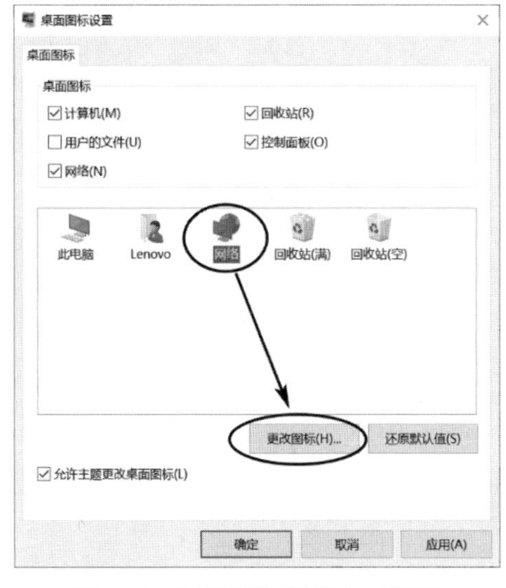

图 1-19 “桌面图标设置”对话框

图 1-20 “更改图标”对话框

9. **设置锁屏界面**

在“个性化”设置界面的左窗格中选择“锁屏界面”，可进行锁屏界面的设置，如图 1-21 所示，锁屏界面可设置为 Windows 聚焦、图片或幻灯片放映。具体设置方法与桌面背景设置相似。

图 1-21　设置锁屏界面

在右窗格下方选择“屏幕超时设置”，可进行电源和睡眠的设置，如图 1-22 所示。在“屏幕”栏中可设置用户多久未使用计算机的情况下屏幕关闭；在“睡眠”栏中可设置在用户多久未使用计算机的情况下计算机进入睡眠状态。

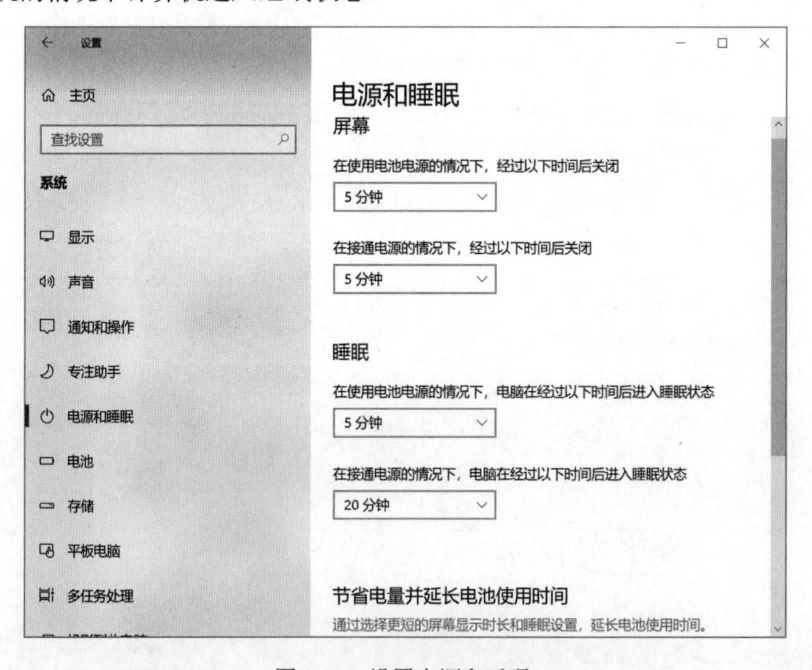

图 1-22　设置电源和睡眠

单击窗口左上角的“←”返回图 1-21 设置锁屏界面，在右窗格下方选择“屏幕保护程序设置”弹出“屏幕保护程序设置”对话框，如图 1-23 所示。在该对话框中选择屏幕保护程序“3D 文字”，单击“设置”按钮，设置文字内容为“此时无声胜有声”，等待时间为 2 分钟，确定后观察，在 2 分钟不使用计算机的情况下，屏幕是否进入屏幕保护状态。

图 1-23　设置屏幕保护程序

10. 设置任务栏

在“个性化”设置界面的左窗格中选择“任务栏”，可进行任务栏的设置，如图 1-24 所示，可以设置锁定任务栏、自动隐藏任务栏等，还可以设置任务栏在屏幕上的位置。在右窗格的“通知区域”栏中单击“选择哪些图标显示在任务栏上”，可以选择将哪些图标显示在任务栏的通知区域，如图 1-25 所示。

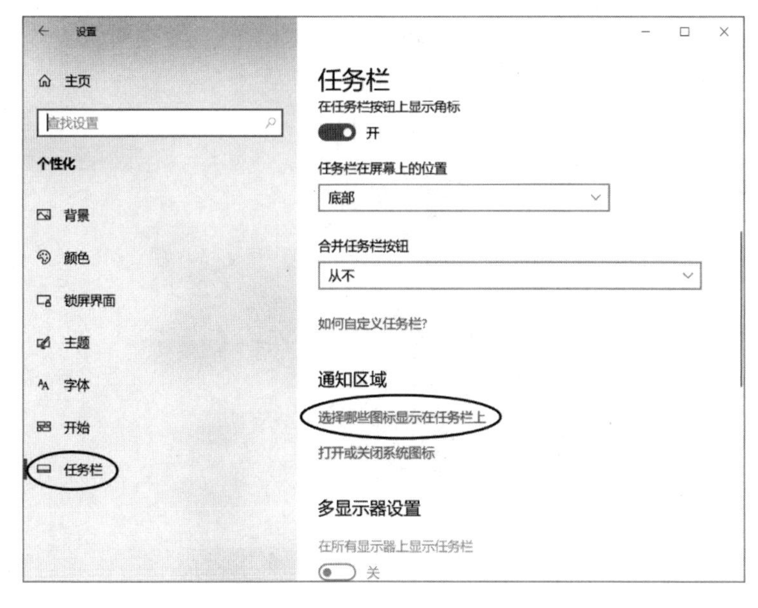

图 1-24 “任务栏”设置界面

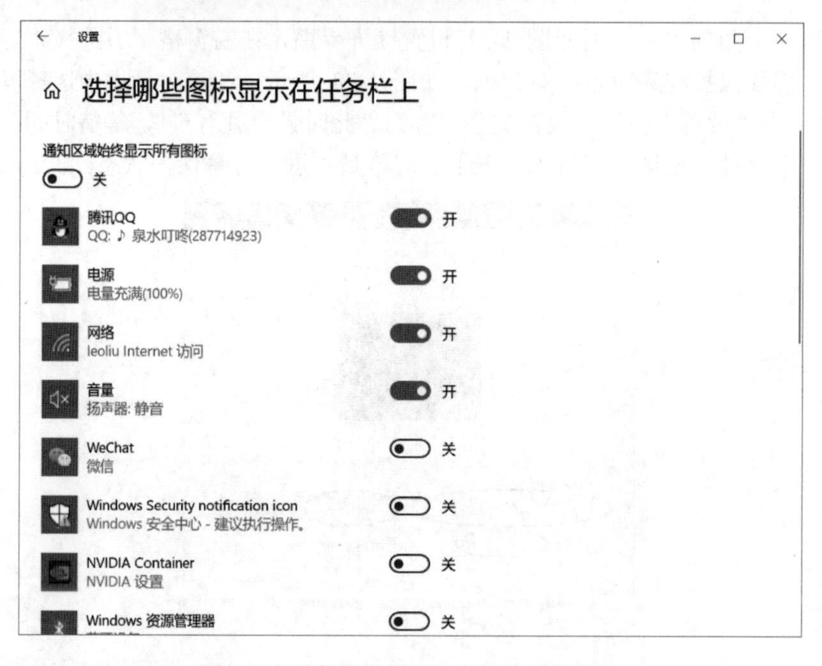

图 1-25　选择任务栏通知区域显示的图标

11. 设置时间和语言

在“设置”窗口主界面单击“时间和语言”，可进入“时间和语言”设置界面，如图 1-26 所示。在左窗格中选择“日期和时间”，在右窗格将“自动设置时间”关闭，“手动设置日期和时间”下的“更改”按钮变为可用状态，单击“更改”按钮，弹出“更改日期和时间”对话框，可对日期和时间进行更改，单击“更改”按钮后，观察任务栏中显示的日期和时间；在右窗格将“自动设置时间”打开，观察任务栏中显示的日期和时间是否已经还原。

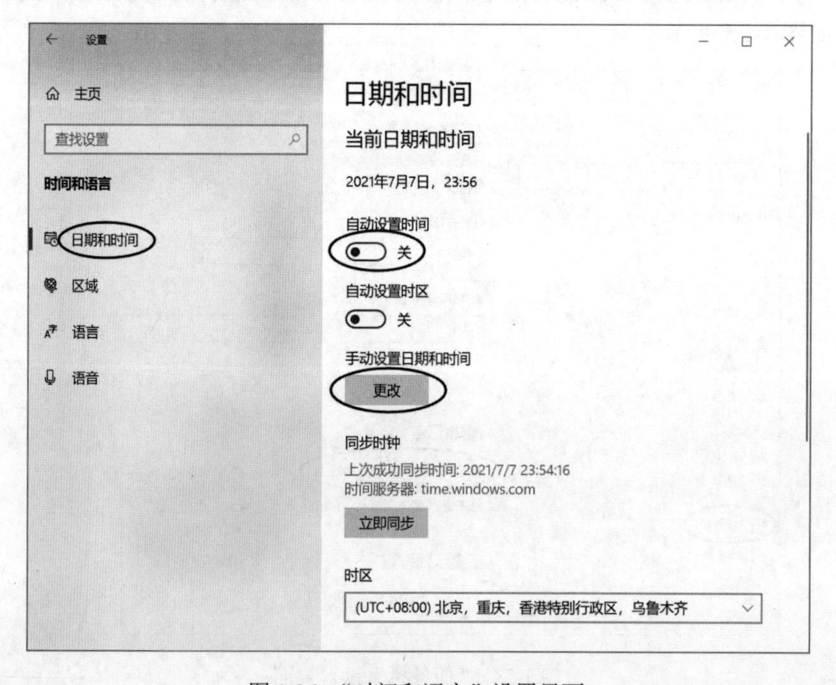

图 1-26　“时间和语言”设置界面

在右窗格下方的“相关设置”栏单击“日期、时间和区域格式设置”，进入“区域”设置界面，如图 1-27 所示。

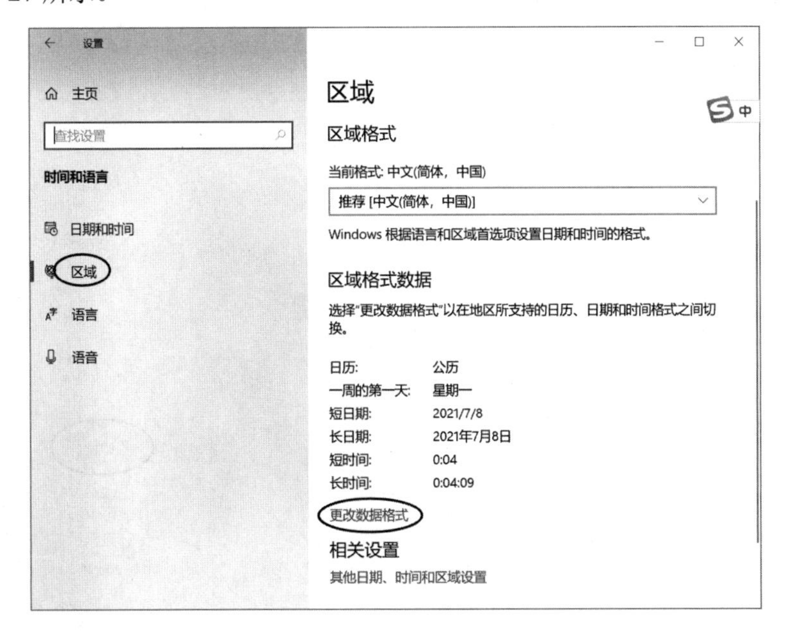

图 1-27　“区域”设置界面

单击“更改数据格式”进入“更改数据格式”界面，如图 1-28 所示，将长时间格式设置为“上午 09:40:07”。

图 1-28　“更改数据格式”界面

12. 应用卸载

在“设置”窗口主界面单击“应用”进入“应用”设置界面。在左窗格中选择“应用和功能”，在右窗格的“应用和功能”下列出了本计算机上安装的应用。拖动滚动条找到需要卸载的应用，如“腾讯 QQ”，其下方会出现“修改”和“卸载”两个按钮，如图 1-29 所示。单击“卸载”按钮，即可卸载该应用。

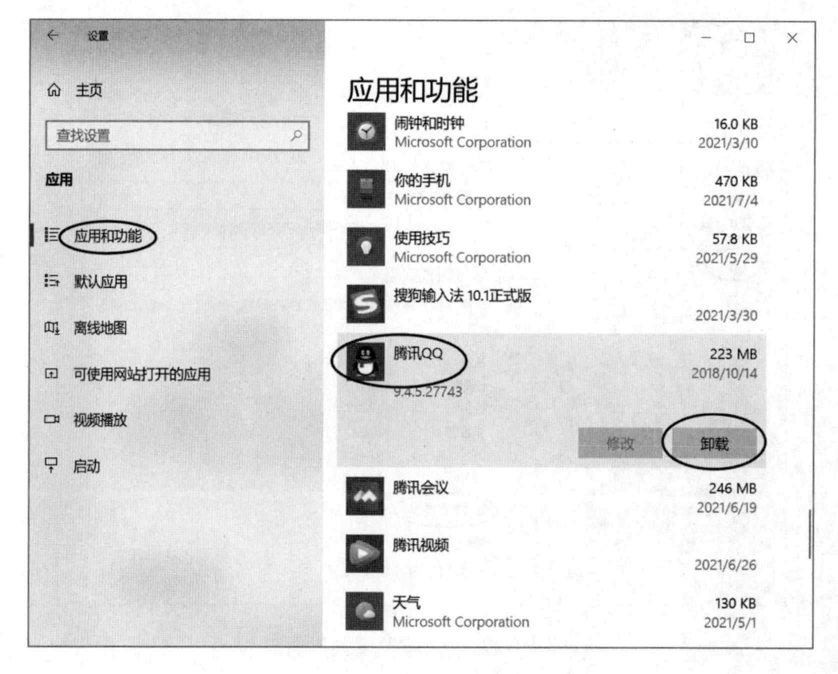

图 1-29　应用卸载

操作练习

（1）将 D 盘重命名为“软件”。

（2）在磁盘属性对话框中，分析 C、D、E 盘是否需要进行优化和碎片整理，若分析结果提示需要整理，试整理一个分区。如果整理时间较长，则单击“停止操作”按钮停止。

（3）对 C 盘进行磁盘清理。

（4）将桌面背景设置为自己喜欢的一幅画。

（5）设置 Windows 主题色为标准红色，即 RGB（255，0，0）。

（6）设置屏幕保护程序，使计算机持续 3 分钟未使用时自动运行屏幕保护程序。

（7）设置在接通电源的情况下，10 分钟不使用计算机就进入睡眠状态。

（8）将系统日期设置为 2022 年 3 月 18 日。

（9）将系统时间格式改为 HH:mm:ss。

（10）利用“设置”窗口主界面中的“应用”卸载一个软件，如某个视频播放器。

一、选择题（可多选）

1．在 Windows 10 中，要强制结束程序，较好的办法是（　　）。

A．在任务栏空白处右击，在快捷菜单中选择“任务管理器”

B．按“Ctrl+Shift+Delete”组合键，打开“任务管理器”

C．按“Ctrl+Alt+Delete”组合键，打开“任务管理器”

D．直接关机

2．在 Windows 10 桌面上的“任务栏”中，显示的是（　　）。

A．当前窗口的图标

B．所有被最小化的窗口的图标

C．所有已打开的窗口的图标

D．除了当前窗口，所有已打开的窗口的图标

3．在 Windows 10 中，使用“记事本”来保存文件时，系统默认的文件扩展名是（　　）。

A．txt　　B．doc　　C．wri　　D．bmp

4．在 Windows 10 中，“剪贴板”是（　　）。

A．硬盘上的一块区域　　B．软盘上的一块区域

C．内存中的一块区域　　D．高速缓存中的一块区域

5．当一个应用程序窗口被最小化后，该应用程序将（　　）。

A．被终止执行　　B．继续在前台执行

C．被暂停执行　　D．被转入后台执行

6．直接删除硬盘上的文件，使其不进入“回收站”的正确操作是（　　）。

A．使用“主页”选项卡“组织”组的“删除”命令

B．使用“主页”选项卡“剪贴板”组的“剪切”命令

C．在回收站的属性对话框中修改设置

D．按“Shift+Delete”组合键

二、填空题

1．一个文件的扩展名通常表示（　　），扩展名（　　）（填可以/不可以）随意修改。

2．一个文件夹下有一个名为 HELLO.docx 的文档，用户又在该文件夹下新建一个扩展名为.docx 的文档，（　　）（填可以/不可以）将其命名为 hello.docx。

3．快捷方式和文件本身的关系是（　　）。

4．在查找文件或文件夹时，如果用户输入“*.*”，则表示查找（　　）。

5．U 盘上删除的文件（　　）（填会/不会）被放入“回收站”。

6．屏幕保护程序的作用是（　　）。

三、问答题

1．如果计算机上安装了腾讯 QQ 软件，如何将它固定到“开始”菜单的磁贴栏？

2．如果系统已知类型的文件的扩展名被隐藏，如何将其显示出来？

3．如何将 D:\phj.jpg 图形文件设置为桌面背景？

4．如何查找硬盘上所有扩展名为.png 的文件？

第2章

多媒体处理软件

知识要点

1. 多媒体技术

多媒体技术就是通过计算机对语言文字、数据、音频、视频等信息进行存储和管理，使用户能够通过多种感官与计算机进行实时信息交流的技术。

2. 多媒体信息的类型

（1）文本：文本是以文字和各种专用符号表达的信息形式，它是现实生活中使用得最多的一种信息存储和传递方式。

（2）图形：图形通常由点、线、面、体等几何元素和灰度、色彩、线型、宽度等非几何属性组成。

（3）图像：图像是由像素的点构成的矩阵图，也称位图，是多媒体软件中重要的信息表现形式之一。

（4）声音：声音在计算机中被称为音频，是人们用来传递信息、交流感情十分方便、熟悉的方式之一。用计算机对音频信息进行处理，就要将模拟信号转变为数字信号。

（5）动画：动画是利用人的视觉暂留特性，快速播放一系列连续运动变化的图形图像，包括画面的缩放、旋转、变换、淡入淡出等特殊效果。

（6）视频：视频具有时序性与丰富的信息内涵，常用于交代事物的发展过程。视频非常类似于我们熟知的电影和电视，有声有色，在多媒体中充当重要角色。

3. 多媒体技术的主要特征

（1）多样性：融合了多种信息媒体。

（2）集成性：能够对信息进行多通道统一获取、存储、组织与合成。

（3）交互性：交互性是多媒体应用有别于传统信息交流媒体的主要特点之一。传统信息交流媒体只能单向、被动地传播信息，而多媒体技术则可以实现人对信息的主动选择和控制。

（4）实时性：当用户给出操作命令时，相应的多媒体信息都能得到实时控制。

4. **多媒体技术数据压缩技术**

（1）常用的多媒体数据编码和压缩的国际标准：JPEG 标准（图像）、MPEG 标准（视频）。

（2）数据压缩的目的：节省存储空间。

（3）数据能被压缩的原因：数据本身存在冗余；在很多情况下，媒体本身允许有少量失真。

（4）数据冗余的分类：时间冗余、空间冗余、结构冗余、视觉冗余。

（5）数据压缩的分类：有损压缩、无损压缩。

实验　多媒体处理软件

实验目的

（1）掌握截图工具的使用。

（2）掌握“照片”应用程序的使用。

（3）掌握 Windows Media Player 媒体播放器的使用。

（4）能够使用 Audacity 软件进行声音编辑。

（5）能够使用二维码大师软件制作个人名片。

（6）能够使用 Corel VideoStudio 软件进行简单的视频编辑。

实验内容

1. **Windows 10 截屏高手——截图工具**

有时候你需要对别人说明计算机上的某个操作，大量的文字说明可能会让对方感到迷惑，而一个操作界面截图能让对方完全明白你的意图。在 Windows 10 操作系统中，内置的截图工具完全可以满足用户的截图需要。

单击“开始”按钮，在“开始”菜单中选择“Windows 附件”→“截图工具”，即可打开“截图工具”窗口。

（1）任意格式截图。

① 当需要截取屏幕上的一个区域时，单击“截图工具”窗口中的“模式”下拉按钮，在弹出的下拉列表中选择“任意格式截图”命令，如图 2-1 所示。

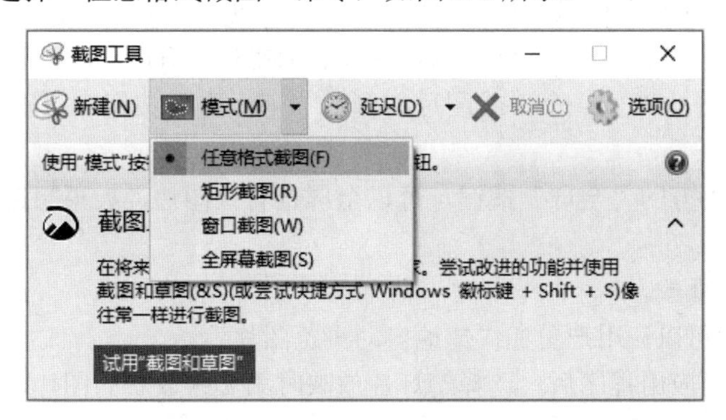

图 2-1　任意格式截图模式

② 进入截图模式后，会发现整个屏幕蒙上了一层“透明纱”，鼠标指针变成小剪刀形状。

③ 将鼠标移到屏幕上准备截取的开始位置，按住鼠标左键，在屏幕上要截取的区域拖动鼠标，鼠标移动的轨迹会出现一条红线。

④ 截取区域后，松开鼠标即可成功截取图片。在截图工具的编辑模式窗口中，可以修改

截取的不规则图片，并保存。

（2）矩形截图。

① 当需要截取屏幕上的一个矩形区域时，单击“截图工具”窗口中的“模式”下拉按钮，在弹出的下拉列表中选择“矩形截图”命令。

② 进入截图模式后，鼠标指针会变成十字形状。

③ 将鼠标移动到要截取区域的左上角，按住鼠标左键并拖动鼠标。随着鼠标的拖动，会出现一个红色的矩形框，矩形框内就是要截取的图形。松开鼠标即可完成截图操作。

（3）窗口截图。

① 当需要截取一个程序的窗口时，单击“截图工具”窗口中的“模式”下拉按钮，在弹出的下拉列表中选择“窗口截图”命令。

② 进入截图模式后，鼠标指针会变成手的形状。

③ 当鼠标移动到某个窗口上时，会有一个红色的方框将窗口框住，表明这是要截取的窗口。选定窗口后单击，即可完成截图操作。

（4）全屏幕截图。

① 当需要对整个屏幕进行截图时，单击“截图工具”窗口中的“模式”下拉按钮，在弹出的下拉列表中选择“全屏幕截图”命令。

② 截图工具会立刻完成截图操作，并进入图片编辑模式。

说明：如果用户要截取全屏幕的图片，也可以不用截图工具，按 Print Screen 键，也能实现全屏幕的截取。不过此时截取的全屏图片是保存在系统剪贴板上的，需要在其他软件（如画图软件）中使用粘贴操作，把全屏图片粘贴到文件中。

2. Windows 10 图片浏览和管理工具——照片

Windows 10 系统自带的“照片”应用程序是非常实用的图片查看和管理工具，如果系统中没有安装其他看图软件，则系统默认使用“照片”来浏览图片。

（1）查看照片。

① 单击桌面左下角的“开始”按钮，在“开始”菜单中选择“照片”命令。

② 打开“照片”窗口，可以看到系统默认图片在“照片”应用中以“小视图”方式显示。

③ 选择要查看的图片并单击，就可以让图片显示在整个窗口中。

④ 单击图片左侧的“上一个”或图片右侧的“下一个”按钮，可查看上一张或下一张图片。

⑤ 单击图片右下方的“全屏”按钮，可以全屏查看该图片，如果想退出全屏方式，则按 Esc 键。

（2）使用幻灯片播放。

幻灯片放映照片可以让用户更加快捷地自动浏览图片。

① 打开“照片”应用程序后，选择幻灯片放映时第一张放映的图片，使其在“照片”窗口中显示，图片上方将显示工具栏。

② 单击工具栏中的“查看更多”按钮，在弹出的下拉列表中选择“幻灯片放映”，图片将以幻灯片的形式全屏播放，如图 2-2 所示。

③ 单击或按键盘上的任意一个键，都可以结束幻灯片放映状态。

（3）裁剪图片。

① 使用“照片”应用程序打开一张图片，单击图片上方工具栏中的“裁剪”按钮。

图 2-2　选择“幻灯片放映”

② 画面中会出现一个裁剪框，将整张图片框在里面，裁剪框外面的部分默认会被裁剪掉。用鼠标拖动裁剪框，裁掉不要的部分。

③ 裁剪完成后，单击窗口右下角的“保存”按钮或“保存副本”按钮，将图片保存。

（4）调整图片的显示。

① 使用“照片”应用程序打开一张图片，单击图片上方工具栏中的“通过此照片获取创意”按钮。

② 在弹出的下拉列表中选择“编辑”命令，打开“编辑”窗口。

③ 单击窗口上方的“调整”按钮，图片右侧会出现光线、颜色、清晰度、晕影等调整选项。

④ 拖动各调整选项中的白色矩形条，可以看到图片随之发生的变化。

（5）使用滤镜。

① 使用“照片”应用程序打开一张图片，单击图片上方工具栏中的“通过此照片获取创意”按钮。

② 在弹出的下拉列表中选择“编辑”命令，打开“编辑”窗口。

③ 单击窗口上方的“滤镜”按钮，图片右侧会出现若干种滤镜风格。

④ 选择一种滤镜风格，单击“保存”或“保存副本”按钮退出，即可完成图片的保存。

（6）添加 3D 效果。

① 使用“照片”应用程序打开一张图片，单击图片上方工具栏中的“通过此照片获取创意”按钮。

② 在弹出的下拉列表中选择“添加 3D 效果”命令，打开 3D 照片编辑器，在界面的右侧展示了内置的 3D 效果。

③ 单击某种 3D 效果，如“彗星轨迹”，进入编辑界面。可以移动效果附加到图片的某一位置以及设置效果展示的时间，也可以设置效果的音量大小，如图 2-3 所示。

图 2-3　3D 照片编辑器

④ 单击图片下方的“播放”按钮，可以看到图片的 3D 效果。

⑤ 设置完成后，单击“保存”或“保存副本”按钮，即可生成一个 MP4 格式的小视频。

3. Windows Media Player 媒体播放器

Windows Media Player 是 Windows 10 内置的音频与视频播放软件，可以用于播放 CD、VCD 和 DVD，也可以用于播放硬盘中的音频、视频文件。

（1）媒体库文件的导入。

使用 Windows Media Player 播放一首或多首歌曲时，通常直接在资源管理器窗口双击要播放的文件。如果使用媒体库功能，则能获得更方便的操作。

在使用媒体库之前，需要把硬盘上或者网络共享文件夹中保存的媒体文件导入媒体库中。Windows Media Player 的媒体库可以理解为一个保存媒体信息的数据库。当音频、视频甚至图片文件导入媒体库时，Windows Media Player 会自动对所有导入的媒体文件进行分析，从中获取文件的详细信息。媒体库保存这些信息后，就可以通过 Windows Media Player 直接调用。

文件的导入方式有自动导入和手动导入两种。

自动导入：如果媒体文件都保存在某些特定的位置，导入工作就会很轻松。因为 Windows Media Player 会自动监视当前用户的某些特定文件夹（如当前用户自己的“音乐”“视频”“图片”等文件夹），如果发现文件夹中有导入媒体库的文件，就会自动将其导入。

手动导入：如果没有在自己的个人文件夹中保存媒体文件，而是将所有媒体文件都保存在其他位置，则需要手动添加到 Windows Media Player 的监视列表中。

① 在 Windows Media Player 窗口中打开“文件”菜单（如果窗口没有显示菜单栏，则用“Ctrl+M”组合键来显示菜单栏），选择“管理库”命令，然后在子菜单中选择需要管理媒体库的子库，如“音乐”。

② 在弹出的“音乐库位置”对话框中单击“添加”按钮，将媒体文件所在的文件夹添加到“库位置”区域中要保存的位置，如图 2-4 所示。

图 2-4 音乐库文件的导入

③ 单击“确定”按钮，即可将媒体文件添加到媒体库中。

（2）创建播放列表。

在使用 Windows Media Player 播放音乐或观看视频时，为了更适合我们的播放习惯，可以创建播放列表，把不同种类的音乐或视频放在不同的播放列表中。

① 在 Windows Media Player 窗口中，单击左侧导航窗格中的“播放列表”，然后在右侧单击“单击此处”。此时，在左侧导航窗格的“播放列表”下方，会出现呈可编辑状态的子目录，如图 2-5 所示。

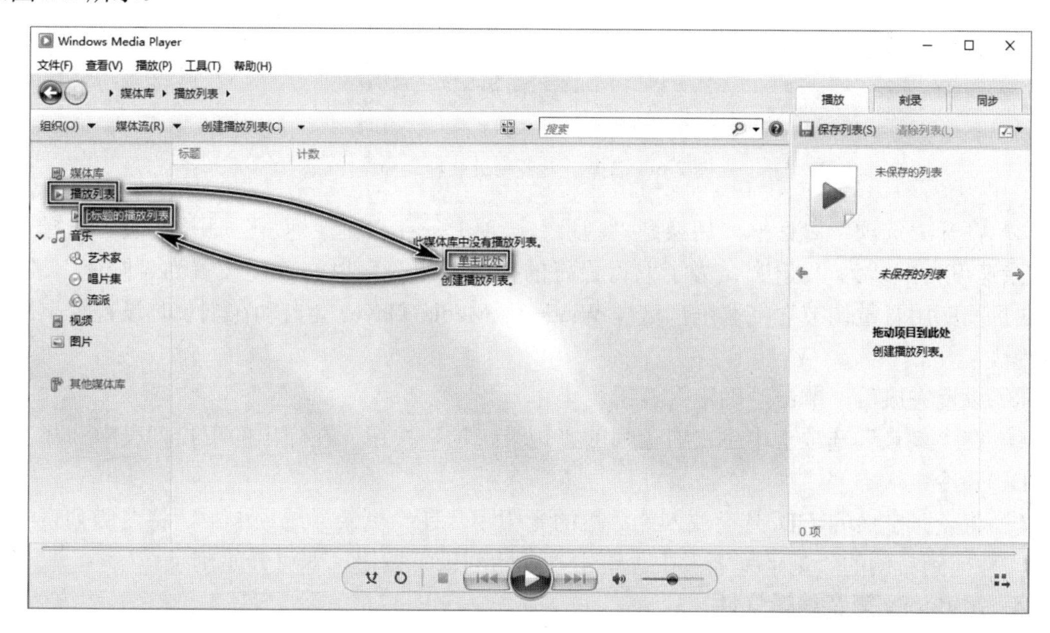

图 2-5 创建播放列表

② 在其中输入播放列表的名称，如“邓紫棋”，然后按 Enter 键，右侧就会出现刚创建的播放列表。

③ 双击创建的“邓紫棋”播放列表，然后单击窗口右上角的“播放”按钮，切换到“播放”选项卡。

④ 打开要添加的媒体文件所在的文件夹，选择要添加的媒体文件后，将其拖到播放列表中。

⑤ 依次添加需要的媒体文件后，单击“保存列表”按钮。

⑥ 双击播放列表中的名称“邓紫棋”，即可开始顺序播放添加的媒体文件。

（3）刻录音乐 CD。

对于我们喜欢的歌曲，还可以把它们刻录成音乐 CD。

① 在刻录前，需要对刻录功能的参数进行一些设置。在 Windows Media Player 窗口的“刻录”选项卡中，单击右上角的“刻录选项”按钮，在弹出的下拉列表中选择“更多刻录选项”命令，如图 2-6 所示。

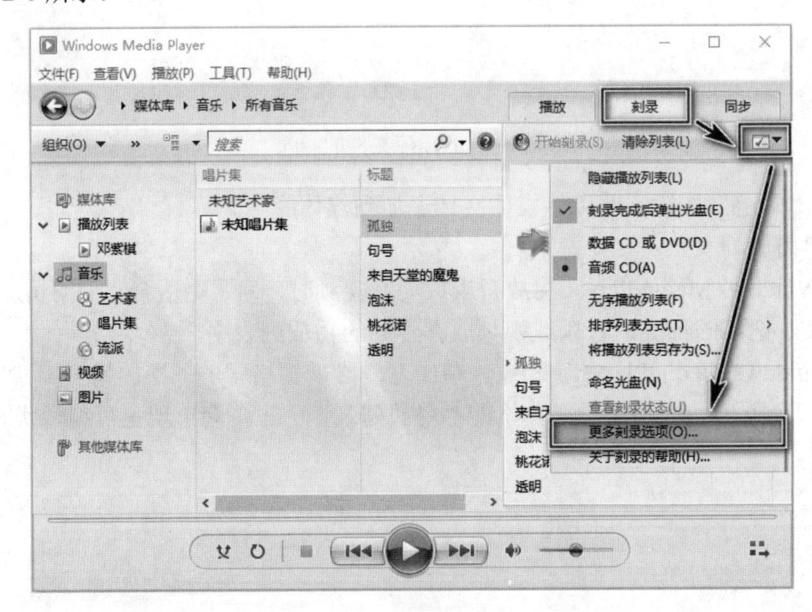

图 2-6　选择“更多刻录选项”命令

② 打开“选项”对话框，切换到“刻录”选项卡，在“刻录速度”下拉列表中选择合适的刻录速度，默认为“最快”。为了取得最好的播放效果，可以将速度设置为“慢速”。勾选“在曲目间应用音量调节”复选框，这样 Windows Media Player 会自动在刻录时设置大小统一的音量。

③ 设置完成后，单击“确定”按钮。

④ 在“刻录”选项卡中单击右上角的“刻录选项”按钮，在弹出的下拉列表中选择“音频 CD”命令。

⑤ 将一张空白的 CD 光盘放入计算机的光驱中，在“刻录”选项卡中，将左侧列表中的音频文件拖到右侧的“刻录列表”中。单击“开始刻录”按钮，即可开始刻录。

4．Audacity 声音编辑软件

Audacity 是一款免费的声音编辑软件，用于录音和编辑音频。Audacity 提供了理想的音乐文件功能，可以减少噪声，更改节拍，满足一般的编辑需求。

（1）使用 Audacity 软件进行录音。

① 双击桌面上的 Audacity 图标，打开 Audacity 软件，进入其工作主界面，如图 2-7 所示。

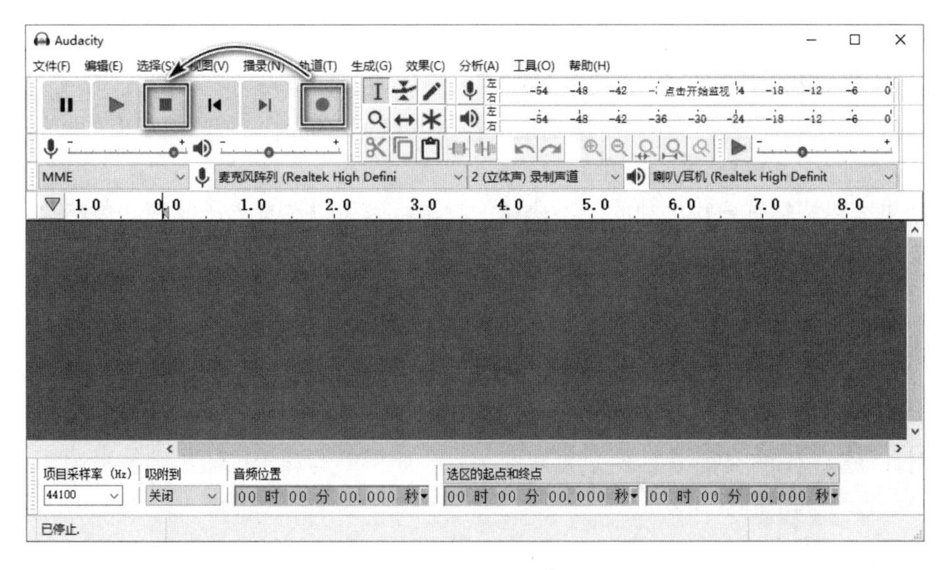

图 2-7　Audacity 的工作主界面

② 将耳麦与计算机连接好，单击工具栏中的“录音”按钮，开始录音。

③ 录音完成后，单击工具栏中的“停止”按钮，结束录音。

④ 单击菜单栏中的“文件”按钮，从“文件”菜单中选择“导出”命令，这里我们将其导出为 WAV 文件。

说明：在默认设置下，Audacity 录制的音频文件，其采样频率为 44 100Hz，声道为立体声，在录音前，可以更改这些设置。

（2）给录制的声音文件降噪。

由于外界声音或者计算机内部电流声音的干扰，通过麦克风录制的声音，通常有部分噪声，如两句话之间的空白噪声等，所以就需要对声音文件做降噪处理。

① 对于刚录制好的声音文件，利用选择工具，选取一段空白噪声。

② 单击菜单栏中的“效果”按钮，从打开的菜单中选择“降噪”命令，弹出“降噪”对话框。

③ 在该对话框中，单击“取得噪声特征”按钮，可获得要处理的噪声类型，如图 2-8 所示。

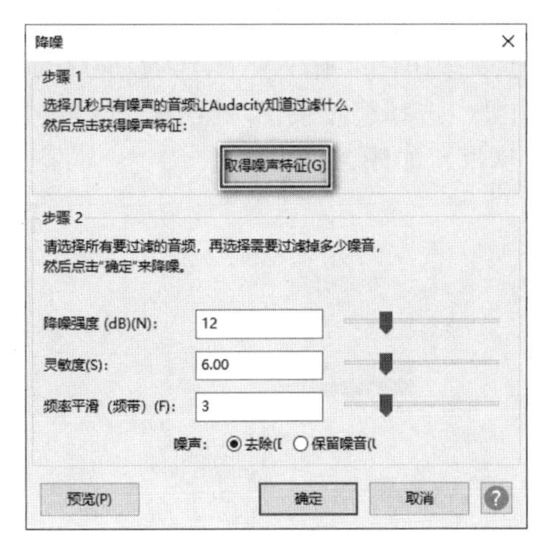

图 2-8　“降噪”对话框

④ 关闭该对话框，按“Ctrl+A”组合键选中整段录音，再次单击菜单栏中的“效果”按钮，从打开的菜单中选择“降噪”命令，在弹出的对话框中调节噪声抑制的范围，单击“确定”按钮，这时，整段录音的空白噪声将得到很大程度的消解。同时，在调节噪声抑制的过程中，还可以单击“预览”按钮，试听降噪后的效果。

⑤ 如果在声波中有一些单独的、不协调的噪声，则可以选择该段噪声，单击菜单栏中的“生成”按钮，从打开的菜单中选择“静音”命令，直接清除这段噪声。

（3）给录制的声音文件添加伴奏。

① 对于已经录制的声音文件，单击菜单栏中的“文件”按钮，从“文件”菜单中选择“导入”命令，在下级子菜单中选择“音频”命令，打开提前准备好的背景音乐。这时，背景音乐会出现在另一个音轨上。

② 对比录音文件和伴奏音乐两个音轨的长度，如果伴奏音乐过短，则使用选择工具，选择整个伴奏音乐，如图 2-9 所示。

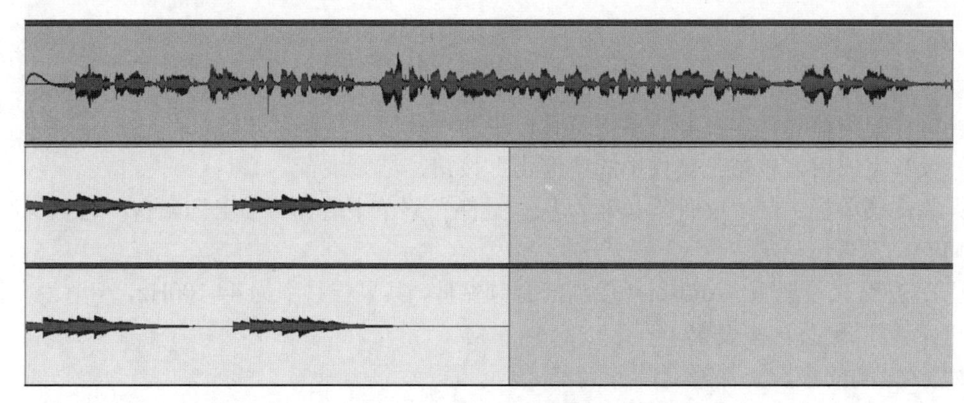

图 2-9　选择整段背景音乐

③ 选择“编辑”菜单中的“复制”命令，复制伴奏音乐。

④ 将音频位置移动到伴奏音轨的末端，然后选择“编辑”菜单中的“粘贴”命令，将复制的伴奏音乐添加到伴奏音轨的末端，以加长伴奏音乐。

⑤ 如果伴奏音乐过长，则使用选择工具，选中多余的伴奏音乐，选择“编辑”菜单中的“删除”命令即可。

⑥ 单击工具栏中的“播放”按钮，预播放两个音轨叠加后的声音。如果发现其音量过小，则双击该录音音轨右侧的空白处，选择整段录音，然后选择“效果”菜单中的“增幅(放大)”命令，弹出“增幅(放大)”对话框，如图 2-10 所示。

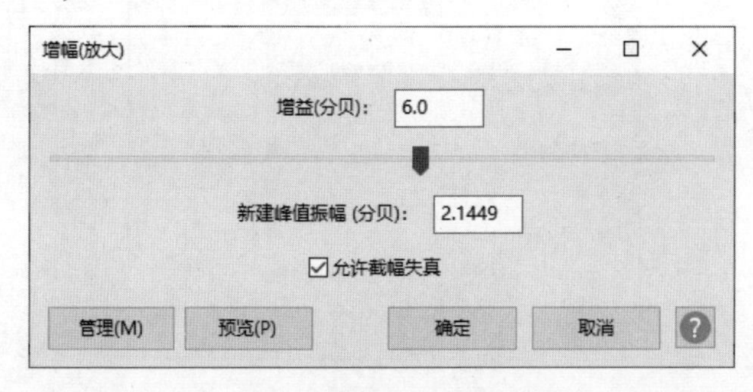

图 2-10　“增幅(放大)”对话框

⑦ 在该对话框中，将增益值设置为 6，并勾选“允许截幅失真”复选框，单击“确定”按钮，录音音量会增大。同理，如果要减小伴奏音乐的音量，将增益值设置为负数即可。

⑧ 单击菜单栏中的“文件”按钮，从“文件”菜单中选择“保存项目”命令，在下级子菜单中选择“保存项目”命令，将文件保存到相关文件夹中。注意，这里保存的文件为可编辑的项目文件。

⑨ 选择“文件”菜单中的“导出”命令，这里我们将其导出为 MP3 文件。

5. 二维码大师

二维码大师是一款免费的二维码名片制作软件，功能强大，而且操作方便快捷。我们可以利用二维码大师自行制作二维码名片，并对其进行美化处理，还可以对生成的二维码名片进行解码。

（1）生成二维码名片。

软件打开后，默认会停留在“生成二维码”功能处，单击左侧菜单栏中的不同选项，可以选择要生成的内容。

① 单击二维码下方“纠错等级”右侧的下拉按钮，在下拉列表中选择“高-30%”选项。

② 单击左侧菜单栏中的“名片信息”按钮，输入测试数据。随着数据的输入，右侧二维码预览区域会实时显示输入后对应的二维码，如图 2-11 所示。

图 2-11 名片信息输入

③ 单击“保存”按钮，将生成的二维码信息保存为.bmp 格式的图片。

④ 使用手机 QQ 的“扫一扫”功能，扫描刚才保存的二维码图片，会自动生成二维码名片并出现在通信录的联系人界面，其中填写的各种信息也一并读取到手机中。

（2）二维码名片的解码。

对于生成的二维码名片，可以通过手机读取，也可以通过本软件来解码数据。

① 单击“解码二维码”按钮，进入二维码解码页面。

②“文件类型”选择“本地文件”，单击“文件路径”右侧的按钮，弹出“请选择图片文件”对话框，找到刚保存的二维码名片的图片，选中并打开。

③ 单击“解码”按钮，即可把二维码名片信息解码，并存入“文件描述”右侧的文本区域中，如图 2-12 所示。

图 2-12　二维码名片的解码

（3）二维码名片的美化。

为了使二维码更加美观，可以进行若干设置。

① 单击“美化二维码”按钮，进入二维码美化页面。

② 单击“Logo 图标”右侧的按钮，在弹出的“请选择图片文件”对话框中找到中南民族大学的校标图片。

③“Logo 边框”选择“无”。

④ 二维码的前景色默认是黑色，背景色默认是白色。单击“前景选项”右侧的颜色块，把前景色换成绿色就是绿码了，如图 2-13 所示。

图 2-13　二维码名片的美化

6. 视频处理软件——Corel VideoStudio 会声会影 2019

Corel VideoStudio 是 Corel 公司推出的影音编辑工具，中文名称为会声会影，是一款比较常用的视频制作软件。

（1）素材的添加。

Corel VideoStudio 有系统自带的素材库，从图 2-14 中可以看到，里面包含视频文件、图片和声音文件。

图 2-14　Corel VideoStudio 主界面

① 将素材添加到素材库。在素材区域的工具栏中单击“导入媒体文件”按钮，在弹出的“浏览媒体文件”对话框中，选择需要使用的素材文件，再单击按钮，完成素材文件的添加。

② 将素材添加到轨道工作区。

方法一：单击菜单栏中的“文件”按钮，从“文件”菜单中选择“将媒体文件插入到时间轴”命令，然后选择子菜单中的“插入视频”命令，在打开的“打开视频文件”选项卡中，选择需要使用的素材文件。

方法二：在“时间轴视图”的“视频”右侧的空白区右击，在弹出的快捷菜单中选择“插入视频”命令，在打开的“打开视频文件”选项卡中，选择需要使用的素材文件。

这时，我们就可以在预览窗口播放并测试所添加的视频效果。在播放的过程中，时间轴会随着时间向右移动。

（2）“画中画”效果。

为了实现“画中画”效果，需要两个视频素材，一个是背景视频，另一个是叠加视频。

① 单击素材库中的“SP-V02.mp4”文件，按住鼠标左键将其拖到“时间轴视图”的“视频”右侧的时间轴最开始处。该视频将作为背景视频。

② 单击素材库中的“SP-V03.mp4”文件，按住鼠标左键将其拖到 “叠加 1”右侧的时间轴最开始处。该视频将作为叠加视频。

③ 由于两个视频的长度不一样，需要做一些调整。在背景视频上右击，在弹出的快捷菜

单中选择“复制”命令，然后将鼠标移动到背景视频的右侧，在出现的矩形框中单击，背景视频会在时间轴上出现两次。

④ 单击叠加视频，按住鼠标左键将其在时间轴上拖动，让其刚好位于背景视频的时间段的中间。

⑤ 在叠加视频上右击，在弹出的快捷菜单中分别选择“视频淡入”和“视频淡出”命令，给其加上淡入和淡出效果。

⑥ 单击素材库中的“SP-M02.mpa”文件，按住鼠标左键将其拖到“音乐 1”右侧的时间轴最开始处。该音频将作为背景音乐。

⑦ 由于该音频文件的时间过长，需要对其进行裁剪。在背景视频最右侧的时间轴上单击，然后在背景音乐上右击，在弹出的快捷菜单中选择“分割素材”命令，背景音乐就会被分割成两段。

⑧ 在分割后的第二段背景音乐上右击，在弹出的快捷菜单中选择“删除”命令，第二段背景音乐就会被删除。

⑨ 在预览窗口播放完成后的视频，如图 2-15 所示。

图 2-15　视频预览

⑩ 在主界面中选择“共享”选项卡，格式选择“MPEG-4”，配置文件选择“MPEG-4 AVC(1920×1080,25p,15Mbps)”，如图 2-16 所示。不同的配置文件，决定该视频的质量好坏和数据量的大小。输入文件名并选择文件位置后，单击“开始”按钮，文件就被成功输出。

⑪ 在计算机上找到刚生成的视频文件，将其打开并播放。

（3）添加特效。

① 单击“编辑”页面中的“标题”按钮T，右侧会出现不同风格的图标。选择第一个图标，通过按住鼠标左键拖动的方式，将其拖到“标题 1”右侧的时间轴的开始处。

② 在该标题上双击，标题内容就会出现在预览窗口。在预览窗口的标题文本框上双击，用鼠标选取文本框中的所有文字，输入“The Beginning”，以代替原来的文字，将文本框拖到窗口的正上方。

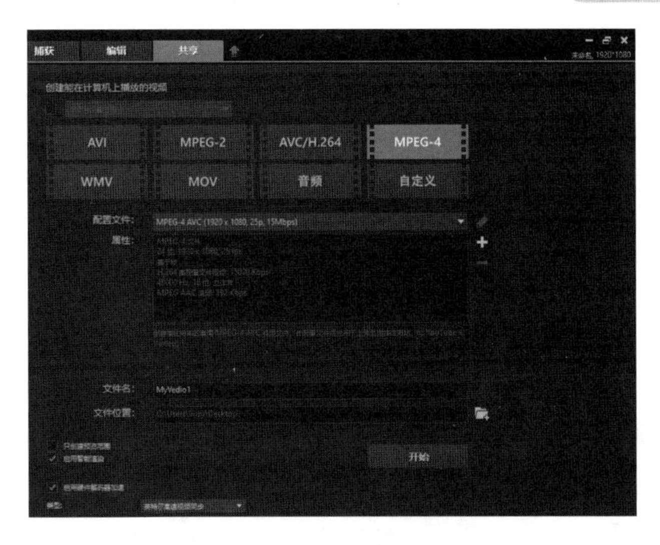

图 2-16 视频保存参数的设置

③ 在时间轴的空白处单击，然后单击“媒体”按钮，将素材库中的“SP-V02.mp4”文件用鼠标拖到“视频”右侧的时间轴上，视频开始时间为第 2 秒。

④ 将素材库中的“SP-V03.mp4”文件用鼠标拖到“SP-V02.mp4”文件的后面，并单击“滤镜”按钮FX，右侧会出现很多视频滤镜。

⑤ 用鼠标选择“雨点”滤镜，通过按住鼠标左键拖动滤镜的方式，将其拖动到“SP-V03.mp4”文件上，为该文件添加滤镜。

⑥ 单击“转场”按钮AB，右侧会出现不同转场类型。在视频素材之间的场间隙添加转场，可以实现视频之间的无缝对接。选择“对开门”转场，用鼠标将其拖动到需要的位置后松开鼠标，实现转场的添加。

⑦ 在添加的标题上右击，在弹出的快捷菜单中选择“复制”命令，然后在“标题 1”时间轴的第 11 秒处单击，将原标题粘贴在此处。

⑧ 双击第 2 个标题，将其内容改为“The End”，并将文本框拖到窗口的正下方。

⑨ 在预览窗口播放完成后的视频，视频的时间轴设置如图 2-17 所示。

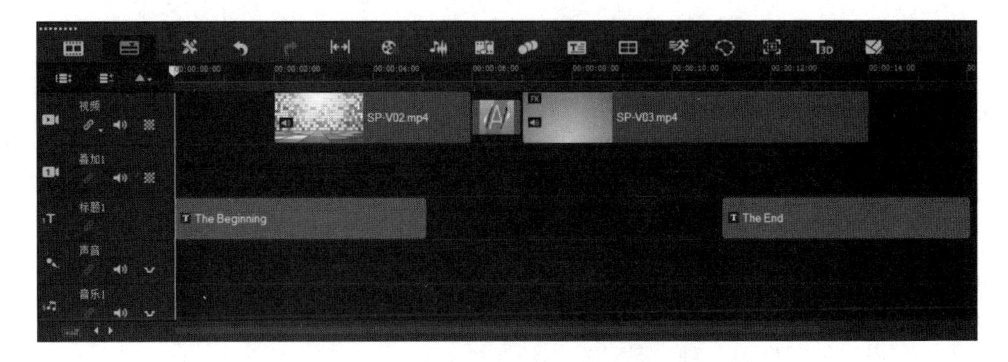

图 2-17 视频的时间轴设置

⑩ 在主界面中选择“共享”选项卡，实现视频文件的输出。

操作练习

（1）使用截图工具，采用“任意格式截图”模式，截取桌面背景的任意一部分，然后将图片保存在硬盘上。

（2）使用“照片”应用程序打开计算机中的一张图片，为图片添加 3D 效果。

（3）练习 Windows Media Player 媒体播放器的使用。

（4）录制一段声音文件，内容为诵读一首宋词，采样频率设置为 44 100Hz，声道为单声道，录制完毕将其保存为 WAV 格式的音频文件。打开某背景音乐文件，为刚才的声音文件添加伴奏，这里可以尝试 Audacity 软件的多种编辑效果，使音质完美，合并后导出该声音文件。

（5）设计一张自己的二维码名片。

（6）从网上下载一个小视频，使用 Corel VideoStudio 软件对它进行简单的编辑。

习　题

单项选择题

1．多媒体技术中的媒体一般是指（　　）。

A．硬件媒体　B．存储媒体　C．软件媒体　D．信息媒体

2．计算机多媒体技术，是指计算机能接收、处理和表现（　　）等信息媒体的技术。

A．中文、英文、日文和其他文字　B．硬盘、键盘、鼠标和扫描仪

C．文字、声音和图像　D．全拼码、五笔字型和双拼码

3．下列声音文件格式中，（　　）是波形声音文件格式。

A．VOC　B．WAV　C．MID　D．CMF

4．以下（　　）不是图形图像文件的扩展名。

A．MP3　B．BMP　C．GIF　D．JPG

5．以下（　　）不是多媒体技术的特点。

A．集成性　B．交互性　C．实时性　D．兼容性

6．（　　）是用来衡量数据压缩技术性能优劣的重要指标。

A．比特率　B．压缩比　C．波特率　D．存储空间

7．以下（　　）不是多媒体设备。

A．声卡　B．显卡　C．鼠标　D．光盘驱动器

8．多媒体信息处理主要是把通过外部设备采集来的多媒体信息，用软件进行（　　），最终形成一个多媒体软件产品。

A．解码、压缩、解压　B．加工、编辑、合成、存储

C．下载、安装、播放　D．编码、调试、运行

9．计算机采集数据时，单位时间内的采样数称为（　　），其单位用 Hz 来表示。

A．采样周期　B．采样速率　C．采样频率　D．分辨率

10．以下选项中关于图形和图像的描述，正确的是（　　）。

A．图形属于图像的一种，是计算机绘制的画面

B．经扫描仪输入到计算机后，可以得到由像素组成的图像

C．经摄像机输入到计算机后，可转换成由像素组成的图形

D．图像经数字压缩处理后可得到图形

第3章 WPS 2019 文字文档处理

知识要点

1. WPS 2019 的窗口

启动 WPS 2019 后，系统打开 WPS 首页，从首页可以新建或访问各类文档、查看日程等。首页中包括导航栏、全局搜索框、设置和账号、文档列表、应用栏和信息中心。

2. 创建新文档

单击 WPS 首页中的“新建”按钮，或者单击标签栏中的“+”按钮，然后单击“新建空白文档”按钮或选择一种模板即可。

3. 文档的打开

WPS 提供了打开已有文档的很多方法，可以在 WPS 首页中单击“文档”按钮，选择需要打开的文档并双击它，或者右击它并在弹出的快捷菜单中选择“打开”命令即可。

4. 文本的编辑

在 WPS 中，对文本进行编辑时，首先要选中相应的文本内容，然后可以实现文字插入、删除，以及复制和移动功能，复制和移动功能可以通过右击或使用快捷键的方式实现。

5. 字体与段落设置

字符格式选项包括字体、字号、字型（如加粗、倾斜、下画线）、字符间距、字符边框、字符底纹等。字体格式通过“字体”选项组中的按钮或“字体”对话框来进行设置。

在输入文档的过程中，每按一次 Enter 键表示换行并且开始一个新的段落，这时就在文字末尾加上了一个段落标记。段落格式的设置包括调节段落的缩进、对齐方式、段落间距及段落内的行间距等。段落格式通过“段落”选项组中的按钮或“段落”对话框来进行设置。

6. 格式刷

使用“格式刷”可以把文档中某些文本的字体、字号、字体颜色、段落设置等格式应用到另一些文本。先单击设置好格式的文本，然后单击或双击“开始”选项卡中的“格式刷”按钮，再选中要应用格式的文本即可实现复制。单击“格式刷”按钮，只能应用一次。如果需要把格式应用到多处文字，则双击“格式刷”按钮。

7. 项目符号和编号

WPS 文档通过创建项目符号、编号及多级编号来表示段落之间的并列关系、先后关系及层次关系。设置时通过“段落”选项组中的“项目符号”按钮和“编号”按钮来实现。

8. 分栏与首字下沉

分栏是把文档从 1 列变为几列来显示。首字下沉是指将段落中的第一个字符放大，且下沉一定的行数，在文档中起强调的作用。分栏通过“页面布局”选项卡功能区中的“分栏”来实现，首字下沉通过“插入”选项卡功能区中的“首字下沉”来实现。

9. 边框和底纹

WPS 中可以对文档中的文字、段落、页面设置边框和底纹，对文本进行强调，通过“页面布局”选项卡功能区中的“页面边框”来实现。

10. 页眉和页脚

在页面格式中常用的“点缀”是页眉和页脚，页眉和页脚通常出现在页面的上、下页边距区域中。页眉和页脚一般包括文档名、主题、作者姓名、页码或日期等。如果首次添加页眉和页脚，需要通过“插入”选项卡功能区中的“页眉和页脚”来实现。如果修改已经存在的页眉、页脚，则只需要双击页面的顶部或底部的页眉、页脚区域即可。

11. 页面设置

设置页面是文档基本的排版操作，是页面格式化的主要任务，包括设置页边距、纸张大小、页面背景、每页的行/列数、每行的字符数等。要么通过“页面布局”选项卡中的按钮单独设置各种选项，要么单击“页面布局”选项卡功能区中的“对话框启动器”，在弹出的“页面设置”对话框进行设置。

12. 插入表格

单击“插入”选项卡中的“表格”下拉按钮，在下拉列表中选择“插入表格”区域，或者单击“插入表格”按钮或 “绘制表格”按钮可以创建表格。创建表格后，当鼠标光标在表格内时会选中该表格，在选项卡区会自动增加“表格工具”和“表格样式”选项卡，“表格工具”可以调整表格的行列数、行宽和列高，进行表格的合并与拆分、公式计算等操作。“表格样式”可以设置表格的边框、底纹、样式，增加斜线表头等。

13. 插入图片与设置图片格式

在 WPS 中，用户可以插入图片，并设置图片的格式，达到图文并茂的效果。在 WPS 中，图片可以是本地图片、扫描图片或手机传图，单击“插入”选项卡中的“图片”下拉按钮可进行选择。

在文档中选定图片，WPS 的功能区会自动弹出“图片工具”栏，该工具栏可以对图片的样式、颜色、对比度、亮度、对齐方式、旋转方向等进行设置。

14. 插入二维码或条形码

二维码是用特定的几何图形按一定规律在平面即二维方向上分布双色相间的矩形方阵，记录数据符号信息的新一代条码技术。二维码不但具有基本识别功能，而且可显示更详细的产品内容。它不仅读取方便，还能节约纸张。

条形码用粗细相间的黑白线条表示数字，印在商品包装上，用于计算机识别商品的代码标记。

单击“插入”选项卡中的“更多”按钮，在下拉列表中选择“二维码”命令，在弹出的对话框的“输入内容”框中输入网址或文字，可自动生成二维码；如果选择“条形码”命令，在弹出的对话框的“输入内容”框中输入数字、字母或文字，则自动生成条形码。

15. 插入艺术字

在 WPS 中单击“插入”选项卡中的“艺术字”按钮可以制作艺术字。选择艺术字时，WPS 的功能区会弹出“绘图工具”和“文本工具”栏，可以对艺术字的文字格式及艺术字的格式、颜色、对齐方式等进行设置。

16. 插入形状

使用 WPS 时，如果需要绘制各种形状，可通过“插入”选项卡中的“形状”按钮来实现，如线条、基本形状、流程图元素、标注、星与旗帜等，同时可以为形状对象添加文字。选择形状时，WPS 的功能区会弹出“绘图工具”和“效果设置”栏，可以对形状的格式进行设置。

17. 文本框的使用

在文本框中，可以像处理一个新页面一样来处理文字，如设置文字的方向、格式化文字、设置段落格式等。文本框有横排文本框和竖排文本框，它们只是文本的方向不一样。文本框的格式设置与形状的格式设置类似。

18. 插入公式

单击“插入”选项卡中的“公式”按钮，在弹出的“公式编辑器”窗口中可以进行公式编辑。关闭“公式编辑器”窗口，输入的公式就以一个整体的形式插入文档中。双击该公式，会再次弹出“公式编辑器”窗口，可以对公式进行编辑和修改。

19. 邮件合并

WPS 文字的邮件合并功能可以将不同文档表格的数据统一合并到新文档中。先在 WPS 表格、Excel 或 VFP 中组织不同收信人的有关信息，并保存为数据源文件，在 WPS 文档中创建每封信相同的部分（主文档）；然后单击“引用”选项卡中的“邮件”，单击“打开数据源”找到需要合并的表格；在主文档相对应的内容区域中，单击“插入合并域”，依次插入需要合并的区域；最后单击“合并到新文档”，这样即可将数据统一合并到新文档中。

20. 样式

样式是一种格式模板，可以预设字符格式和段落格式。文字或段落应用样式后，它们自动被设置为预设的格式。当样式发生变化后，应用过该样式的所有对象自动发生变化。样式分为字符样式和段落样式。样式有样式库的系统样式，可以对其进行应用和修改，但不能删除；当然样式还可以自己创建和删除。通过单击“开始”选项卡中的“样式库”显示框旁边的下拉按钮，可实现样式的选择和应用。

21. 目录

目录的功能就是列出文档中各级标题及各级标题所在的页码。在使用 WPS 2019 提供的“目录”创建目录前，必须将“样式库”中的各级标题样式应用到文档中的各级标题，然后单击“引用”选项卡中的“目录”下拉按钮，在下拉框中选择“自动目录”。

22. 题注

题注是为文档中的表格、图片、图表或公式等添加的自动编号和文字描述。当对象的位置或编号发生变化时，不需要手动更改编号，只需选中题注，按 F9 键即可更改。选择指定的对象，单击“引用”选项卡中的“题注”按钮，然后新建标签并设置“编号”即可。

23. 交叉引用

“交叉引用”可以引用文档中的编号项、标题、脚注和尾注，以及图表、表、图或公式的题注等。按住 Ctrl 键，单击引用的内容即可快速跳转到被引用处。单击“引用”选项卡中的“交叉引用”按钮，然后选择“引用类型”和“引用内容”即可。

24. 脚注和尾注

脚注是在页面底端或文字下方添加的注释，尾注是在文档结尾或节的结尾添加的注释，可为文档的有关内容提供更多信息。单击“引用”选项卡中的“插入脚注”或“插入尾注”按钮。

25. 文档修订

单击“审阅”选项卡中的“修订”按钮，当该按钮变为深色模式时，文档处于“修订”状态。在“修订”状态下，对文档所做的修改痕迹都将被记录下来，并以设定的状态显示出来。在“修订”状态下，可以通过“审阅”选项卡中的“接受”或“拒绝”按钮接受修订或拒绝修订。

3.1 文档的基本排版

实验 1 WPS 文档文字和段落的格式化

实验目的

（1）掌握 WPS 的启动与退出方法，熟悉 WPS 2019 的工作界面。

（2）掌握 WPS 文档的创建、保存和打开方法。

（3）掌握 WPS 文档的录入及文本的增加、删除、修改、移动和复制等操作。

（4）掌握文字的查找、替换等基本方法。

（5）掌握文字的格式化。

（6）掌握段落的格式化。

实验内容

1. 新建 WPS 文档并输入以下文字，以“myWPS.docx”为文件名保存

WPS Office 是由金山软件股份有限公司自主研发的一款办公软件套装，可以实现办公软件常用的文字、表格、演示，PDF 阅读等功能。具有内存占用低、运行速度快、云功能多、强大插件平台支持，以及免费提供海量在线存储空间及文档模板的优点。

支持阅读和输出 PDF（.pdf）文件，具有全面兼容微软 Office 97-2010 格式（doc/docx/xls/xlsx/ppt/pptx 等）独特优势。覆盖 Windows、Linux、Android、iOS 等平台。WPS Office 支持桌面和移动办公，且 WPS 移动版通过 Google Play 平台已覆盖超 50 多个国家和地区。

2020 年 12 月，教育部考试中心宣布 WPS Office 将作为全国计算机等级考试（NCRE）的二级考试科目之一，于 2021 年在全国实施。

2. 按实验要求对文本进行排版，实现如图 3-1 所示的效果

（1）在文档的最前面插入标题“WPS Office 概述”。

（2）将标题设置为标题 3 样式，并居中显示。

（3）设置所有正文文字为小四号字，汉字字体为楷体，西文字体为 Arial。

（4）将正文最后一段中的“全国计算机等级考试”设置为华文彩云字体，加字符边框和字符底纹，字体颜色为红色，字符放大到 200%。

（5）将所有正文首行缩进 2 个字符，段前间距设置为 1 行。

（6）将正文第一段的段前间距设置为 2 行，分散对齐。

（7）将正文第二段左右各缩进 2 个字符，段后间距设置为 2 行，行间距设置为固定值 20 磅。

（8）将正文中的所有“WPS”设置成红色加粗文字并加着重号。

（9）将第一段的“运行速度快”5个字分别设置为带圈字符和拼音标注，圈号为“增大圈号”，拼音大小为12磅。设置结果为㊍运行速度快（sù dù kuài）。

（10）将正文第二段文字转换为繁体字。

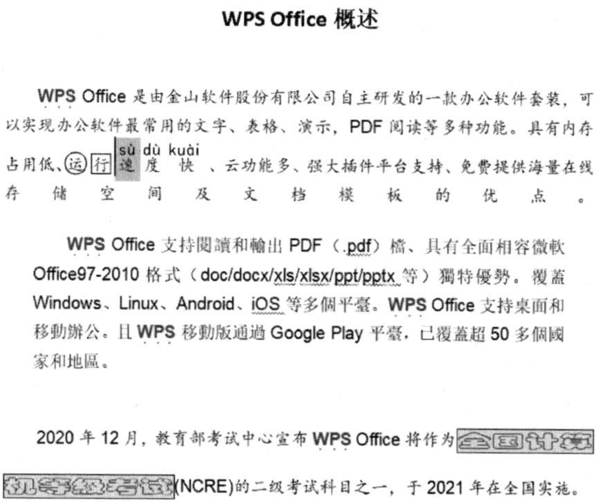

WPS Office 概述

WPS Office 是由金山软件股份有限公司自主研发的一款办公软件套装，可以实现办公软件最常用的文字、表格、演示，PDF 阅读等多种功能。具有内存占用低、运行速度快（sù dù kuài）、云功能多、强大插件平台支持、免费提供海量在线存储空间及文档模板的优点。

WPS Office 支持閱讀和輸出 PDF（.pdf）檔、具有全面相容微軟 Office97-2010 格式（doc/docx/xls/xlsx/ppt/pptx 等）獨特優勢。覆蓋 Windows、Linux、Android、iOS 等多個平臺。WPS Office 支持桌面和移動辦公。且 WPS 移動版通過 Google Play 平臺，已覆蓋超 50 多個國家和地區。

2020 年 12 月，教育部考试中心宣布 WPS Office 将作为全国计算机等级考试(NCRE)的二级考试科目之一，于 2021 年在全国实施。

图 3-1　文本排版效果

3. 实验步骤

（1）进入WPS文档窗口并输入文字。在桌面上双击“WPS Office”图标，在打开的“首页”界面中单击“+”按钮，然后在打开的如图3-2所示的界面中选择“文字”，单击“新建空白文档”按钮，在打开的文档编辑窗口中输入所有文字。

图 3-2　新建空白文档

（2）保存文档为“myWPS.docx”。输入完成后，选择“文件”菜单中的“保存”命令，选择保存“位置（I）”为“我的桌面”，输入文件名“myWPS”，单击“保存”按钮。

（3）增加标题段落。在文档的最前面按Enter键增加一段，在该段中输入标题“WPS Office

概述”。

（4）设置标题为标题 3 样式并居中。将光标置于标题段落中，在“开始”选项卡的“样式和格式”组中选择“标题 3”样式，单击“段落”组中的“居中对齐”按钮。

（5）设置正文为小四号字，中文为楷体，西文为 Arial。在第二段开头单击，然后在文档最后按住 Shift 键的同时单击，选中正文。在“开始”选项卡的“字体”组的“字体”下拉列表中选择“楷体”，再选择“Arial”；在“字号”下拉列表中选择“小四”。

（6）设置指定文字的字体格式。拖动鼠标选中第三段中的“全国计算机等级考试”，在“开始”选项卡的“字体”组的“字体”下拉列表中选择“华文彩云”；在“拼音指南”下拉列表中选择“字符边框”，单击“字符底纹”按钮，在“字体颜色”下拉列表中选择红色；单击“字体”组右下角的扩展按钮，弹出“字体”对话框，在“字符间距”选项卡中单击“缩放”下拉按钮，选择“200%”放大字符，如图 3-3 所示，单击“确定”按钮。

（7）设置正文段落的段落格式。按第（5）步方法选中所有正文段落，单击“开始”选项卡的“段落”组右下角的扩展按钮，在弹出的“段落”对话框中选择“缩进和间距”选项卡。单击“特殊格式”下拉按钮，选择“首行缩进”选项，在“度量值”框中输入“2”；在“段前”框中输入“1”，如图 3-4 所示，单击“确定”按钮。

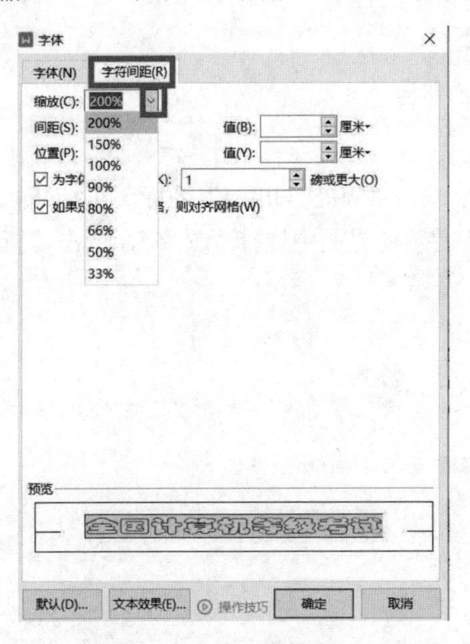

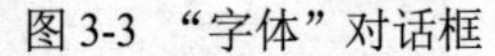
图 3-3 “字体”对话框

图 3-4 “段落”对话框

（8）设置正文第一段的段落格式。将光标置于正文第一段的任意位置，在如图 3-4 所示的“段落”对话框中选择“缩进和间距”选项卡，单击“对齐方式”下拉按钮，选择“分散对齐”选项，在“段前”框中输入“2”，单击“确定”按钮。

（9）设置正文第二段的段落格式。将光标置于正文第二段的任意位置，在如图 3-4 所示的“段落”对话框中选择“缩进和间距”选项卡，在“缩进”的“文本之前”和“文本之后”框中输入“2”，在“段后”框中输入“2”，单击“行距”下拉按钮，选择“固定值”选项，在“设置值”框中输入“20”，单击“确定”按钮。

（10）用替换来设置正文中 WPS 的文字格式。将光标置于文档的开始处，单击“开始”选项卡的“查找替换”下拉框中的“替换”命令，弹出“查找和替换”对话框，如图 3-5（a）所示。在“查找内容”框中输入“wps”，单击“格式”下拉按钮，选择“字体”，在“西文字体”中选择“Arial”；在“替换为”框中设置“格式”为红色加粗、着重号。设置完成后如图 3-5（b）所示，单击“全部替换”按钮，然后单击“关闭”按钮。

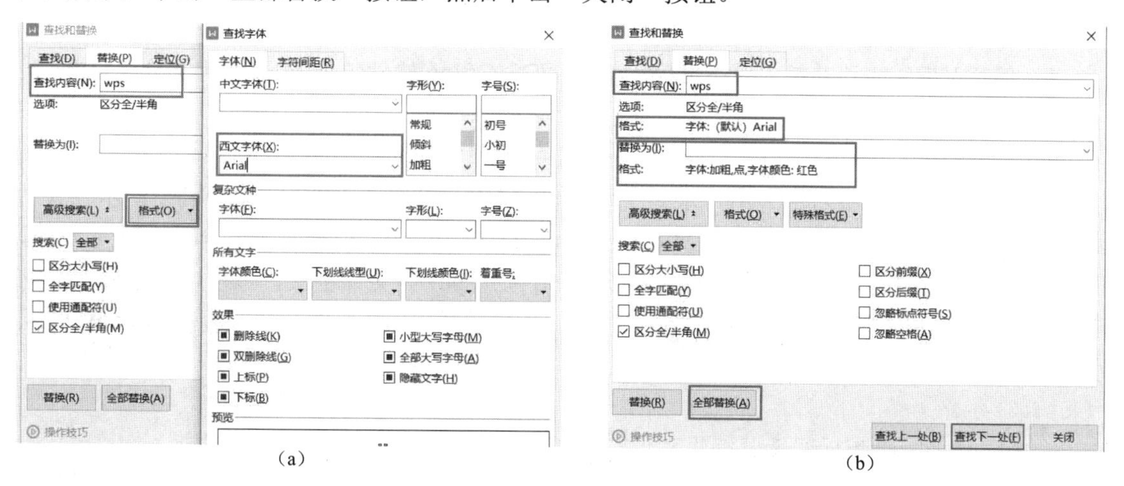

图 3-5 “查找和替换”对话框

（11）设置带圈文字和拼音指南。选中“运”字，单击“开始”选项卡的“字体”组中的“字符边框”下拉框中的“带圈字符”按钮，弹出“带圈字符”对话框，如图 3-6 所示，在“样式”选项中选择“增大圈号”选项，在“圈号”列表中选择圆圈，单击“确定”按钮。用同样的方法为“行”字设置矩形框。

选中“速度快”三个字，单击“开始”选项卡的“字体”组中的“带圈字符”下拉框中“拼音指南”按钮，弹出“拼音指南”对话框，如图 3-7 所示，在“字号”框中输入“12”，单击“确定”按钮。

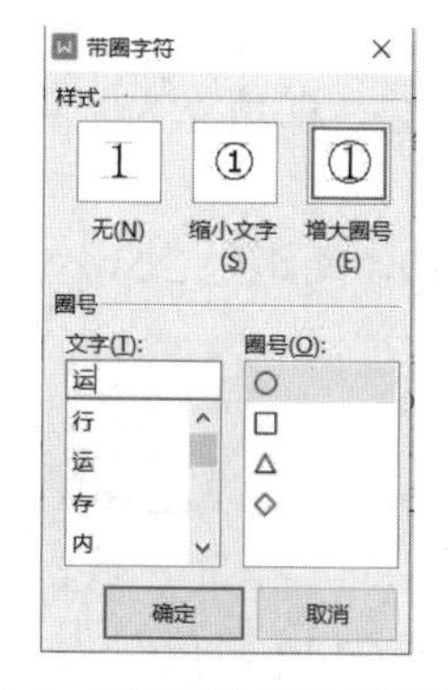

图 3-6 “带圈字符”对话框

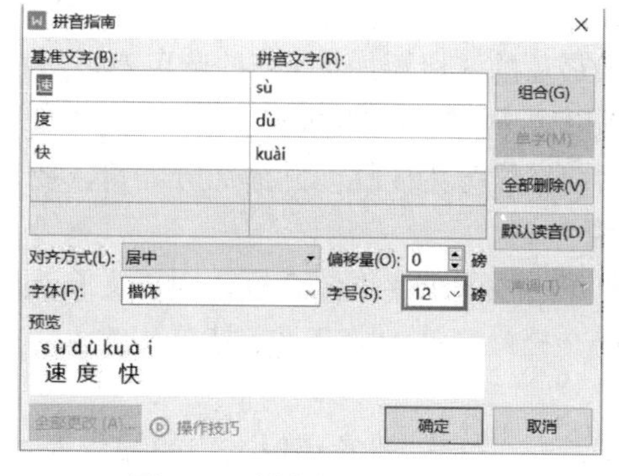

图 3-7 “拼音指南”对话框

(12）简体转换为繁体。选中正文第二段文字，单击“审阅”选项卡中的“简转繁”按钮。

（13）保存排完版的文档。

实验 2　使用 WPS 的首字下沉、分栏、项目符号和编号排版

实验目的

（1）掌握项目符号和编号的使用。

（2）掌握分栏的使用。

（3）掌握首字下沉的使用。

（4）掌握插入符号的方法。

实验内容

1. 新建 WPS 文档并输入以下文字，以“WPS Office 软件特点.docx”为文件名保存

WPS Office 软件特点

兼容免费

WPS Office 个人版对个人用户永久免费，包含 WPS 文字、WPS 表格、WPS 演示三大功能模块，另外有 PDF 阅读功能。与 Microsoft Office 中的 Word，Excel，PowerPoint 一一对应，应用 XML 数据交换技术，无障碍兼容 docx/xlsx/pptx，pdf 等文件格式，你可以直接保存和打开 Microsoft Word、Excel 和 PowerPoint 文件，也可以用 Microsoft Office 轻松编辑 WPS 系列文档。

“云”办公

一个账号，随时随地阅读、编辑和保存文档，还可将文档共享给工作伙伴。

其他

无隔阂兼容 MS-Office 加密信息、宏文档内容互联、知识分享——以提升效率为核心的互联网应用。

网聚智慧的多彩网络互动平台，单一用户随需随时分享天下人的知识积累，悠然制作精美文档。

便捷的自动在线升级功能，无须用户动手，实时分享最新技术成果。

2. 按实验要求对文本进行排版，实现如图 3-8 所示的效果

（1）将标题“WPS Office 软件特点”设置为标题 1 样式，并居中显示。

（2）为段落“兼容免费、‘云’办公、其他”设置为红色加粗的项目符号🖆。

（3）为最后的 3 段设置“1.2.3.”样式的编号，要求文字和编号之间的间距为 0.3 厘米。

（4）为最后的 3 段添加 1.5 磅的蓝色双线边框，并添加底纹效果，即填充为“灰色-50%，着色 3”，图案为样式 10%的红色。

（5）将第三段分为 3 栏，并添加分隔符，要求第一栏栏宽为 10，间距为 2.5，第二栏栏宽为 12，间距为 3。

（6）将第三段的首字下沉 2 行，距正文 0.5 厘米。

（7）在文档最后输入文字“支持公式输入，方便输入 MathType 公式或 LaTex 公式，如 $x_{1,2}=\frac{-b\pm\sqrt{b^2-4ac}}{2a}$”。设置该段文字的编号为 4.，公式的标准尺寸为 14 磅。

（8）在文档最后输入下面 3 段文字，并分为 3 栏。

✆电话：(86) 10 82325515

☎传真：(86) 10 82325655

✉邮箱：ir@kingsoft.com

（9）插入页眉，内容为姓名和日期（使用日期域），将字体设置为四号楷体，并居中显示。

（10）将文档的上、下页边距设置为 2.54 厘米，左、右页边距设置为 3.18 厘米。

张三丰 2021 年 3 月 15 日

WPS Office 软件特点

兼容免费

WPS Office 个人版对个人用户永久免费，包含 WPS 文字、WPS 表格、WPS演示三大功能模块，另外有 PDF 阅读功能。与 Microsoft Office 中的 Word，Excel，PowerPoint 一一对应，应用 XML 数据交换技术，无障碍兼容 docx.xlsx.pptx，pdf 等文件格式，你可以直接保存和打开 Microsoft Word、Excel 和 PowerPoint 文件，也可以用 Microsoft Office 轻松编辑 WPS 系列文档。

“云”办公

一个账号，随时随地阅读、编辑和保存文档，还可将文档共享给工作伙伴。

其他

1.无障碍兼容 MS-Office 加密信息、宏文档 内容互联、知识分享 ——以提升效率为核心的互联网应用 。

2.网聚智慧的多彩网络互动平台，单一用户随需随时分享天下人的知识积累，悠然制作精美文档 。

3.便捷的自动在线升级功能，无须用户动手，实时分享最新技术成果 。

4.支持公式输入，方便输入 MathType 公式或 LaTex 公式，如 $x_{1,2}=\dfrac{-b\pm\sqrt{b^2-4ac}}{2a}$

电话：(86) 10 82325515　　传真：(86) 10 82325655　　邮箱：ir@kingsoft.com

图 3-8　排版效果图

3. 实验步骤

（1）新建 WPS 文档并输入效果图中所示的文字，以“WPS Office 软件特点.docx”为文件名保存。

（2）设置标题为标题 1 样式并居中。将光标置于第一段中，在“开始”选项卡的“样式”框中选择“标题 1”样式，单击“段落”组中的“居中对齐”按钮。

（3）设置红色的项目符号。将光标置于“兼容免费”段落中，在“开始”选项卡的“段落”组中选择“项目符号”下拉框中的“自定义项目符号”命令；在如图 3-9 所示的“项目符号和编号”对话框中，选择任一项目符号，单击“自定义”按钮，在弹出的对话框中单击“字符”按钮，弹出如图 3-10 所示的“符号”对话框，字体选择“Windings”，符号选择，单击“插入”按钮，在弹出的对话框中单击“字体”按钮，设置字形为加粗，字体颜色为红色。

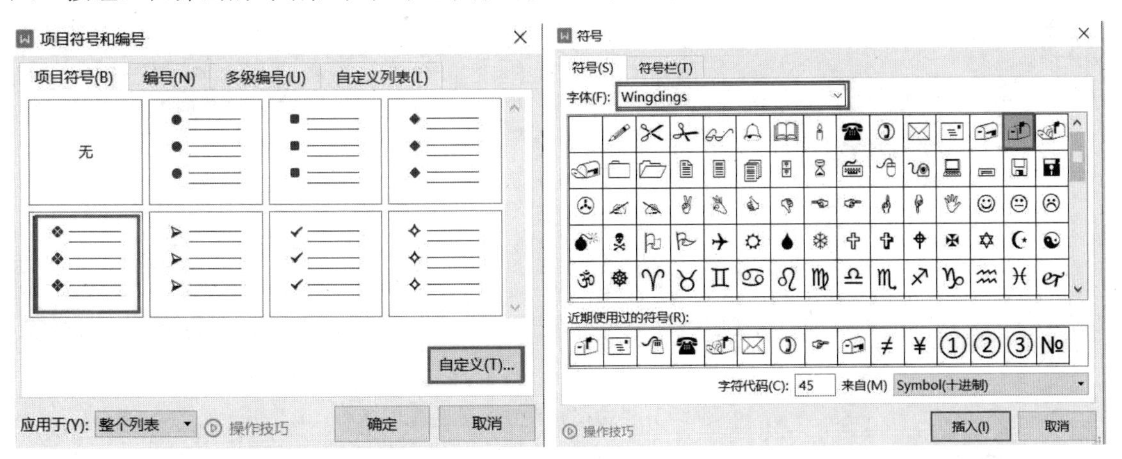

图 3-9 “项目符号和编号”对话框　　图 3-10 “符号”对话框

在“开始”选项卡的“剪贴板”组中双击“格式刷”按钮，拖动鼠标选择“‘云’办公”“其他”，然后单击“格式刷”按钮。

（4）设置“1.2.3.”样式的编号。选择最后的 3 段，在“开始”选项卡的“段落”组中选择“编号”下拉框中的“自定义编号”命令；在如图 3-11 所示的“项目符号和编号”对话框中，选择“1.2.3.”样式的编号，单击“自定义”按钮，在弹出的对话框中单击“高级”按钮，弹出如图 3-12 所示的“自定义编号列表”对话框，设置制表位位置为 0.3，缩进位置为 0.3。

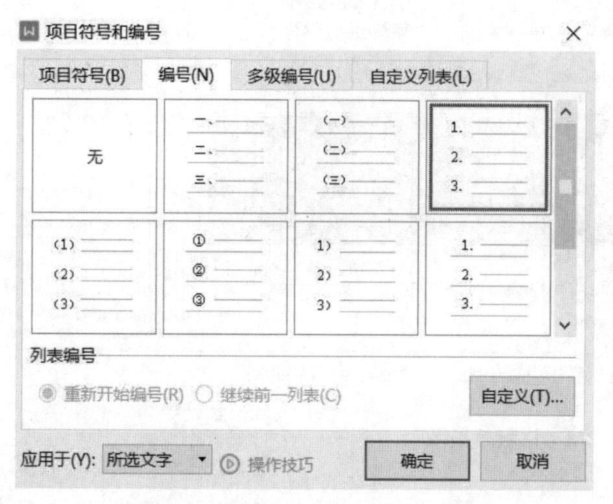

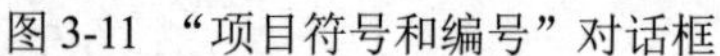

图 3-11 “项目符号和编号”对话框

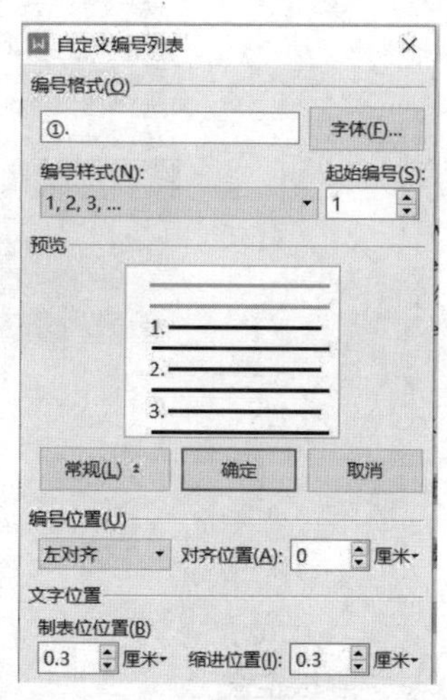

图 3-12 “自定义编号列表”对话框

（5）设置边框和底纹。选择最后的 3 段，在“开始”选项卡的“段落”组中选择“边框”下拉框中的“边框和底纹”命令；在如图 3-13（a）所示的“边框和底纹”对话框的“边框”选项卡中，设置线型为双线，颜色为蓝色，宽度为 1.5 磅，确保“应用于”下拉框中的值为“段落”。在如图 3-13（b）所示的“边框和底纹”对话框的“底纹”选项卡中，设置填充为“灰色-50%，着色 3”，样式为 10%，颜色为红色。

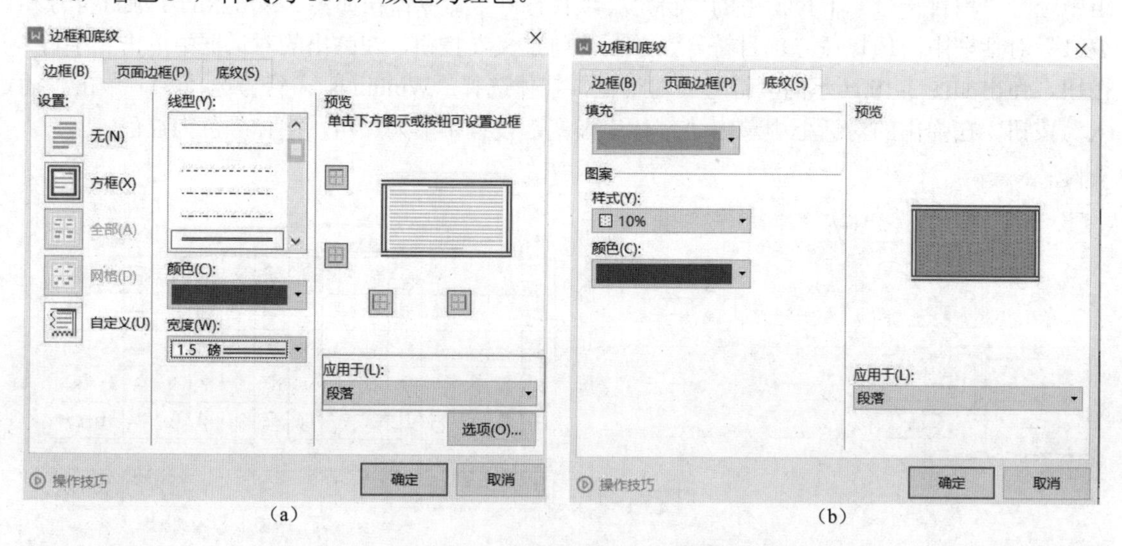

图 3-13 “边框和底纹”对话框

（6）设置分栏。选择第 3 段，在“页面布局”选项卡的“页面布局”组中选择“分栏”下拉框中的“更多分栏”命令；在如图 3-14 所示的“分栏”对话框中设置预设为三栏，勾选“分隔线”复选框，取消选择“栏宽相等”复选框，设置第 1 栏栏宽为 10，间距为 2.5，第 2 栏栏宽为 12，间距为 3。

（7）设置首字下沉。将光标置于第二段的任意位置，在“插入”选项卡中单击“首字下沉”按钮；在如图 3-15 所示的“首字下沉”对话框中设置位置为下沉，下沉行数为 2，距正文为 0.5。

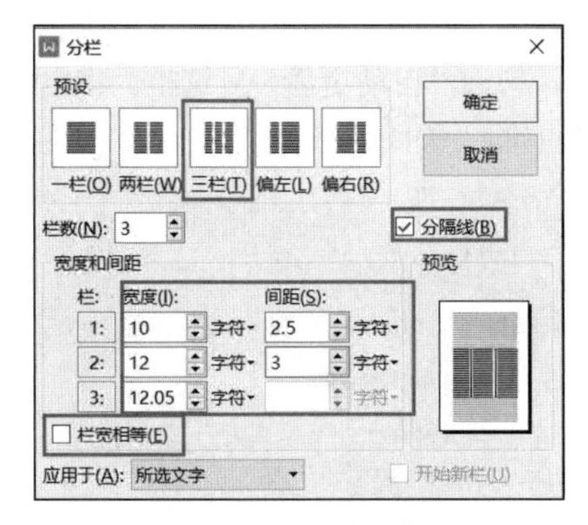

图 3-14 “分栏”对话框

图 3-15 “首字下沉”对话框

（8）插入公式。

① 取消段落原有格式。将光标置于最后一段的最后位置，按 Enter 键，在“开始”选项卡的“字体”组中单击“清除格式”按钮。

② 输入公式。在“插入”选项卡中选择“公式”下拉框中的“公式”命令；弹出如图 3-16 所示的“公式编辑器”对话框，选择图中的按钮输入公式；使用“尺寸”菜单下的“定义”命令设置“标准”为 14；关闭“公式编辑器”。

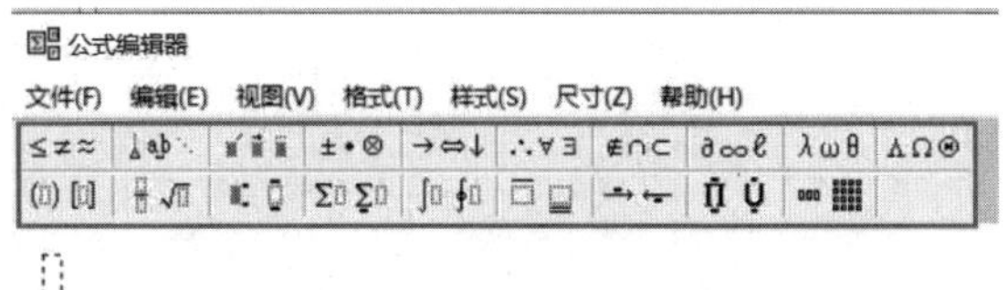

图 3-16 “公式编辑器”对话框

③ 使用步骤（4）的方法设置编号“4.”。

（9）①插入符号。将光标置于最后一段的最后位置，按 3 次 Enter 键，在每段的开头插入符号，在“插入”选项卡中选择“符号”下拉框中的“其他符号”命令；弹出如图 3-17 所示的“符号”对话框，字体选择“Windings”，选择需要的符号，单击“插入”按钮。

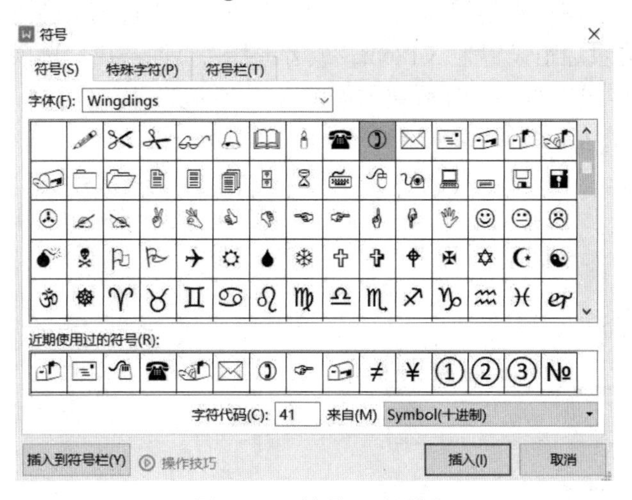

图 3-17 “符号”对话框

② 输入每段的文字。

③ 将最后 3 段分为 3 栏。在文档的最后按 Enter 键增加一段，选择刚输入的 3 段文字，在“页面布局”选项卡中选择“分栏”下拉框中的“三栏”命令实现分栏。

（10）插入页眉。在“插入”选项卡中单击“页眉页脚”按钮，输入自己的姓名，然后在如图 3-18 所示的“页眉页脚”选项卡中单击“日期和时间”按钮，在弹出的如图 3-19 所示的“日期和时间”对话框中，语言选择中文和一种可用格式，勾选“自动更新”复选框。将字体设置为四号楷体，并居中对齐。单击“页眉和页脚”选项卡中的“关闭”按钮。

图 3-18 “页眉页脚”选项卡

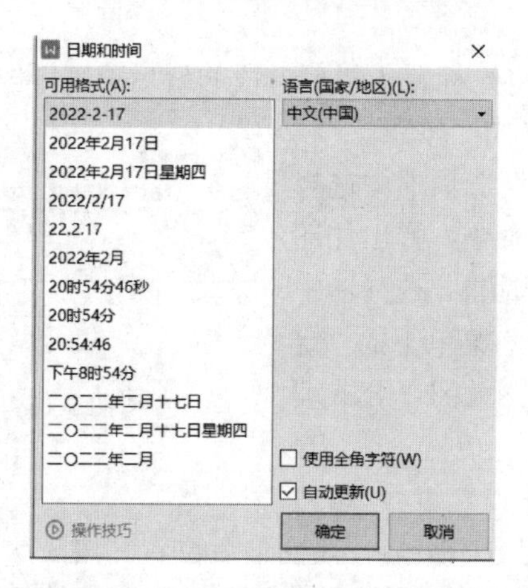

图 3-19 “日期和时间”对话框

（11）页边距设置。可以在如图 3-20 所示的“页面布局”选项卡的①中将上、下页边距设置为 2.54cm，左、右页边距设置为 3.18cm。或者选择“页面布局”选项卡的“纸张大小”下拉框中的“其他页面大小”命令，在弹出的如图 3-21 所示的“页面设置”对话框的“页边距”选项卡中设置上、下、左、右页边距。

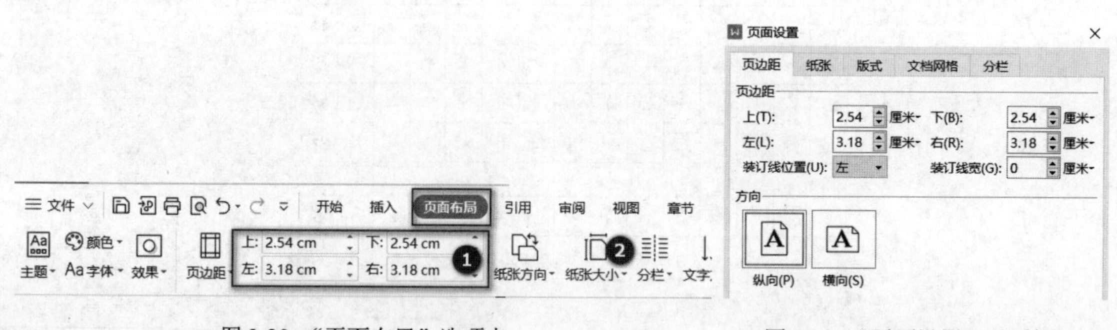

图 3-20 “页面布局”选项卡　　图 3-21 “页面设置”对话框

（12）以“WPS Office 软件特点.docx”为文件名保存文件。

3.2　图文混排和表格操作

实验 3　使用 WPS 实现图文混排

实验目的

（1）掌握图片和剪贴画的插入与格式设置方法。

（2）掌握形状、艺术字和文本框的插入与格式设置方法。

（3）掌握二维码的插入与格式设置方法。

（4）掌握智能图形（SmartArt）的插入与格式设置方法。

实验内容

1. 使用 WPS 创建如图 3-22 所示的邀请函文档，以“邀请函.docx”为文件名保存

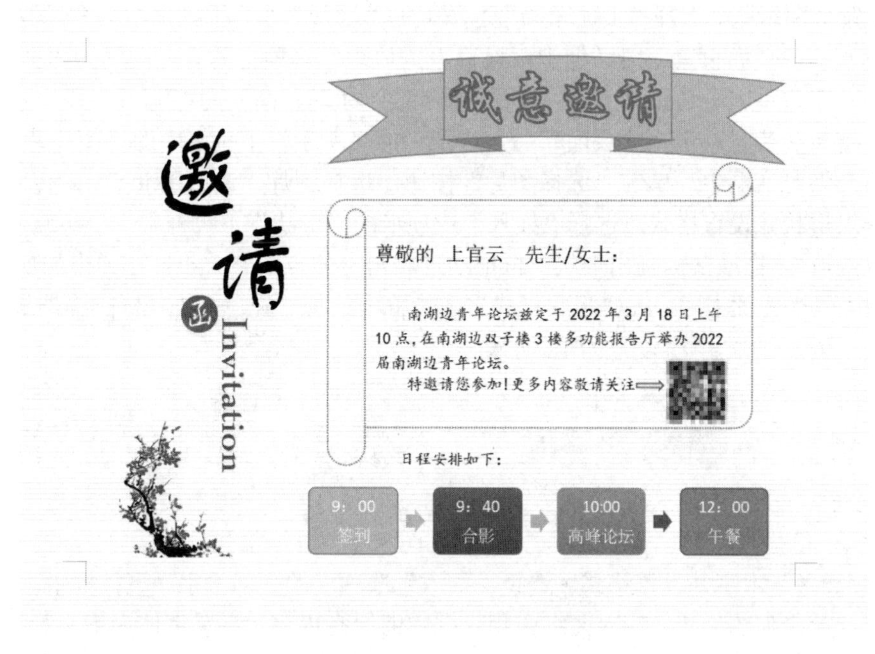

图 3-22　邀请函文档效果图

2. 实验要求

（1）设置页面大小为 23 厘米×17 厘米，方向为横向，上下左右页边距均为 2 厘米。

（2）设置文档页面的背景为图片文件“邀请函.jpg”。

（3）在页面上方的适当位置插入形状“上凸弯带形”，调整形状的宽度为 12 厘米，高度为 3 厘米，形状样式为“纯色填充-橙色 强调颜色 4”。

（4）插入第 1 行第 3 列样式的艺术字“诚意邀请”，字体设置为初号的华文行楷，文本轮廓为红色。

（5）在页面上的适当位置插入形状“横卷形”，调整形状的大小，输入效果图中所示的文字，设置文字的字体字号。设置形状的填充为无填充颜色，轮廓为 1 磅的红色虚线。

（6）在“更多内容敬请关注”后面插入右箭头形状，设置形状的填充为无填充颜色，轮廓为红色。

（7）在右箭头后面插入二维码，内容为相关网址，嵌入 Logo 为“图标.jpg”。调整二维码的大小，设置其环绕方式为“浮于文字上方”。

（8）在“横卷轴”下方插入横向文本框，输入文字“日程安排如下：”，自定义字体格式。设置文本框的填充颜色为无填充颜色，轮廓为无线条颜色。

（9）在文本框下方插入智能图形（SmartArt）的“基本流程图”，环绕方式为上下型环绕，输入文本并设置图形格式。该智能图形包括 4 个项目，箭头颜色为第 4 个“彩色”颜色，4 个项目都为纯色填充，颜色分别为：橙色，强调颜色 4；钢蓝，强调颜色 5；浅绿，强调颜色 6；巧克力黄，强调颜色 2。

（10）在文档的合适位置插入“梅花.jpg”文件，向右旋转 90°，环绕方式为“紧密型环绕”，不能遮挡文字。

3. 实验步骤

（1）设置页面纸张。选择“页面布局”选项卡的“纸张大小”下拉框中的“其他页面大小”命令，在打开的“页面设置”对话框中，设置“页边距”选项中的“方向”为“横向”，上边距、下边距、左边距、右边距均为 2；“纸张”的宽度为 23，高度为 17。

（2）设置页面背景。选择“页面布局”选项卡的“背景”下拉框中的“图片背景”命令，在“背景填充”对话框中，单击“选择图片”按钮，选择图片“邀请函.jpg”。

（3）插入形状并设置格式。选择“插入”选项卡的“形状”下拉框中“星与旗帜”分类中的“上凸弯带形”，拖动鼠标画出形状，再拖动形状角上的点调整大小。在弹出的如图 3-23 所示的“绘图工具”选项卡中，在“形状样式”下拉框中选择“纯色填充-橙色 强调颜色 4”，再设置“高度”为 3 厘米，“宽度”为 12 厘米。

图 3-23 “绘图工具”选项卡

（4）① 插入艺术字并设置格式。选择“插入”选项卡的“艺术字”下拉框中“预设样式”选项中第 1 行第 3 列的样式，输入文字并删除框中的原有内容，设置字体为华文行楷，字号为初号。在如图 3-24 所示的“文本工具”选项卡的“文本轮廓”下拉框中选择“红色”。

图 3-24 “文本工具”选项卡

② 叠放艺术字和“上凸带弯形”形状。拖动艺术字叠放到“上凸带弯形”形状上，并在“绘图工具”选项卡的“上移一层”下拉框中选择“置于顶层”。

③ 组合艺术字和“上凸带弯形”形状。按住 Shift 键的同时单击“上凸带弯形”形状，在“绘图工具”选项卡的“组合”下拉框中选择“组合”，把 2 个图形组合成一个图形。

（5）① 插入横卷形形状并输入文字。选择“插入”选项卡的“形状”下拉框中“星与旗帜”分类中的“横卷形”，拖动鼠标画出形状，拖动形状角上的点调整大小，右击形状，在弹出的快捷菜单中执行“添加文字”，输入文字。设置文字两端对齐，字体颜色为“黑色文本 1”。

② 设置横卷轴形状的格式。在“绘图工具”选项卡的“填充”下拉框中选择“无填充颜色”；“轮廓”下拉框中选择标准色为“红色”，“虚线线型”选择圆点虚线。

（6）插入右箭头形状并设置格式。选择“插入”选项卡的“形状”下拉框中“箭头总汇”分类中的“右箭头”，拖动鼠标画出形状。在“绘图工具”选项卡的“填充”下拉框中选择“无填充颜色”；“轮廓”下拉框中选择标准色为“红色”。

（7）① 插入二维码。光标放在文档开头，选择“插入”选项卡的“更多”下拉框中的“二维码”，在如图 3-25 所示的“插入二维码”对话框中，在“输入内容”中输入中南民族大学网址，在“嵌入 Logo”中选择“图标.jpg”。

图 3-25　“插入二维码”对话框

② 设置二维码的格式。选择二维码，调整大小，在如图 3-26 所示的“图片工具”选项卡的“环绕”下拉框中选择“浮于文字上方”，用鼠标拖动二维码到右箭头的后面。

图 3-26　“图片工具”选项卡

（8）① 插入文本框并输入文字。选择“插入”选项卡的“文本框”下拉框中的“横向”，拖动鼠标画出形状，输入文字并设置文字格式。

② 设置文本框格式。在“绘图工具”选项卡的“填充”下拉框中选择“无填充颜色”；在“轮廓”下拉框中选择“无线条颜色”。

（9）① 插入智能图形（SmartArt）并输入文字。选择“插入”选项卡的“智能图形”下拉框中的“智能图形”，在“选择智能图形”对话框中选择“基本流程”选项。在流程图中输入相应的文字。

② 设置智能图形格式。在如图 3-27 所示的“设计”选项卡中，选择“添加项目”下拉框

中的“在后面添加项目”，增加第 4 个按钮；并直接输入文字。选择“更改颜色”下拉框中“彩色”类别中的第 4 个颜色作为箭头颜色。在“格式”选项卡的“填充样式”下拉框中选择相关选项来设置 4 个项目框的填充样式，在“环绕”下拉框中选择“上下型环绕”。用鼠标调整图形大小，然后拖动到文本框的下面。

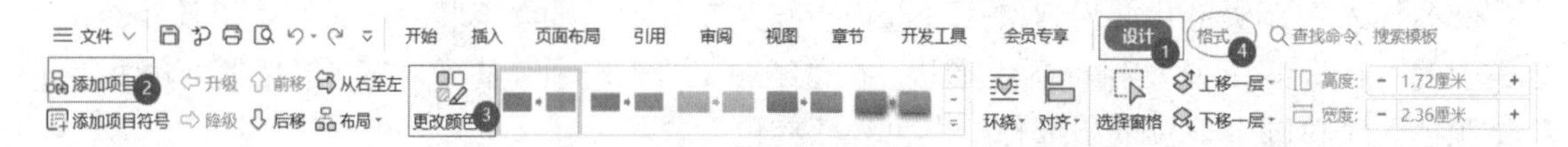

图 3-27 “设计”选项卡

（10）插入图片并设置格式。选择“插入”选项卡的“图片”下拉框中的“来自文件”，找到文件“梅花.jpg”插入文档。在“图片工具”选项卡的“环绕”下拉框中选择“紧密型环绕”，在“旋转”下拉框中选择“向右旋转 90°”，用鼠标调整图片的大小，然后拖动到合适的位置。

（11）以“邀请函.docx”为文件名保存文件。

实验 4 使用 WPS 创建表格

实验目的

（1）掌握表格的创建方法。

（2）掌握表格格式的设置方法。

（3）掌握表格中公式的使用方法。

（4）掌握根据表格数据创建图表的方法。

实验内容

1. 使用 WPS 创建“学生信息表.docx”和“图书销量统计.docx”文件

学生信息表如图 3-28 所示，图书销量统计如图 3-29 所示。

学生信息表

姓名		学号		性别		照片
专业		民族		出生日期		
籍贯				政治面貌		
联系电话		健康状况		爱好特长		
家庭住址				微信		
				E-mail		
学习经历	起止年月		在何处		职务	
备注						
相信你的信任与学院的实力将给我们带来共同的成功！						

图 3-28 学生信息表

2021年1季度图书销量统计

产品名称	1月销量	2月销量	3月销量	总销量	单价	总金额	名次
Excel 2010	258	277	279	814	40	32560	1
OneNote 2010	247	209	208	664	38	25232	2
Outlook 2010	234	261	193	688	35	24080	3
Word 2010	249	259	217	725	32	23200	4
PowerPoint 2010	252	232	189	673	29	19517	5
平均销量	248	247.6	217.2				

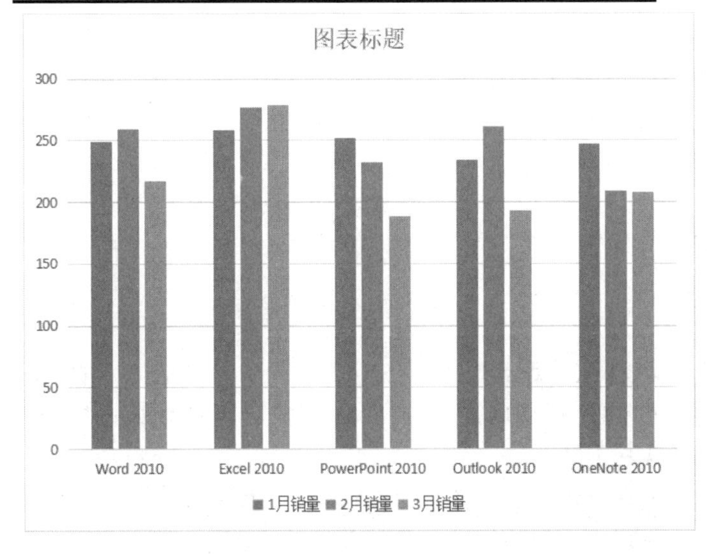

图 3-29 图书销量统计

2. 实验要求

（1）新建 WPS 空白文字，以“学生信息表.docx”为文件名保存文件。

（2）在其中插入 1 个新建的 12 行 7 列的表格，表格的标题为“学生信息表”。

（3）按图 3-28 合并相应的单元格。

（4）设置所有行的行高为 1.3 厘米，调整各列的列宽。

（5）设置所有单元格中的文字为小四号，对齐方式为水平居中。

（6）设置“学习经历”单元格的文字方向为“垂直方向从左到右”，其后 3 列的列宽为“平均分布各列”。

（7）设置表格的外框线为 0.5 磅宽度的深蓝色双线，内框线为 0.5 磅的自动颜色的虚线；表内所有标题单元格的填充色为“灰色-25%，背景 2，深色 25%”。

（8）新建 WPS 文档，复制“图书销量统计.txt”的内容，并保存为“图书销量统计.docx”。

（9）将文档的最后 6 行转换为 6 行 4 列的表格。

（10）根据表格中的数据制作一个类型为“簇状柱形图”的图表，插入表格的下面。

（11）在表格的最右边增加 1 列，列标题为“总销量”；最下边增加 1 行，行标题为“平均销量”。使用公式 fx 计算每种图书的总销量和每个月的平均销量。

在表格的最右边增加 2 列，第 1 列标题为“单价”，输入数据：32，40，29，35，38；第 2 列标题为“总金额”，使用公式计算相应图书的总金额。

（12）在表格的最右边增加 2 列，第 1 列标题为“单价”，输入数据：32，40，29，35，38；第 2 列标题为“总金额”，使用公式计算每类书籍的总金额。

（13）在表格的最右边增加1列，标题为“名次”，按总销量的降序给每类书籍排名次并写入该列。

（14）调整列宽使单元格不换行。

（15）设置表格为3线表格，要求线为2.25磅的实线，第一行的填充颜色为橙色。

3. 实验步骤

（1）新建WPS空白文档，然后保存为“学生信息表.docx”。输入表格标题“学生信息表”

（2）插入表格。选择“插入”选项卡的“表格”下拉框中的“插入表格”命令，在弹出的“插入表格”对话框中，设置列数为“7”，行数为“12”。

（3）合并单元格。选择前4行的第7列，单击如图3-30所示的“表格工具”选项卡中的“合并单元格”按钮。按照样图完成其他单元格的合并。

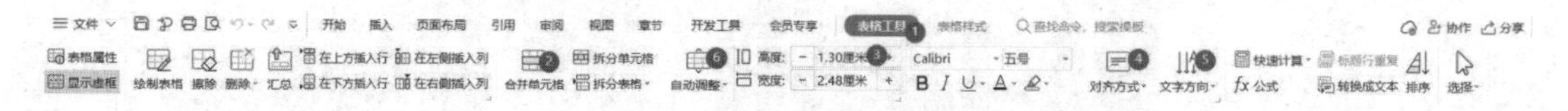

图3-30 “表格工具”选项卡

（4）设置行高，调整列宽。选择整个表格，在“表格工具”选项卡的“高度”框中输入“1.3厘米”。将光标放在各竖线上拖动调整列宽。选中“性别”单元格，将光标放在该单元格的左边竖线上，向右拖动调整宽度。

（5）设置单元格对齐方式。选择整个表格，选择“表格工具”选项卡的“对齐方式”下拉框中的“水平居中”命令。

（6）设置文本方向，自动调整列宽。将光标置于“学习经历”单元格中，选择“表格工具”选项卡的“文字方向”下拉框中的“垂直方向从左到右”命令。选择其后面的4行3列，选择“表格工具”选项卡的“自动调整”下拉框中的“平均分布各列”命令。

（7）① 设置表格外侧框线格式和底纹。选择整个表格，在如图3-31所示的“表格样式”选项卡中，选择“线型：双线；线型粗细：0.5；边框颜色：深蓝色”，选择“边框”下拉框中的“外侧框线”命令。

② 设置表格内框线格式。选择“线型：虚线；边框颜色：自动”，选择“边框”下拉框中的“内部框线”命令。

③ 选中表内所有的标题单元格，在“表格样式”选项卡中选择“底纹”下拉框中的“灰色-25%，背景2，深色25%”的主题颜色。

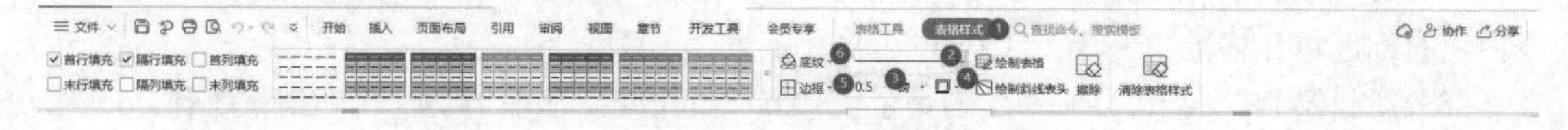

图3-31 “表格样式”选项卡

（8）保存文件。

（9）新建文档。在“文件”选项卡中单击“新建”→“新建”按钮，然后单击“新建空白文字”按钮。打开“图书销量统计.txt”文件，复制内容并粘贴到WPS文档中，保存WPS文件为“图书销量统计.docx”。

（10）文本转换为表格。选择文档最后6行，选择“插入”选项卡的“表格”下拉框中的“文本转换为表格…”命令，在弹出的“将文字转换为表格”对话框中选择“文字分隔位置”，保证表格的列数为 4，行数为 6 后，单击“确定”按钮。

（11）根据表格数据制作簇状柱形图。

① 创建簇状柱形图。将光标置于表格的下一行，选择“插入”选项卡的“图表”命令，在弹出的“插入图表”对话框中选择“柱形图”类别，然后选中“簇状柱形图”并双击。

② 添加表格数据到图表中。复制文档表格中的数据。单击图表，在弹出的如图 3-32 所示的“图表工具”选项卡中单击“编辑数据”按钮，自动打开一个 WPS 表格文件“WPS 文字中的图表”，将数据粘贴到该 WPS 表格文件中，然后关闭 WPS 表格文件。

图 3-32 “图表工具”选项卡

③ 将表格数据完整显示在图表中。选择“图表工具”选项卡中的“选择数据”命令，弹出如图 3-33 所示的 WPS 表格文件“WPS 文字中的图表”和“编辑数据源”对话框，移动“编辑数据源”对话框使其不遮挡数据，然后拖动鼠标在文件中选择数据范围为 A1:D6，使“编辑数据源”对话框中的“图表数据区域”的值为“=sheet1!$A$1:$D$6”后，单击“确定”按钮。

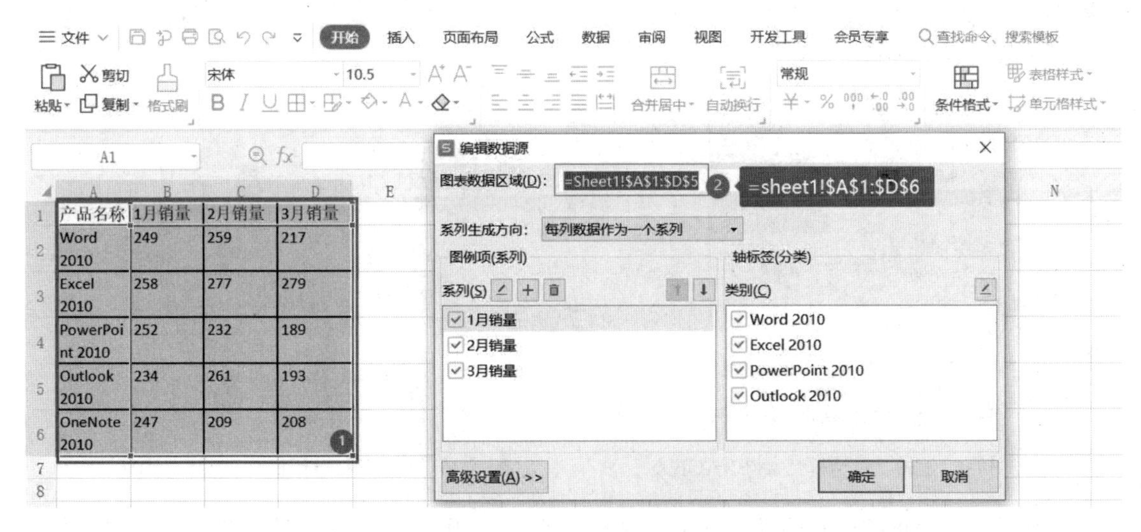

图 3-33 “WPS 文字中的图表”文件

（12）计算总销量和平均销量。

① 添加列和行。将光标置于表格第 4 列中的任一单元格内，选择如图 3-34 所示的“表格工具”选项卡中的“在右侧插入列”命令；将光标置于表格第 6 行的任一单元格内，选择“表格工具”选项卡中的“在下方插入行”命令。

② 输入行标题和列标题。行标题为“平均销量”，列标题为“总销量”。

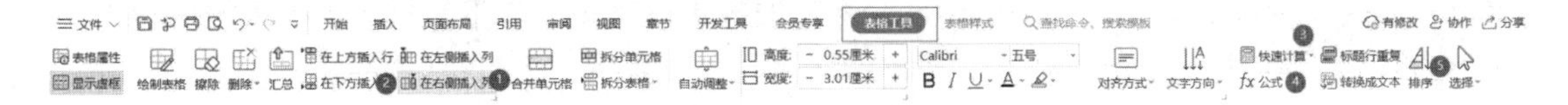

图 3-34 “表格工具”选项卡

③ 计算总销量。选择第 2 行的第 2、3、4、5 列，选择“表格工具”选择选项卡的“快速计算”下拉框中的“求和”命令，计算“Word 2010”的总销量。使用同样的方法计算其他书籍的总销量。

④ 计算平均销量。选择第 7 行的第 2 列，选择“表格工具”选项卡中的“fx 公式”命令，在弹出的如图 3-35 所示的“公式”对话框中删除公式“SUM(ABOVE)”；在“粘贴函数”下拉框中选择“AVERAGE”函数，在“表格范围”下拉框选择“ABOVE”，最终公式为“=AVERAGE (ABOVE)”。在该行的第 3 列按 F4 键，第 4 列按 F4 键，计算每月的平均销量。注：也可以使用复制，粘贴来复制公式，但最后需按 F9 来更新数据。

（13）添加 2 列，并计算总金额。

① 在表格的最右边增加 2 列。输入第 6 列标题“单价”，然后输入每行数据：32，40，29，35，38；输入第 7 列标题为“总金额”。

② 计算第 2 行的“总金额”。选择第 7 列的第 2 行，选择“表格工具”选项卡中的“fx 公式”命令，在弹出的如图 3-36 所示的“公式”对话框中，删除公式“SUM(LEFT)”，在“粘贴函数”下拉框中选择“PRODUCT”函数，修改“公式”中的值为“=PRODUCT(e2,f2)”。

③ 计算其他行的“总金额”。在第 7 列的第 3 行，单击“fx 公式”命令，修改“公式”为“=PRODUCT(e3,f3)”；在第 4 行，选择“fx 公式”命令，修改“公式”为“=PRODUCT(e4,f4)”；其他行的公式以此类推。

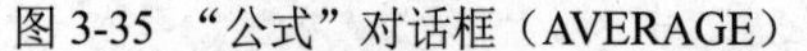

图 3-35 “公式”对话框（AVERAGE）

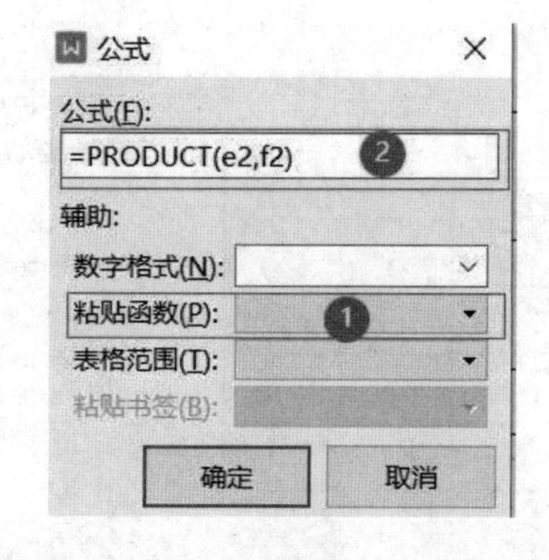

图 3-36 “公式”对话框（PRODUCT）

（14）① 在表格的最右边插入列。将光标置于第 7 列的任一单元格内，选择“表格工具”选项卡中的“在右侧插入列”命令，在表格的最右边增加 1 列，该列标题为“名次”。

② 表格数据排序。选择表格的第 1 到 6 行选择“表格工具”选项卡中的“排序”命令，在弹出的如图 3-37 所示的“排序”对话框中，在“列表”下选中“有标题行”单选按钮，“主要关键字”下拉框中选择“总销量”，选中“降序”单选按钮，最后单击“确定”按钮。

③ 在“名次”中输入相应的数值。

（15）调整水平居中对齐方式和自动调整列宽。选择整个表格，选择“表格工具”选项卡的“对齐方式”下拉框中的“水平居中”命令；选择“自动调整”下拉框中的“根据内容调整表格”命令。

（16）①设置表格为 3 线表格。选择整个表格，选择“表格样式”选项卡的“边框”下拉框中的“无框线”命令。设置线型为实线，线型粗细为 2.25 磅，在“表格样式”选项卡的“边框”下拉框中选择“下框线”和“上框线”命令；选择表格的第一行，选择“边框”下拉框中的“下框线”命令。

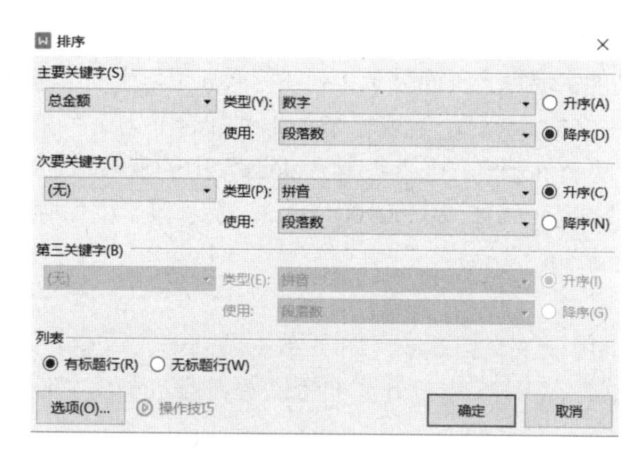

图 3-37 “排序”对话框

② 设置底纹为橙色。选择表格的第一行，在“表格样式”选项卡的“底纹”下拉框中选择“橙色”。

（17）保存文件。

实验 5 使用 WPS 实现邮件合并

实验目的

（1）掌握简单邮件合并的多种方法。

（2）掌握多条记录的邮件合并的方法。

（3）掌握图片数据源邮件合并的方法。

实验内容

1. 使用 WPS 邮件合并的功能制作等级考试准考证

2. 实验要求

（1）按图 3-38 和图 3-39 分别建立等级考试准考证主文档和数据源，文件名分别为“准考证主文档.docx”和“数据源.docx”。

第 244 次
计算机等级考试
准
考
证

姓　　名:	
证 件 号:	
考　　点:	
考试日期:	
考试时间:	
座 位 号:	

计算机等级考试办公室

图 3-38 准考证主文档.docx

姓名	证件号	考点	考试日期	考试时间	考试座位号
张三方	202001001	中南民族大学	2021-12-15	9:00-11:00	16 号楼 211 机房 01 号
李四加	202001003	中南民族大学	2021-12-15	9:00-11:00	16 号楼 214 机房 05 号
王五带	202001005	中南民族大学	2021-12-15	9:00-11:00	16 号楼 211 机房 05 号
张房山	202011005	中南民族大学	2021-12-15	14:00-16:00	16 号楼 211 机房 09 号
李佳斯	202011008	中南民族大学	2021-12-15	14:00-16:00	16 号楼 214 机房 05 号
谈代物	202015006	中南民族大学	2021-12-15	14:00-16:00	16 号楼 214 机房 10 号
戴利	202015009	中南民族大学	2021-12-15	14:00-16:00	16 号楼 213 机房 05 号
方明明	202008005	中南民族大学	2021-12-16	9:00-11:00	16 号楼 214 机房 10 号
吴佳吉	202008002	中南民族大学	2021-12-16	9:00-11:00	16 号楼 213 机房 05 号

图 3-39 数据源.docx

（2）设置主文档格式，使其占满整个页面；使用邮件合并功能建立所有学生的准考证新文档，但每个学生单独成页，并保存新文档为“准考证.docx”。利用邮件合并功能，生成每个学生的准考证文件并以其姓名为文件名。

（3）使用邮件合并功能实现每个页面显示2列3行共6个学生的准考证，列之间用竖线隔开。

（4）修改“准考证主文档.docx”，给表格增加1列并合并为1个单元格，用来显示照片，保存为“准考证主文档_更新.docx”。给“数据源.docx”中的表格增加1列，标题为“照片”，每个单元格的内容为证件号.jpg（如 202001001.jpg），表示该学生保存在磁盘上的照片文件，文件另存为“数据源_更新.docx”。

3. 实验步骤

（1）按要求建立“准考证主文档.docx”和“数据源.docx”文件。

（2）设置主文档格式。在WPS中打开“准考证主文档.docx”文件，设置所有文字和表格居中显示。

（3）邮件合并。单击“引用”选项卡中的“邮件”按钮，系统会增加如图3-40所示的“邮件合并”选项卡。

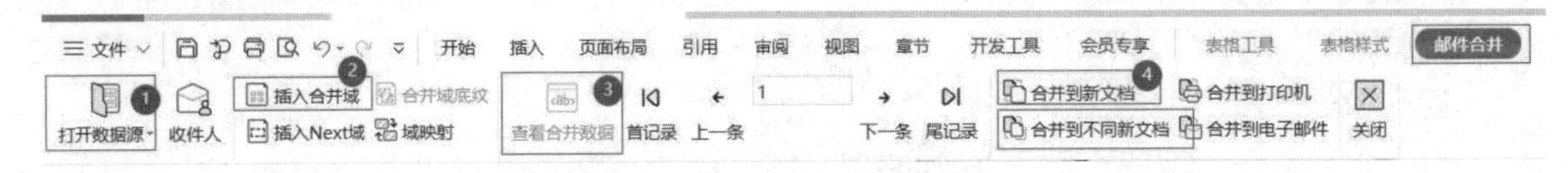

图3-40 “邮件合并”选项卡

① 打开数据源文件。在“邮件合并”选项卡中选择“打开数据源”下拉框中的“打开数据源”命令，找到“数据源.docx”并打开。

② 插入合并域。将光标置于“姓名：”后面的单元格内，选择“邮件合并”选项卡中的“插入合并域”命令，在弹出的如图3-41所示的“插入域”对话框中选择“姓名”并插入，关闭该对话框后将光标移动到下一行，通过“插入合并域”命令插入“证件号”。按照此方法，插入所有单元格中的数据，结果如图3-42所示。

③ 查看合并数据。选择“邮件合并”选项卡中的“查看合并数据”命令，结果如图3-43所示，通过“邮件合并”选项卡中的“下一条”或“上一条”命令可以查看其他记录。

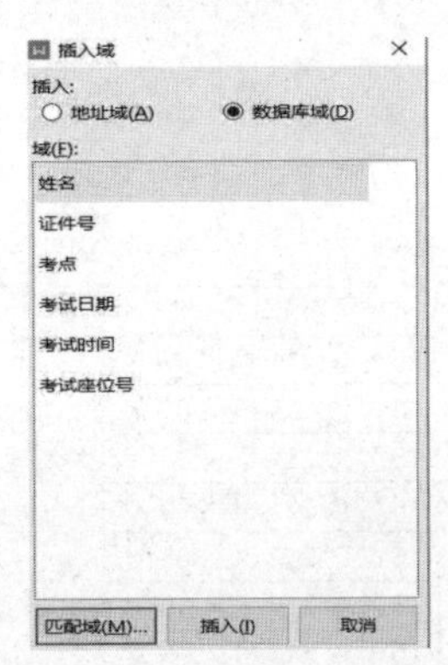

图3-41 “插入域”对话框

姓　　名：	«姓名»
证 件 号：	«证件号»
考　　点：	«考点»
考试日期：	«考试日期»
考试时间：	«考试时间»
座 位 号：	«考试座位号»

图3-42 插入所有单元格中数据的结果

姓　　名：	张三方
证 件 号：	202001001
考　　点：	中南民族大学
考试日期：	2021-12-15
考试时间：	9:00-11:00
座 位 号：	16号楼211机房01号

图3-43 “查看合并数据”的结果

④ 合并所有数据到1个新文档。选择“邮件合并”选项卡中的“合并到新文档”命令，在弹出的“合并到新文档”对话框中选择“全部”并单击“确定”按钮，自动弹出一个“文字文稿1”的新文档，每个学生的准考证占一个页面，保存该文档为“准考证.docx”。

⑤ 合并数据到多个新文档。在“准考证主文档.docx”中选择“邮件合并”选项卡中的“合并到不同新文档”命令，在弹出的对话框中的“以域名”后选择“姓名”为文件名，并选择文件的存放位置，即可为每张准考证建立一个新文件。

⑥ 保存主文档“准考证主文档.docx”为“准考证-合并.docx”。

（4）每页包含多条记录的邮件合并。

① 打开主文档“准考证-合并.docx”

② 复制文本并增加新段落。在“准考证-合并.docx”文件中设置文字字号为5，选择所有文档，进行复制。将光标置于文档最后并按Enter键，以增加段落。

③ 插入Next域。选择“邮件合并”选项卡中的“插入Next域”命令，在当前光标处出现“«Next Record»”。

④ 复制文本到“«Next Record»”后面。将光标放在“«Next Record»”的后面，按Enter键，以增加段落，粘贴复制的文本。

⑤ 多次复制文本。重复③和④步骤4次，文档显示6个学生的准考证。

⑥ 分栏显示多个学生的准考证。选择所有文本，选择“页面布局”选项卡的“分栏”下拉框中的“更多分栏”命令，选择两栏，加分隔线。在“页面布局”选项卡中设置上、下页边距均为1.5。

⑦ 合并数据。选择“邮件合并”选项卡中的“合并到新文档”命令，合并全部记录，保存新文档为“准考证-多条.docx”。

⑧ 把文件“准考证-合并.docx”另存为“准考证-合并-多条.docx”。

（5）显示图片的邮件合并。

① 修改主文档和数据源。打开文件“准考证主文档.docx”，在表格的最右边插入一列，然后合并该列中的所有单元格为1个单元格。设置所有文字和表格居中显示，然后把该文件另存为“准考证主文档_更新.docx”。打开文件“数据源.docx”，在表格最右边插入一列，输入图片文件名，文件另存为“数据源更新”。

② 邮件合并。单击“引用”选项卡中的“邮件”按钮，打开“邮件合并”选项卡。

③ 打开数据源。在“邮件合并”选项卡中选择“打开数据源”下拉框中的“打开数据源”命令，找到“数据源_更新.docx”并打开。

④ 插入文本合并域。将光标置于“姓名：”后面的单元格内，选择“邮件合并”选项卡中的“插入合并域”命令，在弹出的“插入域”对话框中选择“姓名”并插入，然后关闭该对话框，将光标移到下一行，通过“插入合并域”命令插入“证件号”。按照此方法，插入所有单元格中的数据。

⑤ 插入图片域。将光标放在最后一列，选择“插入”选项卡的“文档部件”下拉框中的“域”命令，在弹出的如图3-44所示的“域”对话框的“域名”中选择“插入图片”，在“域代码”INCLUDEPICTURE的后面输入图片地址。图片地址可以在资源管理器中找到该文件，单击地址栏，然后复制路径，并粘贴到域代码中，把“\”改为“\\”后，添加“文件名”，如“\\202001001.jpg”。

⑥ 修改图片文件名为邮件合并域。将光标置于表格最后一列的任意位置，按“Alt+F9”组合键（注：可以右击——切换域代码），出现如图3-45所示的显示域代码界面。选中图片文件名如“202001001.jpg”，选择“邮件合并”选项卡中的“插入合并域”命令，在弹出的“插入域”对话框中选择“照片”并插入，结果如图3-46所示，图片文件名被替换成“照片”域。

图 3-44　插入图片域

姓　　名:	{ MERGEFIELD "姓名" }	{ INCLUDEPICTURE D:\\lilf\\实验\\fengj\\202001001.jpg * MERGEFORMAT }
证 件 号:	{ MERGEFIELD "证件号" }	
考　　点:	{ MERGEFIELD "考点" }	
考试日期:	{ MERGEFIELD "考试日期" }	
考试时间:	{ MERGEFIELD "考试时间" }	
座 位 号:	{ MERGEFIELD "考试座位号" }	

图 3-45　显示域代码界面

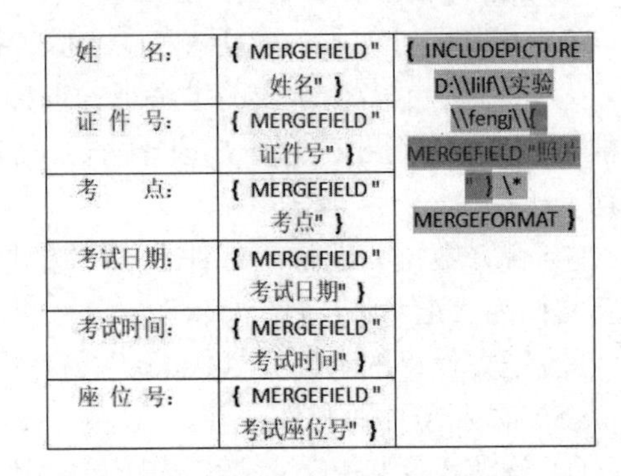

姓　　名:	{ MERGEFIELD "姓名" }	{ INCLUDEPICTURE D:\\lilf\\实验\\fengj\\{ MERGEFIELD "照片" } * MERGEFORMAT }
证 件 号:	{ MERGEFIELD "证件号" }	
考　　点:	{ MERGEFIELD "考点" }	
考试日期:	{ MERGEFIELD "考试日期" }	
考试时间:	{ MERGEFIELD "考试时间" }	
座 位 号:	{ MERGEFIELD "考试座位号" }	

图 3-46　插入照片合并域

⑦ 合并到新文档。再次按“Alt+F9”组合键回到文本状态，选择“邮件合并”选项卡中的“合并到新文档”命令生成新文档。在新文档中按“Ctrl+A”组合键将其全部选中，按 F9 键（可以右击一更新域）刷新，即可显示所有学生的照片，保存新文档为“准考证-照片.docx”。

⑧ 把“准考证主文档_更新.docx”文件另存为“准考证主文档_照片.docx”。

3.3　长文档编辑

实验 6　样式和目录

实验目的

（1）掌握样式的应用和修改方法。

（2）掌握标题样式对应多级编号的设置方法。

（3）掌握目录的建立方法。

实验内容

1. 使用 WPS 打开“长文档-原始.docx”文件，按实验要求进行排版

2. 实验要求

（1）按要求进行页面设置。文件纸张大小为 16 开，对称页边距，上边距为 2.5 厘米，下边距为2厘米，内侧边距为2.5厘米，外侧边距为2厘米，装订线为1厘米，页脚距边界1厘米。纸张方向为纵向，其中页面纵向不能显示完整的图片，公式单独设置为横向。

（2）按文档中的要求设置文字格式。要求正文是小四号宋体，首行缩进2个字符，图形和表格居中显示，表格中的文字不缩进。

（3）文档中包括三个级别的标题，分别用红色（一级标题）、蓝色（二级标题）和紫色（三级标题）标识，给文档中的指定文本应用相应的标题样式。

（4）修改“标题1”样式为居中对齐，添加下边框，边框线为1条1.5磅的红色实线。

（5）把三个级别的标题设置为多级编号，如图3-47所示。

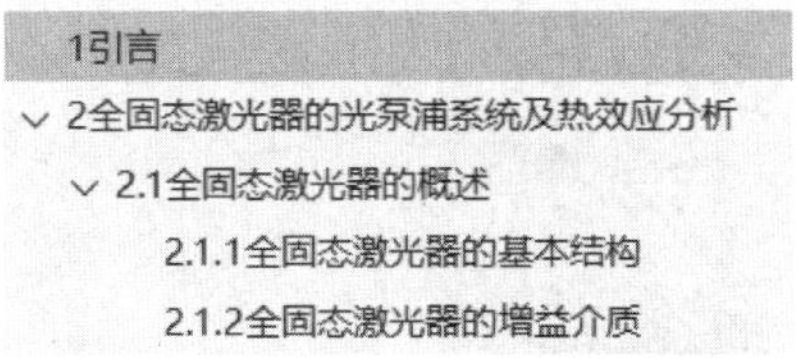

（6）实现分页。在“提交日期”后面一行分页作为第一页封面，文档标题、中文摘要和关键字为1页，英文摘要和关键字为1页，参考文献单独成页。

1引言
2全固态激光器的光泵浦系统及热效应分析
2.1全固态激光器的概述
2.1.1全固态激光器的基本结构
2.1.2全固态激光器的增益介质

图3-47　多级标题与多级编号对应

（7）在英文摘要和正文之间生成目录，目录样式为“自动目录”，目录单独成页，然后更新目录。

（8）在“目录”下方增加一行“论文页数：**页”，将其设置为靠右对齐，宋体，小四号字。用插入设置域的方法显示不包括封面、摘要、目录的总页数，目录效果图如图3-48所示。

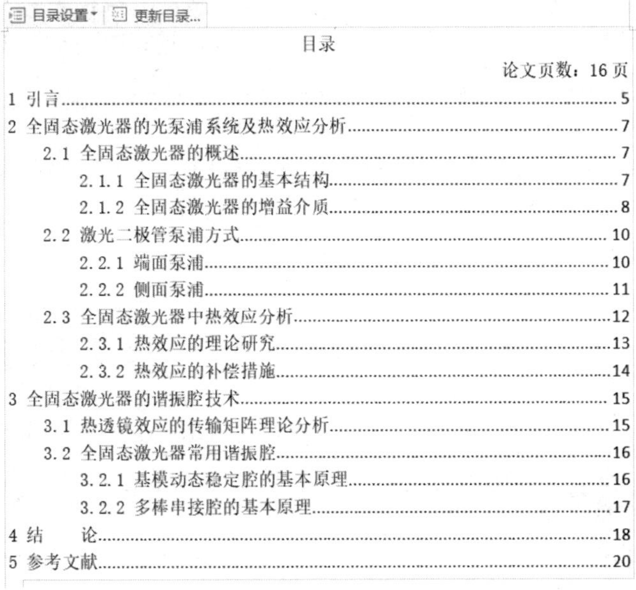

目录设置▾　更新目录...

目录

论文页数：16页

1 引言......5
2 全固态激光器的光泵浦系统及热效应分析......7
2.1 全固态激光器的概述......7
2.1.1 全固态激光器的基本结构......7
2.1.2 全固态激光器的增益介质......8
2.2 激光二极管泵浦方式......10
2.2.1 端面泵浦......10
2.2.2 侧面泵浦......11
2.3 全固态激光器中热效应分析......12
2.3.1 热效应的理论研究......13
2.3.2 热效应的补偿措施......14
3 全固态激光器的谐振腔技术......15
3.1 热透镜效应的传输矩阵理论分析......15
3.2 全固态激光器常用谐振腔......16
3.2.1 基模动态稳定腔的基本原理......16
3.2.2 多棒串接腔的基本原理......17
4 结　论......18
5 参考文献......20

图3-48　目录效果图

（9）把文档另存为“长文档-目录.docx”。

3. 实验步骤

（1）设置页面纸张。

① 整个文档的页面设置。在WPS中打开“长文档-原始.docx”，单击“页面布局”选项卡右下角的“页面设置”按钮，在弹出的如图3-49所示的“页面设置”对话框中，设置“纸张”的“纸张大小”为16开；“页边距”中“页码范围”下的“多页”为“对称页边距”，“页

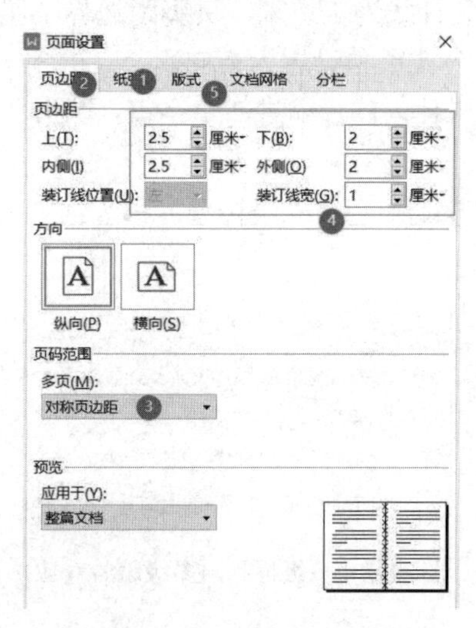

图 3-49 “页面设置”对话框

边距”为:上 2.5 厘米、下 2 厘米、内侧 2.5 厘米、外侧 2 厘米，装订线宽 1 厘米;“版式”的“距边界：页脚”为 1 厘米。

② 单独页面的页面设置。页面设置完成后查看文档，只有图 2 的图片不能完全显示。将光标置于图片前，打开“页面设置”对话框，在“页边距”选项卡的设置“方向”为“横向”，“应用于”选择“插入点之后”，关闭该对话框。将光标置于图片说明的下一段开头，打开“页面设置”对话框，设置“方向”为“纵向”，“应用于”为“插入点之后”，关闭该对话框。

（2）设置段落和文字格式。在“开始”选项卡的“字体”和“段落”组中，设置文档中的文字和段落格式。

（3）应用标题样式。红色文字应用标题 1，蓝色文字应用标题 2，紫色文字应用标题 3。可以将“开始”选项卡的“样式”框中的“标题 1”“标题 2”“标题 3”样式分别应用于指定的文本。

因为该例文档很长，可使用替换的方法来应用样式。

① 查找红色文本。选择“开始”选项卡的“查找替换”下拉框中的“替换”命令，弹出如图 3-50 所示的对话框，将光标置于“查找内容”后面，选择“格式”下拉框中的“字体”命令，在弹出的“查找字体”对话框中设置“字体颜色”为红色。

② 替换为“标题 1”的样式。如图 3-51 所示，将光标置于“替换”后面，选择“格式”下拉框中的“样式”命令，在弹出的“替换样式”对话框中的“查找样式”组中选择“标题 1”，单击“确定”按钮然后单击“全部替换”按钮，完成标题样式的设置。

③ 用相似的方法应用“标题 2”和“标题 3”样式。

图 3-50 查找替换（查找红色）

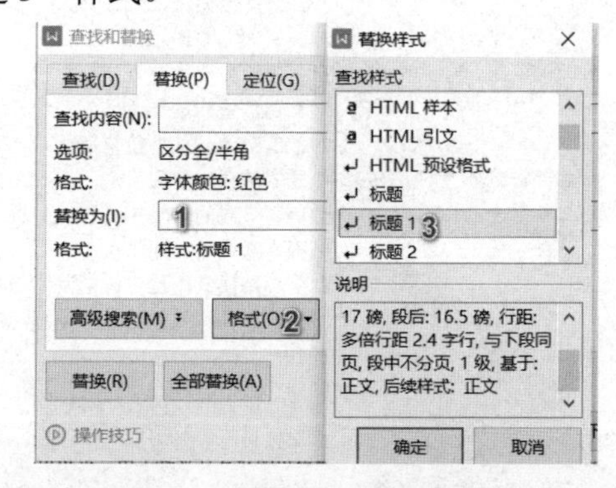

图 3-51 查找替换（替换为标题 1）

（4）修改“标题 1”样式。将光标置于应用过“标题 1”样式的段落中的任意位置，选择“开始”选项卡的“样式”列表框右下角的“样式和格式”命令，在弹出的“样式和格式”对话框中选择“标题 1”下拉框中的“修改”命令，弹出如图 3-52 所示的“修改样式”对话框，设置居中对齐，选择“格式”下拉框中的“边框”命令，弹出如图 3-52 所示的“边框和底纹”对话框，选择“线型”为实线，颜色为红色，宽度为 1.5 磅，单击“下边框”按钮。关闭“修改样式”对话框，所有应用过标题 1 样式的文本会自动修改样式。

图 3-52 “样式修改”及“边框和底纹”对话框

（5）把三个级别的标题对应为多级编号。

① 打开“项目符号和编号”对话框。选择“开始”选项卡的“编号”下拉框中的“自定义编号”命令，弹出如图 3-53 所示的“项目符号和编号”对话框。

图 3-53 “项目符号和编号”对话框

② 把 1 级编号链接到“标题 1”样式。选择“多级编号”选项中第 2 行第 2 列的样式，单击“自定义”按钮。在弹出的如图 3-54 所示的“自定义多级编号列表”对话框中，在“级别”列表框中选中“1”；在“编号格式”框中删除“①.”后面的“.”；单击“高级”按钮把“高级”按钮变为“常规”按钮；在“将级别链接到样式：”后面选择“标题 1”。

③ 把 2 级编号链接到“标题 2”样式。在“自定义多级编号列表”对话框中，在“级别”列表框中选中“2”；在“编号格式”框中删除“①.②.”②后面的“.”；在“将级别链接到样式：”后面选择“标题 2”。

④ 把 3 级编号链接到“标题 3”样式。在“自定义多级编号列表”对话框中，在“级别”列表框中选中“3”；在“编号格式”框中删除“①.②.③.”③后面的“.”；在“将级别链接到样式：”后面选择“标题 3”。

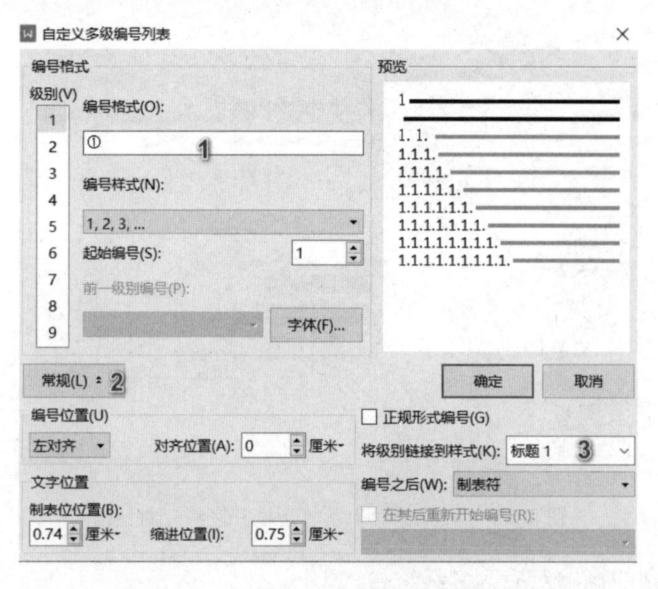

图 3-54 “自定义多级编号列表”对话框

（6）给文档分页。将光标移动到指定位置，选择“插入”选项卡的“分页”下拉框中的“分页符”命令，或按“Ctrl+Enter”组合键，实现分页。

（7）生成目录。将光标移动到正文的“引言”前，选择“引用”选项卡的“目录”下拉框中“自动目录”命令，生成自动目录。在“引言”前插入分页符，使目录页单独成页。选择“引用”选项卡中的“更新目录”命令，在弹出的“更新目录”对话框中选择“更新整个目录”。

（8）显示不包括封面、摘要、目录的总页数。

① 显示总页数。输入文字“论文页数：**页 ”，设置为右对齐，宋体小四号字。选择“**”，选择“插入”选项卡的“文档部件”下拉框中的“域”命令，在弹出的“域”对话框中选择域名“文档的页数”，自动出现域代码“NUMPAGES”。单击“确定”按钮后，文本显示“论文页数：19 页”。

② 修改域代码，显示不包括封面、摘要、目录的总页数。按“Alt+F9”组合键显示域代码{ NUMPAGES * MERGEFORMAT}，删除域代码只保留{ NUMPAGES}；按“Ctrl+F9”组合键添加域，修改域代码为“{={ NUMPAGES}-4}”；再按“Alt+F9”组合键不显示域代码，而显示页数；按 F9 键刷新后显示新值。

（9）保存文件。选择“文件”选项卡的“文件”下拉框中的“另存为”命令，以“长文档-目录.docx”为文件名保存文件。

实验 7　题注和脚注/尾注

实验目的

（1）掌握题注的设置方法。

（2）掌握交叉引用的设置方法。

（3）掌握插入表目录和图目录的方法。

（4）掌握脚注/尾注的插入方法。

实验内容

1. 使用 WPS 打开“长文档-目录.docx”文件，按实验要求进行排版

2. 实验要求

（1）文档中有若干表格及图片，分别在表格上方和图片下方的说明文字的前面添加形如“表 1-1”“表 2-1”“图 1-1”“图 2-1”的题注，其中，连字符“-”前面的数字代表章号，后面的数字代表图表的序号，所有章节图和表分别连续编号。

（2）将在文档中用黄色标出的文字，设置为自动引用其题注号。

（3）为文中表格套用一个合适的表格样式，保证表格第 1 行在跨页时能够自动重复，且表格上方的题注与表格总在一页上。

（4）题注设置为宋体、五号字、居中，无首行缩进。

（5）在目录页插入表和图的目录。

（6）将参考文献[1]～[14]改为用“尾注”实现，正文中尾注编号样式为[1]，[2]，[3]，…

（7）将参考文献[15]改为用“脚注”实现，编号格式为①，②，③，…正文中脚注编号样式为①。取消脚注和尾注分隔线以及脚注尾注编号的上标格式（非正文中）。

（8）将文档另存为“长文档-目录-题注.docx”。

3. 实验步骤

（1）①为图添加题注。在 WPS 中打开“长文档-目录.docx”，在文档中找到“图 1”，将光标置于图片下方的说明文字前，选择“引用”选项卡中的“题注”命令，在弹出的如图 3-55 所示的“题注”对话框中，选择“标签”为“图”（如果没有“图”，则单击“新建标签”，在弹出的对话框中输入标签“图”），然后单击“编号”按钮，在弹出的“题注编号”对话框中勾选“包含章节编号”复选框，确定“章节起始样式”为“标题 1”，“使用分隔符”为“-(连字符)”。删除原有的图形编号“图 1”。

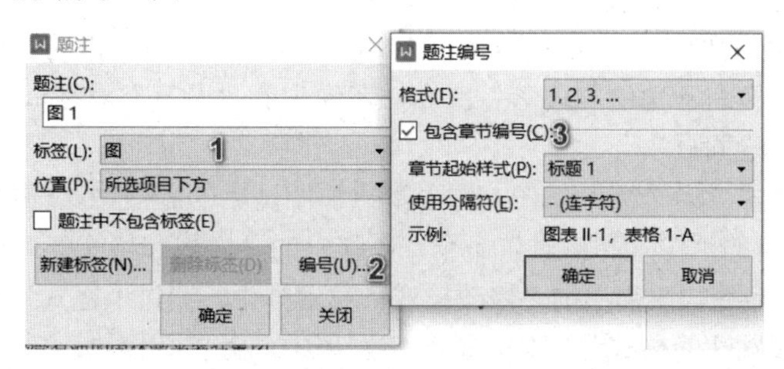

图 3-55 “题注”及“题注编号”对话框

② 为表格添加题注。在文档中找到“表 1”，将光标置于表格上方的说明文字前，选择“引用”选项卡中的“题注”命令，在弹出的“题注”对话框中，选择“标签”为“表”（如果没有“表”，则单击“新建标签”，在弹出的对话框中输入标签“表”），然后单击“编号”按钮，在弹出的“题注编号”对话框中勾选“包含章节编号”复选框，确定“章节起始样式”为“标题 1”，“使用分隔符”为“-(连字符)”。删除原有的表格编号“表 1”。

③ 使用同样的方法设置其他图和表的题注。

（2）在文档中添加交叉引用。在文档中找到黄色的文字“图 1”并选中，选择“引用”选项卡中的“交叉引用”命令，在弹出的如图 3-56 所示的“交叉引用”对话框中，在“引用类型”下选择“图”，在“引用内容”下选择“只有标签和编号”，在“引用哪一个题注”下选择指定的题注“图 2-1……”。用相同的方法引用其他图形和表格。如果是表格，则在“引用类型”下选择“表”。

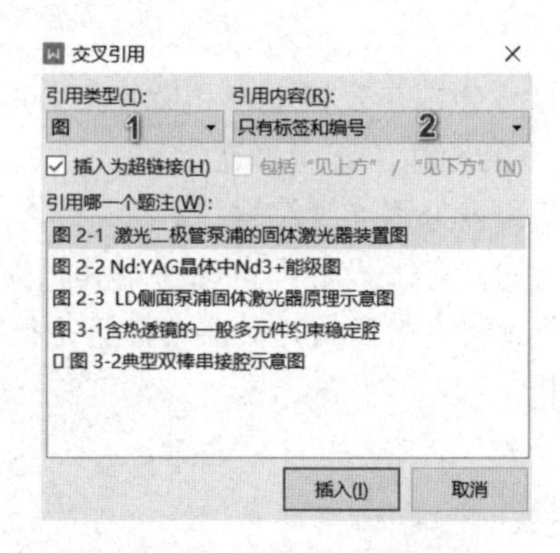

图 3-56 “交叉引用”对话框

（3）设置表格格式。

① 套用表格样式。选中“表 2-1”，在如图 3-57 所示的“表格样式”选项卡的“表格样式”框中任选一种主题样式。

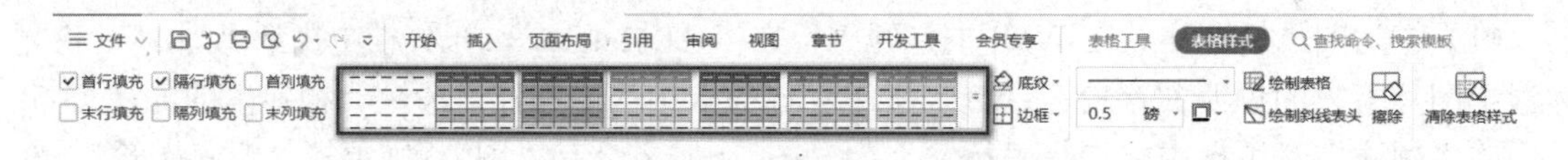

图 3-57 “表格样式”选项卡

② 重复表格标题行。选中“表 2-1”，选择“表格工具”选项卡中的“重复标题行”命令，保证表格第 1 行在跨页时能够自动重复。

③ 设置表格上方的题注与表格总在一页上。将光标置于表格上方的说明文字中，选择“开始”选项卡的“段落”右下角的“段落”命令，在弹出的“段落”对话框中的“换行和分页”选项中，选中“与下段同页”。

（4）修改题注样式。将光标置于任一图形下方说明文字的题注中，选择“开始”选项卡的“样式”选项卡右下角的“样式和格式”命令，在弹出的“样式和格式”对话框中选择“题注”下拉框中的“修改”命令，在弹出的“修改样式”对话框中，通过“格式”下拉框中的“字体”和“段落”命令修改题注的格式为宋体、五号字、居中，无首行缩进。

（5）① 在目录页插入图目录。将光标置于目录页的下方，选择“引用”选项卡中的“插入表目录”命令，在弹出的如图 3-58 所示的“图表目录”对话框中，在“题注标签”下选择“图”，完成图目录的创建。

② 在目录页插入表格目录。将光标置于图目录的下方，选择“引用”选项卡中的“插入表目录”命令，在弹出的“图表目录”对话框中，在“题注标签”下选择“表”，完成表目录的创建。

（6）插入尾注。

① 插入尾注[1]并复制文字。在文档中找到“[1]”

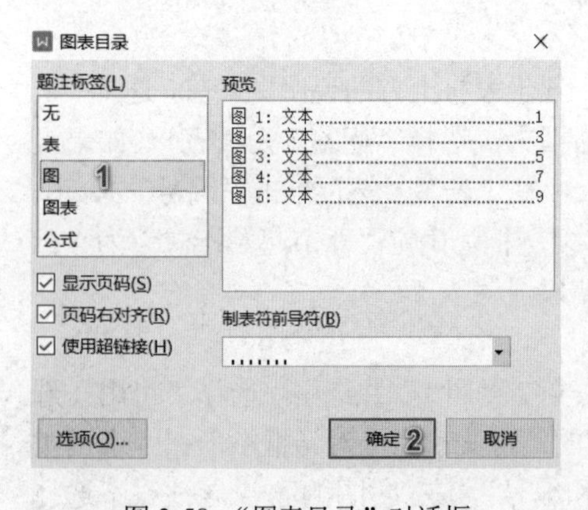

图 3-58 “图表目录”对话框

并删除，在“引用”选项卡中，单击如图3-59所示的“脚注和尾注”按钮，在弹出的如图3-60所示的“脚注和尾注”对话框中，选中“尾注”单选按钮，然后勾选“方括号样式”复选框，单击“插入”按钮。光标自动移动到文档的尾部，将参考文献中“[1]”后面的文字移动到尾注“[1]”的后面。

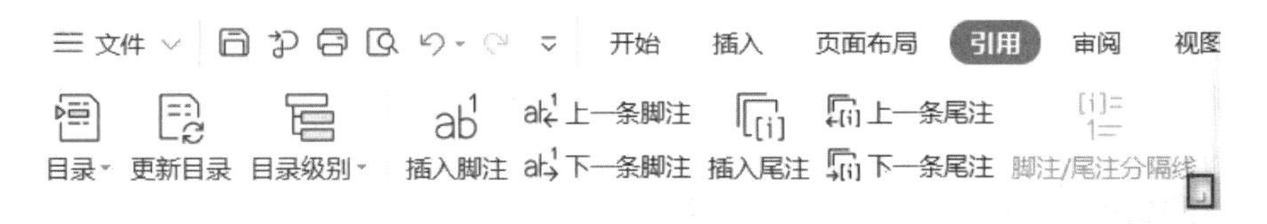

图3-59　单击“脚注和尾注”按钮

② 插入尾注[2]并复制文字。双击尾注“1”回到正文，找到[2]并删除，选择“引用”选项卡中的“插入尾注”命令，将参考文献中“[2]”后面的文字移动到尾注“[2]”的后面。

③ 插入尾注[3]～[14]并复制文字。双击尾注“2”回到正文，插入下一个尾注，直到尾注[14]。

④ 删除原参考文献下的[1]～[14]编号。

⑤ 取消文尾尾注编号的上标设置。选中文尾尾注后面的所有文字，在“字体”对话框中取消“上标”设置。

⑥ 删除尾注和正文间的分隔线。选择“引用”选项卡中的“脚注/尾注分隔线”命令，取消尾注的分隔线。

（7）插入脚注并设置格式。在文档正文中找到“[15]”并删除，在“引用”选项卡中，单击如图3-59所示的“脚注和尾注”按钮，在弹出的如图3-61所示的“脚注和尾注”对话框中，选中“脚注”单选按钮，然后在“编号格式”下拉框中选中“①,②,③,…”格式。将文档尾部参考文献中[15]后面的文字移动到页面底部脚注“①”的后面。在“字体”对话框中将页面底端的脚注“①”的上标取消。

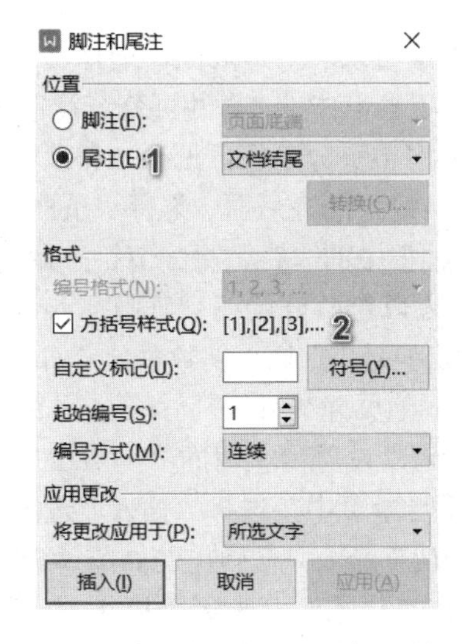

图3-60　“脚注和尾注”对话框（尾注）

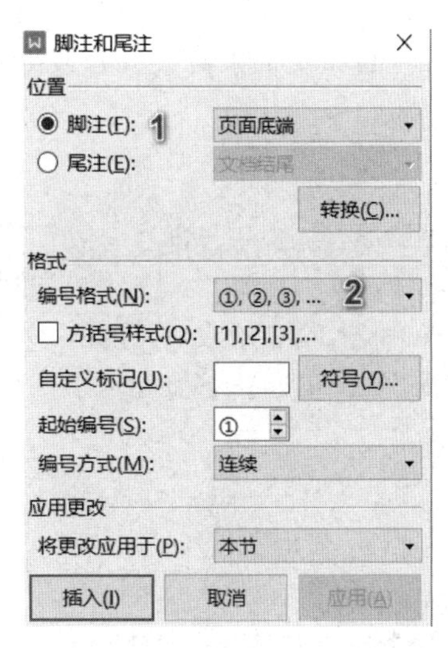

图3-61　“脚注和尾注”对话框（脚注）

（8）更新目录。选择“引用”选项卡中的“更新目录”命令，更新整个目录。

（9）将文档另存为“长文档-目录-题注.docx”。

实验 8　插入页眉和页脚

实验目的

（1）掌握分节的方法。

（2）掌握页眉和页脚的设置方法。

（3）掌握页码的设置方法。

实验内容

1. 使用 WPS 打开“长文档-目录-题注.docx”文件，按实验要求进行排版

2. 实验要求

（1）封面、中文摘要、英文摘要无页眉页脚；目录页无页眉，页脚居中显示页码，并使用大写的罗马数字（Ⅰ、Ⅱ、Ⅲ等）表示。

（2）设置论文正文和参考文献部分的页眉。正文的首页无页眉。偶数页的页眉内容为作业标题，格式为宋体、小五、居中；奇数页的页眉内容为作业中每一章的 1 级标题，格式为宋体、小五、居中。

（3）论文正文和参考文献页脚的设置。在页脚中插入页码，页码从第 1 页（奇数页）开始连续编号，格式为第×页（如第 1 页），页码放在页面的外侧。

（4）更新目录页的三个目录。

（5）将文档另存为“长文档-结果.docx”。

3. 实验步骤

（1）文档分节。在 WPS 中打开“长文档-目录-题注.docx”，按照实验要求，前 3 个页面无页眉页脚，目录页无页眉有页脚，正文有页眉页脚，参考文献页码从第 1 页开始编号，确定整个文档至少需要分为 4 节，插入 3 个分节符。

① 在前 3 页插入连续分节符单独成一节。将光标置于英文摘要页的最后面，选择“页面布局”选项卡的“分隔符”下拉框中的“连续分节符”命令。

② 在目录页插入奇数页分节符单独成一节。将光标置于目录页的最后面，选择“页面布局”选项卡的“分隔符”下拉框中的“奇数页分节符”命令。

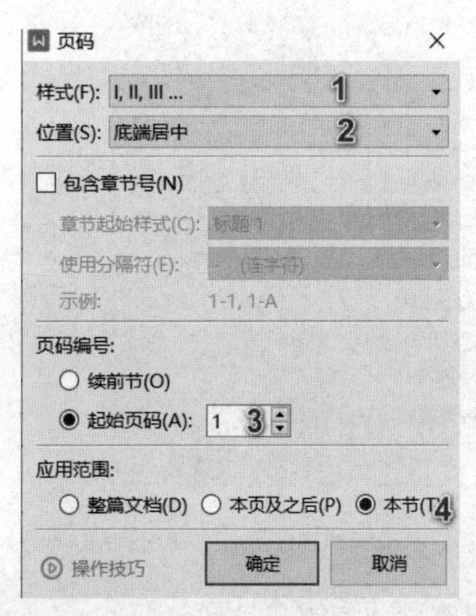

图 3-62　“页码”对话框

③ 在正文末尾插入奇数页分节符，把正文和参考文献分为 2 节。将光标置于结论页的最后面，选择“页面布局”选项卡的“分隔符”下拉框中的“奇数页分节符”命令。

某节的页码编号如果以奇数开始编号，则插入奇数页分节符；如果以偶数开始编号，则插入偶数页分节符；如果与当前页分页，则插入下一页分节符。

（2）插入目录页页码，设置为大写的罗马数字（Ⅰ、Ⅱ、Ⅲ等）。将光标置于目录页中，选择“插入”选项卡的“页码”下拉框中的“页码”命令，在弹出的如图 3-62 所示的“页码”对话框中，在“样式”下选择“Ⅰ,Ⅱ,Ⅲ...”，在“位置”下选择“底端居中”，在“页码编号”下选中“起始页码”单选按钮，然后在右侧选择“1”，在“应用范围”下选中“本节”单选按钮。

（3）插入论文正文和参考文献页眉。

① 打开“页眉页脚”选项卡。将光标置于正文的第 1 页中，选择“插入”选项卡中的“页眉页脚”命令，打开如图 3-63 所示的“页眉页脚”选项卡。

图 3-63 “页眉页脚”选项卡

② 设置页眉页脚选项。选择“页眉页脚”选项卡中的“页眉页脚选项”命令，在弹出的如图 3-64 所示的“页眉/页脚设置”对话框中，勾选“首页不同”和“奇偶页不同”复选框。文档就会如图 3-65 所示，在相应的页面显示首页、偶数页、奇数页的页眉和页脚的位置。

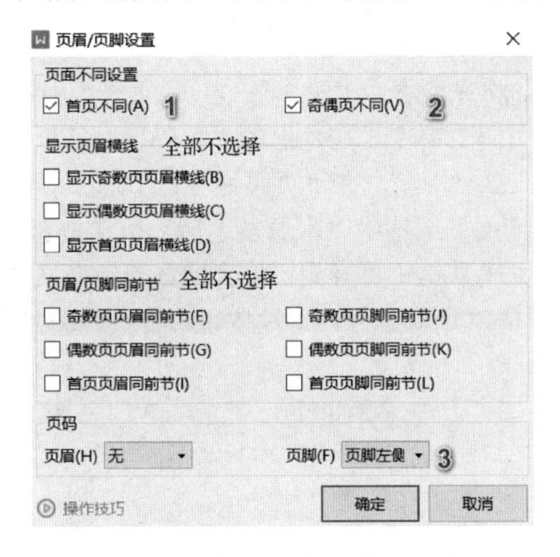

图 3-64 “页眉/页脚设置”对话框

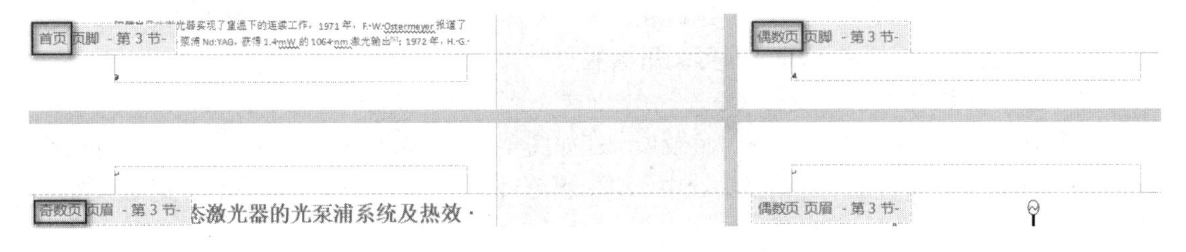

图 3-65 设置结果

③ 输入偶数页的页眉并设置字体格式。将光标置于“偶数页 页眉-第 3 节”的页眉处，输入文章标题“泵浦激光器谐振腔技术分析”，设置字体格式为宋体、小五号，对齐方式为居中。

④ 输入奇数页的页眉并设置字体格式。将光标置于“奇数页 页眉-第 3 节”的页眉处，选择“插入”选项卡的“文档部件”下拉框中的“域”命令，在弹出的如图 3-66 所示的“域”对话框中，设置域名为“样式引用”，样式名为“标题 1”。选择页眉文字，设置字体为宋体，字号为小五号，对齐方式为居中。

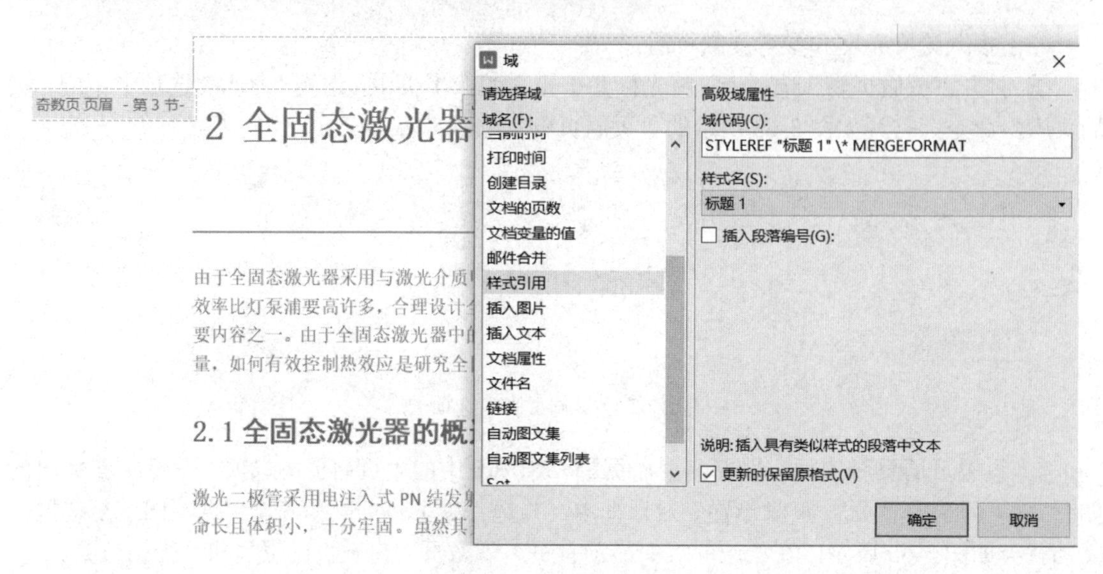

图 3-66 “域”对话框

（4）添加论文正文页码。将光标置于“第 3 节 首页 页脚”中，在“页眉页脚”选项卡中，选择“页码”下拉框中的“页码”命令，在弹出的“页码”对话框中，在“样式”下选择“第 1 页”，在“位置”下选择“底端外侧”，在“页码编号”下选中“起始页码”单选按钮，然后在右侧选择“1”，在“应用范围”下选中“本页及之后”单选按钮。

（5）设置参考文献页的页码从第 1 页开始。将光标置于参考文献页的页脚中，在弹出的如图 3-67 所示的对话框中，单击“重新编号”下拉按钮，将页码编号设置为 1。

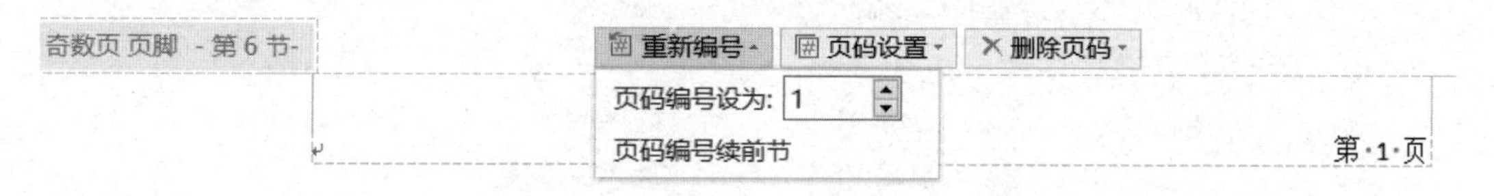

图 3-67 光标放在页脚页时的对话框

（6）页眉页脚的编辑和退出。双击文档的任一位置，会退出页眉页脚的编辑状态回到正文编辑状态。双击任一页眉或页脚，即可编辑页眉页脚。

（7）更新目录页的三个目录。

① 更新目录。在目录页单击任一目录项，在如图 3-68 所示的快捷按钮中单击“更新目录”按钮，在弹出的“更新目录”对话框中选中“更新整个目录”单选按钮，然后单击“确定”按钮。

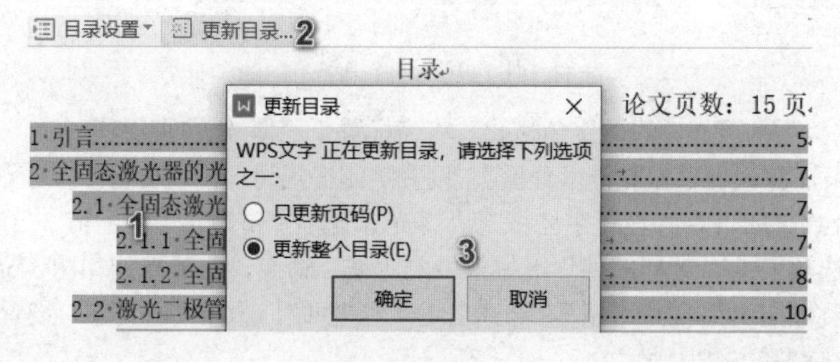

图 3-68 更新目录

② 更新图表目录。选择“引用”选项卡中的“插入表目录”命令，在弹出的如图3-69所示的“图表目录”对话框中，选择“图”，单击“确定”按钮，即可更新图目录。使用同样的方法更新表目录。

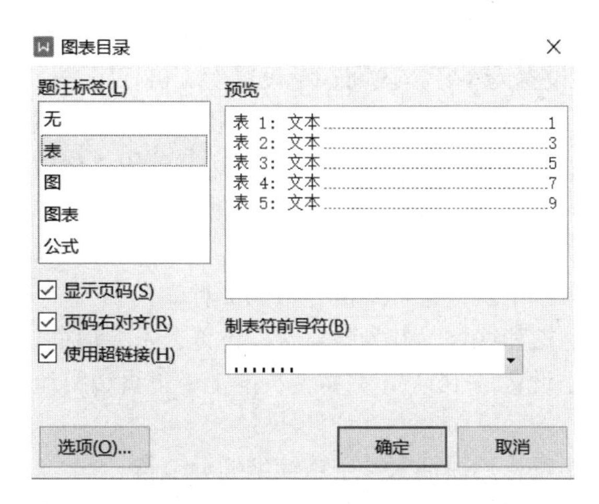

图3-69 “图表目录”对话框

（8）将文档另存为“长文档-结果.docx”。

操作练习一

（1）新建一个WPS文档并输入以下几段文字，保存到E盘根目录，文件名为“exam.docx”。

人们使用计算机，就是要利用计算机处理各种不同的问题，而要做到这一点，人们就必须事先对各类问题进行分析，确定解决问题的具体方法和步骤，再编制好一组让计算机执行的指令（即程序），交给计算机，让计算机按人们指定的步骤有效地工作。这些具体方法和步骤，就是解决一个问题的算法。这就是算法的概念。

一个算法应该具有以下5个重要的特征。

① 有穷性：一个算法必须保证执行有限步之后结束。

② 确定性：算法中每条指令都必须有确切的含义，读者理解时不会产生二义性。

③ 输入：一个算法有零个或多个输入，以表示运算对象的初始情况。

④ 输出：一个算法有一个或多个输出，没有输出的算法是毫无意义的。

⑤ 可行性：算法中描述的操作都是可以通过已经实现的基本运算执行有限次来实现的。

根据算法，依据某种语言规则编写计算机执行的命令序列，就是编制程序。而书写时所应遵守的规则，就是某种语言的语法。由此可见，程序设计的关键之一是解题的方法与步骤即算法。学习高级语言的重点，就是掌握分析问题、解决问题的方法，就是锻炼分析、分解能力，最终归纳整理出算法的能力。在高级程序设计语言的学习中，一方面应熟练掌握该语言的语法，因为它是算法实现的基础；另一方面必须认识到算法的重要性，加强思维训练，以便写出高质量的程序。

（2）删除第一段的最后一句话。在第一段之前插入文字“算法的概念”作为本文的标题，将文档保存至桌面，文件名为“算法的概念.docx”。

（3）将正文中所有的“计算机”替换成“computer”。

（4）设置标题的字体为楷体、加粗，字号为小一号，对齐方式为居中；设置正文的字体为宋体，字号为小四号。

（5）为第一段文字设置双下画线标记，为第二段文字加着重号，为第八段第一句文字加边框和底纹。将第八段中“学习高级语言的重点，就是掌握分析问题、解决问题的方法，就是锻炼分析、分解能力，最终归纳整理出算法的能力。”的字体颜色设置为红色。

（6）将第一段设置为首行缩进 2 个字符。将第二段设置为左缩进 3 个字符、右缩进 4 个字符。将第八段的段前间距设置为 1 行，段间行距设置为 2 倍行距。

（7）在文档中分页，使文档第二段及其后面的内容另起一页，然后撤销该操作。

（8）将第二段中“重要的特征”字体设置为隶书，并使用“格式刷”将后面的“有穷性”“确定性”“输入”“输出”“可行性”设置为与其相同的格式。

（9）将第八段分为栏宽相等的两栏，加分隔线。

（10）为第一段设置首字下沉效果，下沉行数为 2 行。

（11）为第八段设置边框和底纹，并为整篇文档设置艺术型边框。

（12）将文档纸张大小设置为 16 开，并将文档的上、下页边距调整为 2.2 厘米，左、右页边距调整为 3.0 厘米。

（13）在文档的第一个逗号后面插入一个连续型的分节符。

（14）在文档末尾的下一行插入日期或时间，并要求日期和时间能够自动更新。

（15）在第一段的第一个“computer”后面插入脚注“计算机”。

（16）为文档设置页眉“算法的概念”，在页脚右端插入页码。

操作练习二

（1）制作日程安排表，其要求如下。

① 将表格第一行的行高设置为 1.5 厘米，设置该行文字为三号宋体、加粗，水平居中对齐，并填充黄色的底纹。

② 将表格各列的宽度设置为根据内容自动调整。

③ 设置表格的边框，外框为 0.5 磅的红色双线，内框为 0.75 磅的蓝色单线。

（2）新建一个 WPS 文档，要求有图片、形状、艺术字和文本框，文档内容自定，最后效果图如图 3-70 所示。

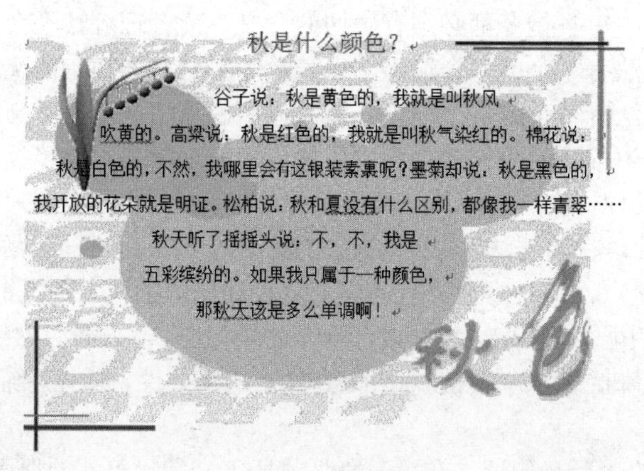

图 3-70　文档效果图

操作练习三

（1）新建一个名为“通知.docx”的主文档，内容如图 3-71 所示。

通知

您好：

公司于 6 月 10 日下午三时召开半年度工作总结会，请按时参加。

人力资源部

2013 年 6 月 8 日

图 3-71　通知主文档

（2）新建一个名为“联系人.docx”的文档，文档中包含一张表格，表格内容如图 3-72 所示。

部门	职务	姓名
财务部	经理	孙红
保卫部	经理	刘欣
销售部	经理	张磊
技术部	经理	李明超

图 3-72　表格内容

（3）使用邮件合并功能完成插入合并域，完成后的主文档如图 3-73 所示。

通知

«部门»«职务»«姓名»您好：

公司于 6 月 10 日下午三时召开半年度工作总结会，请按时参加。

人力资源部

2013 年 6 月 8 日

图 3-73　插入合并域后的主文档

操作练习四

对如图 3-74 所示的文档进行如下操作。

“你还算侥幸，只可怜我当了先锋，冒冒失失地正碰在气头上。那天晚上的光景，真是……从我有生以来，也没有挨过这样的骂！唉，处在这样黑暗的家庭，还有什么可说的，中国空生了我这个人了。”说着便滴下泪来。颖贞道：“都是你们校长给送了信，否则也不至于被父亲知道。其实我在学校里，也办了不少的事。不过在父亲面前，总是附和他的意见，父亲便拿我当做好人，因此也不拦阻我去上学。”说到此处，颖铭不禁好笑。

颖铭的行李到了，化卿便亲自出来逐样地翻检，看见书籍堆里有好几束的印刷品和各种的杂志；化卿略一过目，便都撕了，顿时满院里纸花乱飞。颖铭、颖石在窗内看见，也不敢出来，只急得悄悄地跺脚，低声对颖贞说：“姐姐！你出去救一救吧！”颖贞便出来，对化卿陪笑说：“不用父亲费力了，等我来检看吧。天都黑了，你老人家眼花，回头把讲义也撕了，岂不可惜。”一面便弯腰去检点，化卿才慢慢地走开。

他们弟兄二人，仍旧住在当初的小院里，度那百无聊赖的光阴。书房里虽然也垒着满满的书，却都是制艺、策论和古文、唐诗等。所看的报纸，也只有《公言报》一种，连消遣的材料都没有了。至于学校里朋友的交际和通信，是一律在禁止之列。颖石生性本来是活泼的，加以这些日子，在学校内很是自由，忽然关在家内，便觉得非常的不惯，背地里唉声叹气。闷来便拿起笔乱写些白话文章，写完又不敢留着，便又自己撕了，撕了又写，天天这样。颖铭是一个沉默的人，也不显出失意的样子，每天临几张字帖，读几遍唐诗，自己在小院子里，浇花种竹，率性连外面的事情，不闻不问起来。有时他们也和几个姨娘一处打牌，但是他们所最以为快乐的事情，便是和姐姐颖贞，三人在一块儿，谈话解闷。

化卿的气，也渐渐的平了，看见他们三人，这些日子，倒是很循规蹈矩的，心中便也喜欢，无形中便把限制的条件放松了一点。

图 3-74　练习四原文档

（1）在文章起始处加入一个文本框，输入文字“段落赏析”，将字号设置为“三号”，字体颜色设置为“红色”。

（2）将第一段文字字体设置为“隶书”，字形设置为“倾斜”、加下画线，字号设置为“四号”，字体颜色设置为“蓝色”，加“双删除线”。

（3）将第一段文字分为两栏。

（4）在第二段段首插入特殊符号“§”。

（5）将第三段的段前间距设置为“14 磅”，段后间距设置为“1 行”，首行缩进“2 字符”，对齐方式设置为“左对齐”。

（6）将第四段加边框底纹，边框设置为“方框”，宽度设置为“1 磅”，底纹设置为“红色”。

（7）在文档的任意位置插入艺术字，输入“斯人独憔悴”，艺术字样式为第 3 行第 1 列样式，文字环绕方式为“浮于文字上方”。

（8）在页眉处输入“憔悴”，并将其设置为左对齐。

（9）在文档的任意位置插入一张图片，将文字环绕方式设置为“四周型”。

（10）将页面的上、下页边距均设置为“2 厘米”，装订线设置为“1 厘米”，装订线位置设置为“上”，纸张大小设置为“A4”。

习　题

一、单项选择题

1．在 WPS 文档编辑中，可以删除插入点前面字符的按键是（　　）。

A．Backspace 键　　B．“Ctrl+Backspace”组合键

C．Delete 键　　D．“Ctrl+Delete”组合键

2．在 WPS 编辑状态下，要统计文档的字数，需要使用的选项卡是（　　）。

A．开始　　B．审阅　　C．视图　　D．插入

3．Windows 处于系统默认状态，在 WPS 编辑状态下，移动光标至文档行首空白处（文本选择区）并连续单击 3 次，结果会选择文档的（　　）。

A．一句文字　　B．一行文字　　C．一段文字　　D．全文

4．在 WPS 的“页面设置”选项中，系统默认的纸张大小是（　　）。

A．A3　　B．B5　　C．A4　　D．16 开

5．在 WPS 中，当前已打开一个文件，如果想打开另一个文件，则（　　）。

A．首先关闭原来的文件，才能打开新的文件

B．打开新文件时，系统会自动关闭原文件

C．两个文件可同时打开

D．新文件的内容将会加到原来打开的文件中

6．在 WPS 中，在“页面设置”选项中可以设置（　　）。

A．打印范围　　B．纸张方向

C．是否打印批注　　D．页眉文字

7．在 WPS 文档中不保存（　　）文件格式。

A．*.docx　　B．*.html　　C．*.txt　　D．*.pptx

8．在 WPS 中，如果将光标定位在一个段落中的任意位置，然后设置文字格式，则所设置的文字格式应用于（　　）。

A．在光标处的新输入文本　　B．整篇文档

C．光标所在段落　　D．光标后面的文本

9．在 WPS 窗口中，要在文档中制作艺术字，使用“(　　)”选项卡中的按钮。

A．编辑　　B．插入　　C．工具　　D．格式

10．要设置 WPS 文档的每一节的起始页码都从偶数开始，应该对每一节使用（　　）分节符。

A．奇数页　　B．下一页　　C．连续　　D．偶数页

二、填空题

1．在 WPS 中，要使用剪贴板将文档中某段内容移到另一处，先要进行（　　）操作。

2．在打印 WPS 文本前，常常要用“文件”菜单中的“文件”选项的（　　）命令观察各页面的整体状况。

3．在 WPS 文档编辑区的右侧有一纵向滚动条，可以让文档页面进行（　　）方向的滚动。

4．在 WPS 编辑状态下，若退出阅读版式视图方式，可以按（　　）功能键。

5．在 WPS 中，用户按“Ctrl+C”组合键将所选的内容复制到剪贴板后，可以使用（　　）组合键将其粘贴到需要的位置。

6．在 WPS 中，如果想要给文档页面添加水印效果，则可以单击“页面布局”选项卡的“背景”下拉框中的（　　）命令。

7．在 WPS 文档中，使用“查找”功能的快捷键是（　　），使用“替换”功能的快捷键是（　　）。

8．在同一个文档中，同时进行不同的页面设置，需要使用（　　）。

9．对于打开的 WPS 文档，通过（　　）方式可以更名保存。

10．在 WPS 中，对插入的多个形状可以通过（　　）功能变为一个。

三、判断题

1．在 WPS 中，对插入的图片不能进行放大或缩小操作。（　　）

2．在 WPS 中，用户可以根据需要创建竖排文字。（　　）

3．在 WPS 编辑状态下，进行“替换”操作时，应当单击“开始”选项卡的“查找替换”下拉框中的“替换”按钮。（　　）

4．在 WPS 文档中，用户可以修改插入的图片中的图形。（　　）

5．在 WPS 文档中，宋体四号字比宋体 4 号字大。（　　）

6．在 WPS 文档中，插入图片后不能对其进行图片编辑。（　　）

7．在 WPS 界面中，灰色的菜单表示当前不可用。（　　）

8．对 WPS 文档进行打印预览时，必须开启打印机。（　　）

9．分散对齐、两端对齐、右对齐和上下对齐都是 WPS 中段落的对齐方式。（　　）

10．对 WPS 文档进行分栏时，各栏的宽度可以不同。（　　）

第4章 WPS表格处理

知识要点

1. 创建新工作簿

启动 WPS 2019 后，单击 WPS 首页的“新建”按钮，或者单击标签栏中的“+”按钮，然后单击“表格”选项卡中的“新建空白文档”按钮或选择一种模板即可。

2. 工作簿的组成

工作簿默认包含一张工作表 Sheet1，每张工作表包含若干个单元格。如果希望新工作簿中默认包含多张工作表，可在“文件”→“选项”→“常规与保存”中设置。

3. 工作簿的打开、保存和关闭

WPS 2019 提供了多种打开已有工作簿的方法，可以通过双击文件图标，或者在 WPS 2019 中用菜单的方式打开工作簿。

可在“文件”→“选项”→“安全性”中设置工作簿的打开权限密码和编辑权限密码，关闭文档时，如果没有保存工作簿，会弹出提示对话框，提示保存。

4. 输入数据

输入数据是创建工作表的最基本工作，是指向工作表的单元格中输入文字、数字、日期与时间、公式等内容。

如果要输入由数字组成的文本，则需要在内容前加半角单引号“'”。

WPS 2019 提供单个单元格数据输入方法和系列数据自动填充输入方法。

5. 公式和函数

如果单元格的内容是通过计算得到的，则必须使用公式。公式由“=”开头。

在公式中除了使用各种常量、函数，还可以使用单元格地址。若使用单元格地址，则在公式计算时会自动到对应的单元格提取相应的内容参与运算。公式中的运算符可以分为引用运算符、算术运算符、比较运算符和文本运算符。

公式中单元格的引用分为相对引用、绝对引用和混合引用。相对引用是指在公式被复制到其他单元格时，公式里的单元格地址会自动发生变化；绝对引用是指在单元格地址的行号和列号前加“$”，当公式被复制时，该单元格地址始终不发生变化；混合引用是指在行号和列号中，一个前面加“$”，另一个前面不加“$”，当公式被复制时，加了“$”的行或列地址不发生变化，没有加“$”的列或行地址会自动发生变化。

函数是 WPS 预先定义的公式，它由函数名和一对圆括号括起来的若干参数组成。参数可以是常数、单元格、单元格区域、公式、名称或其他函数。参数之间用逗号分隔。有的函数没有参数，但是仍然要有左右圆括号。函数对其参数值进行运算，返回运算结果。常用的函数有求和函数（SUM()）、求平均值函数（AVERAGE()）、求个数函数（COUNT()）、求最大值函数（MAX()）、求最小值函数（MIN()）等。

6. 工作表中数据的格式化

使用“设置单元格格式”对话框可以方便快捷地完成大多数对单元格的格式化操作，如设置数据类型、对齐方式、字体、边框、底纹等。

7. 工作表的基本操作

工作表的基本操作包括工作表的重命名、工作表的移动和复制、工作表的插入和删除、工作表的隐藏与显示、工作表的合并、拆分及工作表的保护等。

8. 条件格式

使用条件格式可以在工作表的某些区域中自动为符合给定条件的单元格设置指定的格式。

9. 图表

使用 WPS 2019 提供的图表向导，可以方便、快速地创建一个标准类型或自定义类型的图表。建立图表的过程中需注意选择数据来源、选择图表类型、设置图表格式等步骤的操作细节。

10. 排序和筛选

记录排序是指按一定规则对数据进行整理、排列，这样可以为进一步处理数据做好准备。排序分为简单排序和多条件排序。

筛选是指从众多的数据中挑选出符合某种条件的数据。在 WPS 2019 中，要完成数据的筛选非常容易，可以使用“自动筛选”或者“高级筛选”。

11. 分类汇总

“分类汇总”功能可以自动对所选数据进行汇总，并插入汇总行。汇总方式灵活多样，如求和、计数、平均值、最大值、标准偏差等。对数据进行分类汇总后，还可以恢复工作表的原始数据。

12. 数据透视表

数据透视表是一种对大量数据进行快速汇总并建立交叉列表的交互式表格。它不仅可以转换行和列以显示源数据的不同汇总结果，也可以显示不同页面以筛选数据，还可以根据用户的需要显示区域中的细节数据。

使用数据透视表有以下几个优点：

（1）WPS 2019 提供了向导功能，易于建立数据透视表。

（2）真正地按用户设计的格式来完成数据透视表的建立。

（3）当原始数据更新后，只需单击“更新数据”按钮，数据透视表就会自动更新数据。

（4）当用户认为已有的数据透视表不理想时，可以方便地修改数据透视表。

实验 1 WPS 表格的数据输入及格式化

实验目的

（1）掌握外部数据导入 WPS 表格的方法。

（2）掌握工作表中行、列、单元格的插入和删除方法。

（3）掌握工作表的重命名、复制、移动和隐藏方法。

（4）掌握工作表中数据的输入方法，数据有效性的设置及数据格式设置。

（5）掌握套用表格样式的方法。

实验内容

1. 根据实验要求和实验步骤实现如图 4-1 所示的效果图

初一学生期中成绩

学号	姓名	班级	语文	数学	英语	道法	历史
A210301	潘清华	3班	91.5	89.0	94.0	86.0	86.0
A210302	包伟	1班	97.5	96.0	98.0	96.0	99.0
A210303	陈祥	2班	93.0	99.0	92.0	92.0	73.0
A210304	刘锋	1班	92.0	96.0	99.0	74.0	86.0
A210305	刘鹏飞	3班	99.0	98.0	91.0	78.0	95.0
A210306	张飞扬	3班	91.0	94.0	99.0	93.0	95.0
A210307	齐朝霞	2班	90.5	93.0	94.0	90.0	78.0
A210308	孙姿	3班	78.0	95.0	94.0	84.0	93.0
A210309	苏子涵	2班	95.5	92.0	96.0	92.0	91.0
A210310	杜江	2班	94.5	97.0	96.0	93.0	92.0
A210311	李北大	3班	95.0	97.0	92.0	88.0	92.0
A210312	王娜娜	1班	95.0	85.0	99.0	88.0	92.0
A210313	陈枫	1班	88.0	98.0	91.0	91.0	95.0
A210314	张清风	2班	86.0	97.0	89.0	89.0	88.0
A210315	倪尔	2班	93.5	95.0	95.0	86.0	90.0
A210316	索而吉	1班	100.0	95.0	98.0	92.0	93.0
A210317	曾煊	3班	85.5	90.0	97.0	93.0	89.0
A210318	杜子康	1班	90.0	91.0	98.0	95.0	93.0

2021年06月01日

期中成绩　期中成绩 (2)　Sheet2　Sheet3

初一学生期中成绩

学号	姓名	班级	语文	数学	英语	道法	历史
A210301	潘清华	3班	91.5	89.0	94.0	86.0	86.0
A210302	包伟	1班	97.5	96.0	98.0	96.0	99.0
A210303	陈祥	2班	93.0	99.0	92.0	92.0	73.0
A210304	刘锋	1班	92.0	96.0	99.0	74.0	86.0
A210310	杜江	2班	94.5	97.0	96.0	93.0	92.0
A210305	刘鹏飞	3班	99.0	98.0	91.0	78.0	95.0
A210306	张飞扬	3班	91.0	94.0	99.0	93.0	95.0
A210307	齐朝霞	2班	90.5	93.0	94.0	90.0	78.0
A210308	孙姿	3班	78.0	95.0	94.0	84.0	93.0
A210309	苏子涵	2班	95.5	92.0	96.0	92.0	91.0
A210311	李北大	3班	95.0	97.0	92.0	88.0	92.0
A210312	王娜娜	1班	95.0	85.0	99.0	88.0	92.0
A210319	徐琳	2班	95.0	93.5	96.0	93.0	94.0
A210313	陈枫	1班	88.0	98.0	91.0	91.0	95.0
A210314	张清风	2班	86.0	97.0	89.0	89.0	88.0
A210316	索而吉	1班	100.0	95.0	98.0	92.0	93.0
A210317	曾煊	3班	85.5	90.0	97.0	93.0	89.0
A210318	杜子康	1班	90.0	91.0	98.0	95.0	93.0

2021年06月01日

期中成绩　期中成绩 (2)　Sheet2　Sheet3

图 4-1 效果图

2. 实验要求

（1）打开工作簿“初一学生期中成绩单.xlsx”，将计算机 D 盘 Exam 文件夹中以制表符分隔的文本文件“初一学生期中成绩.txt”自 A1 单元格开始导入工作表 Sheet1 中。

（2）在“姓名”列左侧插入一个空列，输入列标题“学号”，在 A2 单元格中输入学号“A210301”，并用拖动填充柄的方式快速输入其他所有学号。

（3）在第 1 行前插入标题行，输入文字“初一学生期中成绩”，将标题行设置成蓝色、隶书、24 号、加粗，对齐方式为合并居中。

（4）将表格第 2～20 行的行高设置为 20，各行文字既水平居中又垂直居中。

（5）将表格边框设置为外框红色双实线，内框蓝色细实线。

（6）将表格中所有成绩保留一位小数显示，将表格中所有列设置为“最适合的列宽”。

（7）将表格中所有<80 分的成绩显示成红色文本，所有≥95 分的成绩显示成蓝色文本。

（8）限定“班级”列中的内容只能是“1 班”“2 班”“3 班”中的一个，并提供输入用下拉箭头，如果输入其他内容，则弹出样式为“警告”的出错警告，错误信息为“班级只能为 1、2、3 班！”。

（9）在 I22 单元格中输入日期“2021/6/1”，并将日期格式设置为“yyyy 年 mm 月 dd 日”。

（10）将工作表标签“Sheet1”重命名为“期中成绩”，并设置工作表标签颜色为蓝色。

（11）将“期中成绩”工作表复制一个副本，并将副本“期中成绩（2）”的 A2:H20 区域套用表格样式“表样式中等深浅 27”。

（12）在工作表“期中成绩（2）”中，将“杜江”的记录移动到“刘锋”与“刘鹏飞”的记录之间。

（13）删除工作表“期中成绩（2）”中“倪尔”的记录。

（14）在“期中成绩（2）”表的“王娜娜”与“陈枫”的记录之间插入一条记录，内容为“A210319，徐琳，2 班，95，93.5，96，93，94”。

（15）隐藏表“期中成绩（2）”，再取消隐藏。

3. 实验步骤

（1）导入外部数据。

① 双击打开工作簿“初一学生期中成绩单.xlsx”，选中 Sheet1 工作表的“A1”单元格，如图 4-2 所示，选择“数据”选项卡的“导入数据”下拉列表中的“连接数据库”命令，弹出“现有连接”对话框，在“显示”列表框中选择“此计算机的连接文件”，单击“浏览更多”按钮，找到 D 盘 Exam 文件夹中的“初一学生期中成绩.txt”，单击“打开”按钮。

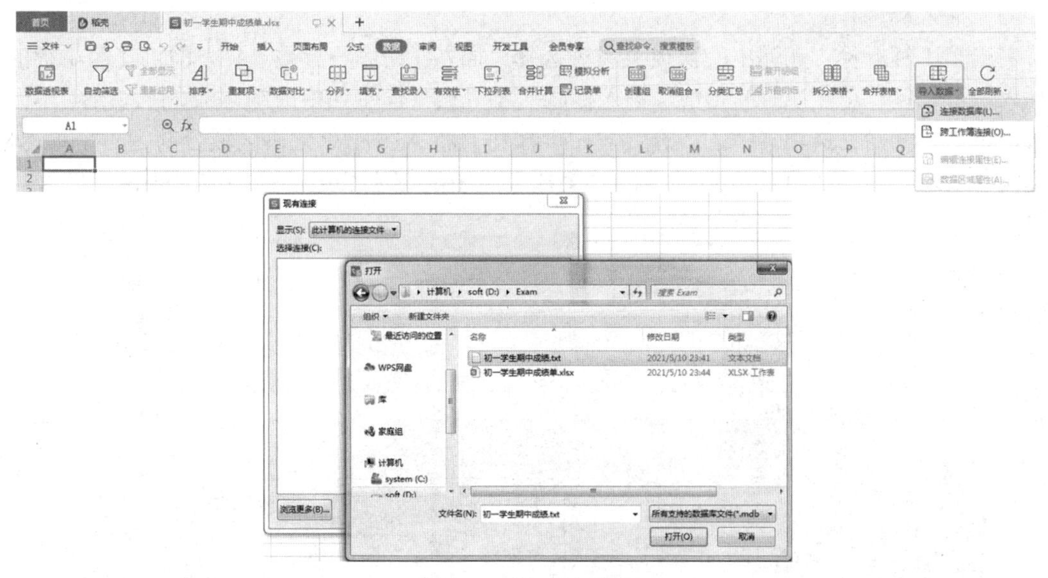

图 4-2 导入外部数据

② 弹出“文件转换”对话框，在该对话框中的“文本编码”对应的列表中选择“HZ-GB2312 简体中文”，单击“下一步”按钮。

③ 弹出“文本导入向导-3 步骤之 1”对话框，无须更改默认设置，单击“下一步”按钮。

④ 弹出“文本导入向导-3 步骤之 2”对话框，无须更改默认设置，单击“下一步”按钮。

⑤ 弹出“文本导入向导-3 步骤之 3”对话框，无须更改默认设置，单击“完成”按钮。

⑥ 弹出“导入数据”对话框，单击“确定”按钮，即可完成数据导入。

（2）插入列。

右击 A 列列标，在弹出的快捷菜单中选择“插入”命令→列数“1”，即可在“姓名”列的左侧插入一个空列，单击 A1 单元格，输入列标题“学号”，再单击 A2 单元格，输入“A210301”，然后将光标放在 A2 单元格右下角的填充柄上，按住鼠标左键向下拖动至 A19，其他学生的学号可被自动填充，如图 4-3 所示。

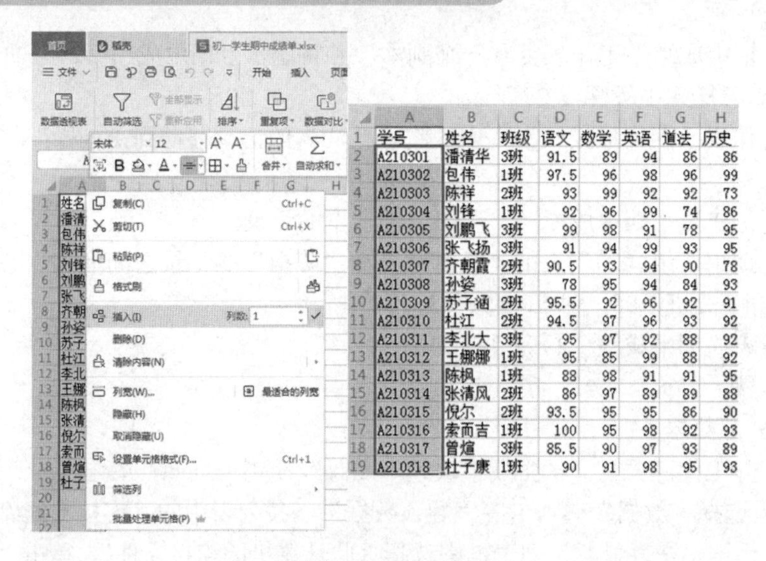

学号	姓名	班级	语文	数学	英语	道法	历史
A210301	潘清华	3班	91.5	89	94	86	86
A210302	包伟	1班	97.5	96	98	96	99
A210303	陈祥	2班	93	99	92	92	73
A210304	刘锋	1班	92	96	99	74	86
A210305	刘鹏飞	3班	99	98	91	78	95
A210306	张飞扬	3班	91	94	99	93	95
A210307	齐朝霞	2班	90.5	93	94	90	78
A210308	孙姿	3班	78	95	94	84	93
A210309	苏子涵	2班	95.5	92	96	92	91
A210310	杜江	2班	94.5	97	96	93	92
A210311	李北大	3班	95	97	92	88	92
A210312	王娜娜	1班	95	85	99	88	92
A210313	陈枫	1班	88	98	91	91	95
A210314	张清风	2班	86	97	89	89	88
A210315	倪尔	2班	93.5	95	95	86	90
A210316	索而吉	1班	100	95	98	92	93
A210317	曾煊	3班	85.5	90	97	93	89
A210318	杜子康	1班	90	91	98	95	93

图 4-3　插入列

（3）插入标题行。

右击第 1 行行标，在弹出的快捷菜单中选择“插入”命令→行数“1”，即可在第 1 行的上方插入一个空行，单击 A1 单元格，输入标题文字“初一学生期中成绩”。选中 A1:H1 单元格区域，单击“开始”选项卡中的“合并居中”按钮，将 A1:H1 单元格区域合并为一个单元格，如图 4-4 所示。利用“开始”选项卡的“字体”组中的相应按钮设置字体、颜色、字号、加粗等。

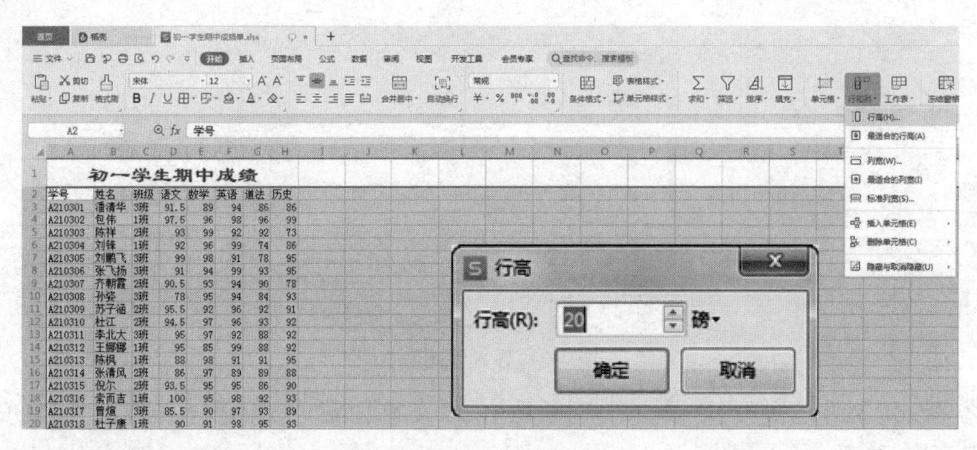

图 4-4　插入标题行

（4）设置表格行高。

① 选中第 2～20 行，单击“开始”选项卡中的“行和列”下拉按钮，在下拉列表中选择“行高”命令，在弹出的“行高”对话框中输入“20”，单击“确定”按钮，如图 4-4 所示。

② 单击“开始”选项卡的“单元格格式：对齐方式”组中的“水平居中”按钮 和“垂直居中”按钮 。

（5）设置表格边框。

选中 A1:H20 单元格，单击“开始”选项卡的“字体设置”组中的“其他边框”下拉按钮，在下拉列表中选择“其他边框”命令，如图 4-5 所示，在弹出的“单元格格式”对话框中选择线条样式为双实线，颜色为“红色”，然后单击“外边框”，选择线条样式为细实线，颜色为“蓝色”，单击“内部”，最后单击“确定”按钮，效果如图 4-6 所示。

图 4-5　设置表格行高

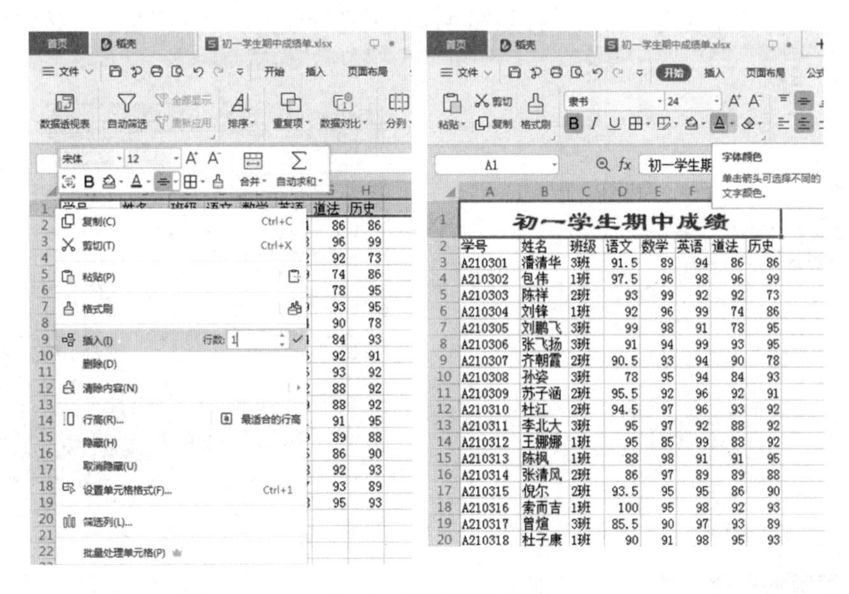

图 4-6　设置表格边框

（6）设置表格列宽。

① 选中 D3:H20 单元格区域，右击，在弹出的快捷菜单中选择“设置单元格格式”命令，如图 4-7 所示，在弹出的“单元格格式”对话框的“数字”选项卡中选择“数值”类型，设置小数位数为“1”。

② 选中 A～H 列，单击“开始”选项卡中的“行和列”下拉按钮，在下拉列表中选择“最适合的列宽”命令。

图 4-7　设置单元格数字类型

（7）设置条件格式。

选中 D3:H20 单元格区域，单击“开始”选项卡中的“条件格式”下拉按钮，在下拉列表中选择“突出显示单元格规则”→“小于”命令，按照图 4-8 左图进行设置；再选中 D3:H20 单元格区域，单击“开始”选项卡中的“条件格式”下拉按钮，在下拉列表中选择“突出显示单元格规则”→“其他规则”命令，按照图 4-8 右图进行设置，单击“格式”按钮后选择字体颜色为“蓝色”。

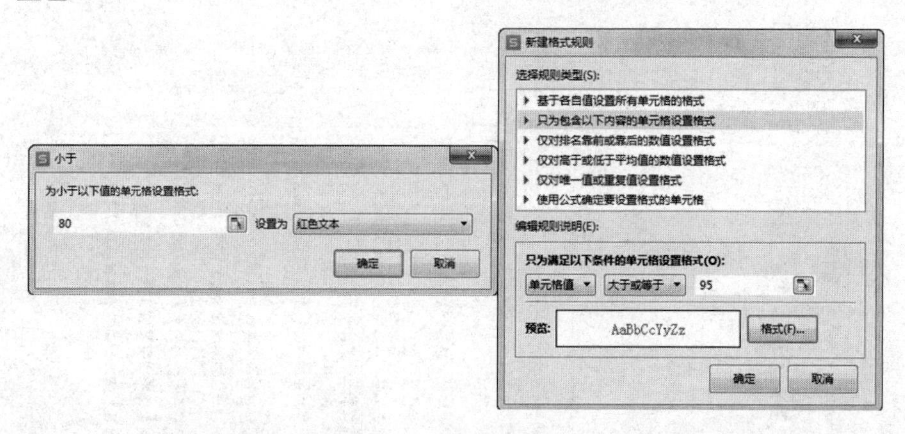

图 4-8　设置条件格式

（8）设置数据有效性及出错提示信息。

① 选中“班级”列数据区域（C3:C20），单击“数据”选项卡中的“有效性”下拉按钮，在下拉列表中选择“有效性”命令，弹出“数据有效性”对话框，在“设置”选项卡中，将“有效性条件”组中的“允许”设置为“序列”，在“来源”文本框中输入“1 班,2 班,3 班”（注意分隔符号用英文的逗号），勾选“提供下拉箭头”复选框，如图 4-9 所示。

② 切换到“数据有效性”对话框的“出错警告”选项卡，在“样式”列表中选择“警告”，在“错误信息”文本框中输入“班级只能为 1、2、3 班！”，如图 4-10 所示，单击“确定”按钮。

图 4-9 设置数据有效性

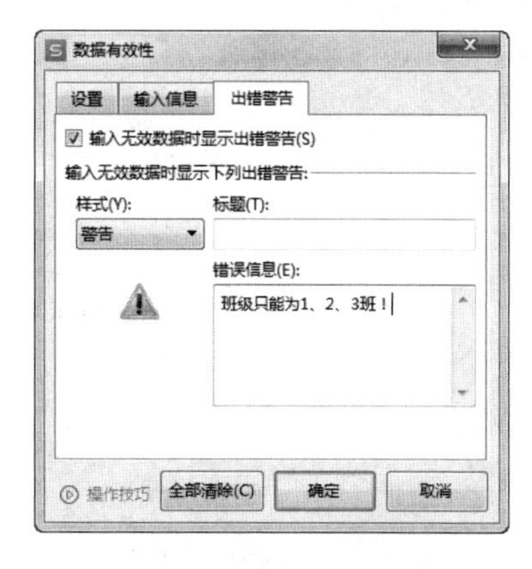

图 4-10 设置数据出错提示信息

（9）设置日期格式。

单击 I22 单元格，输入日期“2021/6/1”，打开“单元格格式”对话框，在“数字”选项卡中选择“自定义”类别，在“类型”文本框中输入“yyyy"年"mm"月"dd"日"”，如图 4-11 所示，单击“确定”按钮。

（10）设置工作表标签颜色。

① 双击工作表标签“Sheet1”，输入“期中成绩”，或者右击工作表标签“Sheet1”，在弹出的快捷菜单中选择“重命名”命令，然后输入“期中成绩”。

② 右击工作表标签“期中成绩”，在弹出的快捷菜单中选择“工作表标签颜色”命令，然后在调色板中选择标准色为蓝色，如图 4-12 所示。

图 4-11 设置日期格式

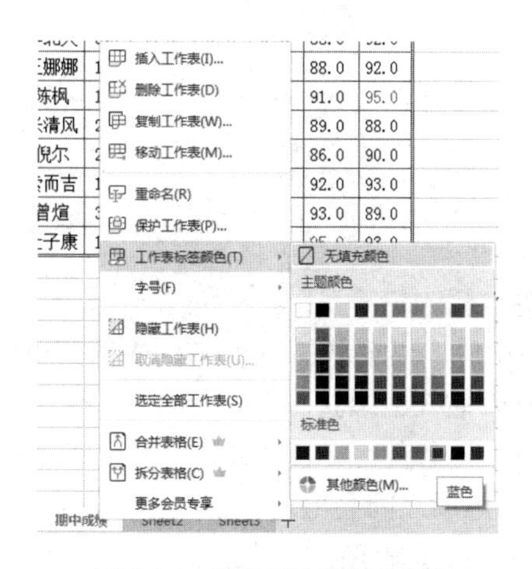

图 4-12 设置工作表标签颜色

（11）套用表格样式。

① 右击工作表标签“期中成绩”，在弹出的快捷菜单中选择“复制工作表”命令，可自动生成工作表“期中成绩（2）”。

② 在工作表“期中成绩（2）”中，选中 A2:H20 单元格区域，单击“开始”选项卡中的“表格样式”下拉按钮，在弹出的“预设样式”的“中色系”列表中选择“表样式中等深浅 27”，

弹出如图 4-13 所示的“套用表格样式”对话框，单击“确定”按钮即可。

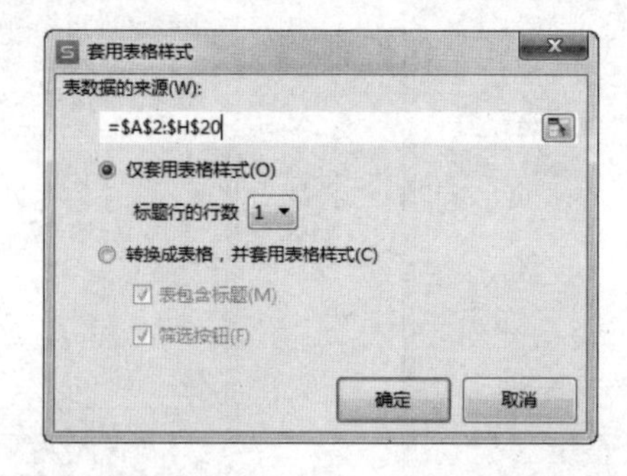

图 4-13 “套用表格样式”对话框

（12）移动记录。

选中“杜江”记录所在的单元格区域 A12:H12，右击，在弹出的快捷菜单中选择“剪切”命令，右击 A7 单元格，在弹出的快捷菜单中选择“插入已剪切的单元格”命令，即可将“杜江”的记录移动到“刘锋”与“刘鹏飞”的记录之间，如图 4-14 所示。

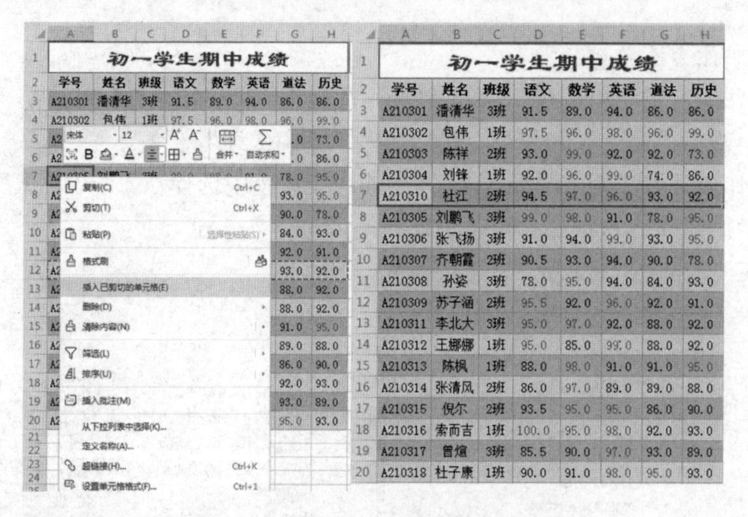

图 4-14 移动记录

（13）删除记录。

右击 17 行的行标，在弹出的快捷菜单中选择“删除”命令，即可删除“倪尔”的记录。

（14）插入记录。

右击 15 行的行标，在弹出的快捷菜单中选择“插入”命令→行数“1”，在“陈枫”与“王娜娜”的记录之间会出现一个空白行，在该行的对应位置输入“徐琳”的信息即可。

（15）重新显示工作表。

① 右击工作表标签“期中成绩（2）”，在弹出的快捷菜单中选择“隐藏工作表”命令，即可将工作表“期中成绩（2）”隐藏。

② 右击任意一个工作表标签，在弹出的快捷菜单中选择“取消隐藏工作表”命令，弹出“取消隐藏”对话框，如图 4-15 所示，在列表中选中“期中成绩（2）”，单击“确定”按钮，即可重新显示工作表“期中成绩（2）”。

图 4-15　“取消隐藏”对话框

实验 2　WPS 表格中的函数及公式应用

实验目的

（1）掌握单元格地址的引用方式。

（2）掌握常用函数和公式的使用方法。

实验内容

1. 打开如图 4-16 所示的中南图书馆图书销量原始表，利用公式和函数求出相应单元格中的值

	A	B	C	D	E	F	G	H	I	J	K	L	M	N
1	中南图书馆图书销量表													
2											折扣率：	0.9		
3	图书编号	图书名称	图书类别	出版社	一季度销量	二季度销量	三季度销量	四季度销量	总销量	平均销量	单价	折后价	销售等级	销售排行榜
4	ZN-21021	《WPS Office金山表格标准培训教程》	计算机	人民邮电出版社	12	17	15	22			32			
5	ZN-21022	《牛津高阶英汉双解词典》	英语	商务印书馆	44	49	35	39			144			
6	ZN-21023	《朝花夕拾》	文学	人民教育出版社	22	27	22	30			16			
7	ZN-21024	《Python程序设计》	计算机	机械工业出版社	29	34	25	31			119			
8	ZN-21025	《掌控习惯》	经管	北京联合出版公司	31	36	30	35			30.8			
9	ZN-21026	《西顿动物小说全集》	文学	安徽教育出版社	45	50	40	26			99			
10	ZN-21027	《VB语言程序设计》	计算机	电子工业出版社	39	44	20	18			29.6			
11	ZN-21028	《牛津英语用法指南》	英语	外语教学与研究出版社	34	39	30	10			100.3			
12	ZN-21029	《Java语言程序设计》	计算机	清华大学出版社	30	35	25	55			42.9			
13	ZN-21030	《你好，艺术》	艺术	中信出版社	43	48	36	28			103.9			
14	ZN-21031	《新概念英语》	英语	外语教学与研究出版社	21	26	20	34			99			
15	ZN-21032	《对立之美：西方艺术500年》	艺术	中信出版社	32	37	33	41			119			
16	ZN-21033	《价值：我对投资的思考》	经管	浙江教育出版社	13	8	10	20			76.7			
17	ZN-21034	《用户界面设计》	计算机	电子工业出版社	15	10	10	20			74.5			
18	ZN-21035	《Java精彩编程200例》	计算机	吉林大学出版社	10	6	12	7			37.6			
19	ZN-21036	《写给大家的西方美术史》	艺术	湖南美术出版社	32	37	40	27			33.4			
20	ZN-21037	《平凡的世界》	文学	北京十月文艺出版社	6	8	16	20			74.5			
21	ZN-21038	《面向用户的软件界面设计》	计算机	清华大学出版社	19	24	15	31			29.3			
22	ZN-21039	《365天英语口语大全》	英语	中译出版社	19	24	20	20			58			
23	ZN-21040	《影响力》	经管	北京联合出版公司	4	9	7	6			34.6			
24	ZN-21041	《活着》	文学	北京十月文艺出版社	5	10	7	6			17.1			
25	ZN-21042	《编译原理》	计算机	电子工业出版社	33	38	30	12			37.2			
26	ZN-21043	《古色之美》	艺术	湖南人民出版社	41	46	40	24			38.3			
27	ZN-21044	《二级MS Office上机题库》	计算机	高等教育出版社	55	40	50	50			54			
28	ZN-21045	《事实》	经管	文汇出版社	13	18	22	18			49			
29	ZN-21046	《色彩心理学》	艺术	上海三联书店	38	43	40	38			11.9			
30	ZN-21047	《数据库原理》	计算机	清华大学出版社	43	48	20	25			34.5			
31	ZN-21048	《Python 3网络爬虫开发实战》	计算机	人民邮电出版社	7	12	5	10			56.4			
32	ZN-21049	《深度对话：英美高端人物访谈录》	英语	中国宇航出版社	40	45	40	33			22.6			
33	统计各个季度销量的最大值													
34	统计各个季度销量的最小值													
35	统计所有图书种类数													
36	统计平均销量在10本以下的图书种类数													
37	统计英语类图书的总销量之和													
38	统计清华大学出版社计算机类图书的总销量之和													
39	统计中信出版社艺术类图书的种类数													

图 4-16　中南图书馆图书销量原始表

- 实验要求

（1）利用简单公式“=E4+F4+G4+H4”在 I4 单元格中求出《WPS Office 金山表格标准培训教程》四个季度的总销量。

（2）利用求和函数 SUM()求出《牛津高阶英汉双解词典》四个季度的总销量，将结果存放在 I5 单元格中，然后拖动填充柄依次求出其他图书的总销量。

（3）利用简单公式“=(E4+F4+G4+H4)/4”求出《WPS Office 金山表格标准培训教程》四个季度的平均销量，将结果存放在 J4 单元格中。

（4）利用 AVERAGE()函数求出《牛津高阶英汉双解词典》四个季度的平均销量，将结果存放在 J5 单元格中，然后拖动填充柄依次求出其他图书的平均销量。

（5）将每种图书的平均销量保留一位小数。

（6）利用简单公式求出《WPS Office 金山表格标准培训教程》的折后价（计算方法为折后价=单价*折扣率），折扣率单元格不锁定，将结果存放在 L4 单元格中。

（7）利用 PRODUCT()函数和填充柄求出其他图书的折后价，将结果依次存放在 L5:L32 单元格区域中。

（8）利用 IF()函数判断各图书的销售等级，判断条件为：总销量≥100，等级为“热销”；70≤总销量<100，等级为“良好”；40≤总销量<70，等级为“一般”；否则显示“滞销”，将判断结果依次存放在 M4:M32 单元格区域中（公式的输入顺序按照以上描述的顺序）。

（9）利用 RANK()函数按总销量求出销售排行榜，将结果依次存放在 N4:N32 单元格区域中。

（10）求出各个季度销量的最大值，将结果依次存放在 E33:H33 单元格区域中。

（11）求出各个季度销量的最小值，将结果依次存放在 E34:H34 单元格区域中。

（12）利用 COUNT()函数统计所有图书种类数，将结果存放在 C35 单元格中。

（13）利用 COUNTIF()函数统计平均销量在 10 本以下的图书种类数，将结果存放在 C36 单元格中。

（14）利用 SUMIF()函数统计英语类图书的总销量之和，将结果存放在 C37 单元格中。

（15）利用 SUMIFS()函数统计清华大学出版社出版的计算机类图书的总销量之和，将结果存放在 C38 单元格中。

（16）利用 COUNTIFS()函数统计中信出版社出版的艺术类图书的种类数，将结果存放在 C39 单元格中。

● 实验步骤

（1）选中 I4 单元格，输入公式“=E4+F4+G4+H4”后按 Enter 键，I4 单元格会显示公式的计算结果。当双击 I4 单元格时显示对应的计算公式。

（2）选中 I5 单元格，单击“编辑”栏中的“插入函数”按钮 fx，在弹出的“插入函数”对话框的“查找函数”文本框中输入“SUM”，在“选择函数”列表中选中“SUM”，然后单击“确定”按钮，在弹出的“函数参数”对话框中设置求和范围为“E5:H5”，如图 4-17 所示，单击“确定”按钮即可完成公式的输入。将鼠标指针指向 I5 单元格的填充柄，按住鼠标左键拖动填充柄到 I32 单元格，就可以求出其他图书的总销量。

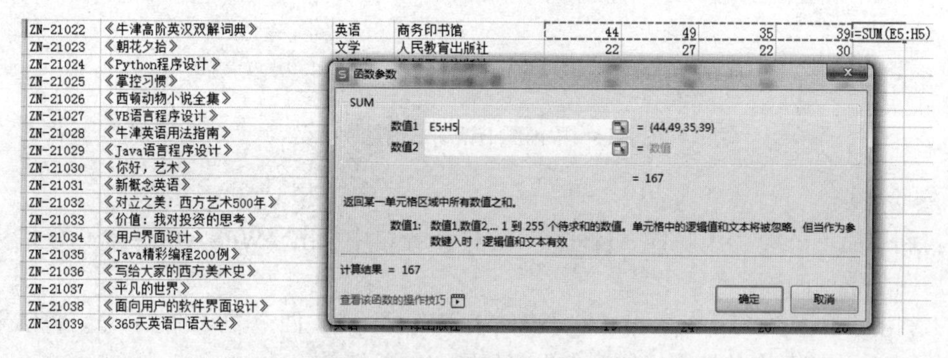

图 4-17 “函数参数”对话框

（3）选中 J4 单元格，输入公式“=(E4+F4+G4+H4)/4”，即可求出《WPS Office 金山表格

标准培训教程》四个季度的平均销量。

（4）选中 J5 单元格，输入公式“=AVERAGE(E5:H5)”，即可求出《牛津高阶英汉双解词典》四个季度的平均销量，然后将鼠标指针指向 J5 单元格的填充柄，按住鼠标左键拖动填充柄到 J32 单元格，就可以求出其他图书的平均销量。

（5）选中 J4:J32 单元格区域，右击，在弹出的快捷菜单中选择“设置单元格格式”命令，在弹出的“单元格格式”对话框的“数字”选项卡中选择“数值”类型，设置小数位数为“1”。

操作提示

利用 AVERAGE()函数求平均值时，空白单元格及包含文本型数值的单元格都不计入单元格个数，在如图 4-18 所示的使用示例中，在 F1 单元格中输入公式“=AVERAGE(A1:E1)”，结果等于 2。

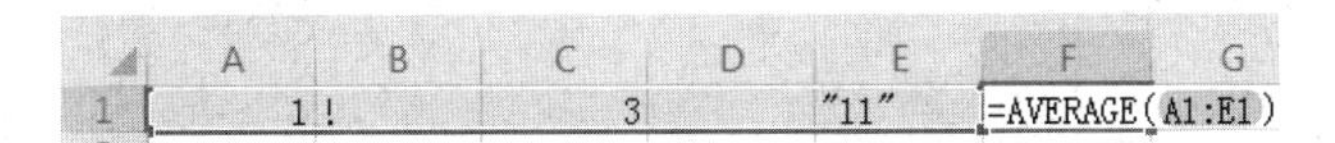

图 4-18　AVERAGE()函数使用示例

（6）在 L4 单元格中输入公式“=K4*L2”。

（7）在 L5 单元格中输入公式“=PRODUCT(K5,$L$2)，按 Enter 键，然后将鼠标指针指向 L5 单元格的填充柄，按住鼠标左键拖动填充柄到 L32 单元格。

操作提示

“绝对引用”在拖动填充柄时，始终锁定被引用的地址；“混合引用”在拖动填充柄时，只部分锁定被引用的地址。应注意拖动方向与引用公式的关系。

对于类似公式“=$E3”的引用，表示锁定单元格的列编号。垂直方向拖动填充柄时，所起的作用是相对引用；水平方向拖动填充柄时，所起的作用是绝对引用。

对于类似公式“=E$3”的引用，表示锁定单元格的行编号。水平方向拖动填充柄时，所起的作用是相对引用；垂直方向拖动填充柄时，所起的作用是绝对引用。

（8）在 M4 单元格中输入公式“=IF(I4>=100,"热销",IF(I4>=70,"良好",IF(I4>=40,"一般","滞销")))”，然后将鼠标指针指向 M4 单元格的填充柄，按住鼠标左键拖动填充柄到 M32 单元格。

（9）在 N4 单元格中输入公式“=RANK(I4,$I$4:$I$32)”或“=RANK(I4,$I$4:$I$32,0)”，然后将鼠标指针指向 N4 单元格的填充柄，按住鼠标左键拖动填充柄到 N32 单元格。

（10）在 E33 单元格中输入公式“=MAX(E4:E32)”，然后将鼠标指针指向 E33 单元格的填充柄，按住鼠标左键拖动填充柄到 H33 单元格。

（11）在 E34 单元格中输入公式“=MIN(E4:E32)”，然后将鼠标指针指向 E34 单元格的填充柄，按住鼠标左键拖动填充柄到 H34 单元格。

（12）在 C35 单元格中输入公式“=COUNT(E4:E32)”，可以统计所有图书种类数。

操作提示

COUNT()函数的功能是统计，作用是对指定范围内数据的个数进行计数。

指定范围内包含的数据类型中只有数值型的单元格才能计入总个数中。

如果指定范围内全是文本型数据，则计算结果等于零。所以，统计所有图书种类数时不能使用公式“=COUNT(A4:A32)”。

（13）在 C36 单元格中输入公式“=COUNTIF(J4:J32,"<10")”，即可得到平均销量在 10 本以下的图书种类数。

（14）在 C37 单元格中输入公式“=SUMIF(C4:C32,"英语",I4:I32)”，即可得到英语类图书的总销量之和。

（15）在 C38 单元格中输入公式“=SUMIFS(I4:I32,D4:D32,"清华大学出版社",C4:C32,"计算机")”，即可得到清华大学出版社出版的计算机类图书的总销量之和。

（16）在 C39 单元格中输入公式“=COUNTIFS(D4:D32,"中信出版社",C4:C32,"艺术")”，即可得到中信出版社出版的艺术类图书的种类数。

按实验要求完成的“中南图书馆图书销量表”如图 4-19 所示。

中南图书馆图书销量表

图书编号	图书名称	图书类别	出版社	一季度销量	二季度销量	三季度销量	四季度销量	总销量	平均销量	折扣率： 单价	0.9 折后价	销售等级	销售排行榜
ZN-21021	《WPS Office金山表格标准培训教程》	计算机	人民邮电出版社	12	17	15	22	66	16.5	32	28.8	一般	22
ZN-21022	《牛津高阶英汉双解词典》	英语	商务印书馆	44	49	35	39	167	41.8	144	129.6	热销	2
ZN-21023	《朝花夕拾》	文学	人民教育出版社	22	27	22	30	101	25.3	16	14.4	热销	17
ZN-21024	《Python程序设计》	计算机	机械工业出版社	29	34	25	31	119	29.8	119	107.1	热销	14
ZN-21025	《掌控习惯》	经管	北京联合出版公司	31	36	30	35	132	33.0	30.8	27.72	热销	12
ZN-21026	《西顿动物小说全集》	文学	安徽教育出版社	45	50	40	26	161	40.3	99	89.1	热销	3
ZN-21027	《VB语言程序设计》	计算机	电子工业出版社	39	44	20	18	121	30.3	29.6	26.64	热销	13
ZN-21028	《牛津英语用法指南》	英语	外语教学与研究出版社	34	39	30	10	113	28.3	100.3	90.27	热销	15
ZN-21029	《Java语言程序设计》	计算机	清华大学出版社	30	35	25	55	145	36.3	42.9	38.61	热销	8
ZN-21030	《你好，艺术》	艺术	中信出版社	43	48	36	28	155	38.8	103.9	93.51	热销	6
ZN-21031	《新概念英语》	英语	外语教学与研究出版社	21	26	20	34	101	25.3	99	89.1	热销	17
ZN-21032	《对立之美：西方艺术500年》	艺术	中信出版社	32	37	33	41	143	35.8	119	107.1	热销	9
ZN-21033	《价值：我对投资的思考》	经管	浙江教育出版社	13	8	10	20	51	12.8	76.7	69.03	一般	24
ZN-21034	《用户界面设计》	计算机	电子工业出版社	15	10	10	20	55	13.8	74.5	67.05	一般	23
ZN-21035	《Java精彩编程200例》	计算机	吉林大学出版社	10	6	12	7	35	8.8	37.6	33.84	滞销	26
ZN-21036	《写给大家的西方美术史》	艺术	湖南美术出版社	32	37	40	27	136	34.0	33.4	30.06	热销	10
ZN-21037	《平凡的世界》	文学	北京十月文艺出版社	6	8	16	20	50	12.5	74.5	67.05	一般	25
ZN-21038	《面向用户的软件界面设计》	计算机	清华大学出版社	19	24	15	31	89	22.3	29.3	26.37	良好	19
ZN-21039	《365天英语口语大全》	英语	中译出版社	19	24	20	20	83	20.8	58	52.2	良好	20
ZN-21040	《影响力》	经管	北京联合出版公司	4	9	7	6	26	6.5	34.6	31.14	滞销	29
ZN-21041	《活着》	文学	北京十月文艺出版社	5	10	7	6	28	7.0	17.1	15.39	滞销	28
ZN-21042	《编译原理》	计算机	电子工业出版社	33	38	30	12	113	28.3	37.2	33.48	热销	15
ZN-21043	《古色之美》	艺术	湖南人民出版社	41	46	40	24	151	37.8	38.3	34.47	热销	7
ZN-21044	《二级MS Office上机题库》	计算机	高等教育出版社	55	40	50	50	195	48.8	54	48.6	热销	1
ZN-21045	《事实》	经管	文汇出版社	13	18	22	18	71	17.8	49	44.1	良好	21
ZN-21046	《色彩心理学》	艺术	上海三联书店	38	43	40	38	159	39.8	11.9	10.71	热销	4
ZN-21047	《数据库原理》	计算机	清华大学出版社	43	48	20	25	136	34.0	34.5	31.05	热销	10
ZN-21048	《Python 3网络爬虫开发实战》	计算机	人民邮电出版社	7	12	5	10	34	8.5	56.4	50.76	滞销	27
ZN-21049	《深度对话：英美高端人物访谈录》	英语	中国宇航出版社	40	45	40	33	158	39.5	22.6	20.34	热销	5
统计各个季度销量的最大值				55	50	50	55						
统计各个季度销量的最小值				4	6	5	6						
统计所有图书种类数		29											
统计平均销量在10本以下的图书种类数		4											
统计英语类图书的总销量之和		622											
统计清华大学出版社计算机类图书的总销量之和		370											
统计中信出版社艺术类图书的种类数		2											

图 4-19　中南图书馆图书销量表

2. 打开如图 4-20 所示的中南公司员工档案原始表，利用公式和函数求出相应单元格中的值

中南公司员工档案表

员工编号	姓名	部门编号	部门	职务	身份证号	性别	出生日期	年龄	学历	入职时间	工龄	基础工资	奖金	补贴	应付工资	五险一金	全年应纳税所得额	全年应缴个人所得税
ZN001	莫多	ZNX2		总经理	110108197001027819				博士	1998-2-1		28000	500	260		2600		
ZN002	章晓军	ZNX2		部门经理	410205198412274231				硕士	2009-3-1		10600		260		1500		
ZN003	李博学	ZNX1		人事行政经理	420316198409282316				博士	2011-12-1		13500	500	260		1600		
ZN004	王晶晶	ZNX3		文秘	110105198903041280				大专	2012-3-1		9450		260		1350		
ZN005	苏少强	ZNY1		项目经理	37010819900213159X				硕士	2014-8-1		9050		260		1300		
ZN006	曾煊	ZNY1		项目经理	110105199010020407				博士	2017-6-1		10150	500	260		1500		
ZN007	齐簇	ZNY2		销售经理	110102198905125311				硕士	2013-10-1		9350		260		1320		
ZN008	侯文	ZNY1		研发经理	310108198712129131				硕士	2011-7-1		12550	500	260		1580		
ZN009	徐子文	ZNY1		员工	372208197510095120				本科	2000-7-2		9100		260		1300		
ZN010	王华	ZNX3		员工	110101198209021414				本科	2009-6-1		7300		260		1100		
ZN011	张国庆	ZNX3		员工	110108197812129120				本科	2005-9-1		8100		260		1200		
ZN012	孙红	ZNX1		员工	551018198607316121				本科	2010-5-1		7100		260		1100		
ZN013	覃洛	ZNY1		员工	372208198310070152				本科	2006-5-1		7900	500	260		1180		
ZN014	李飞扬	ZNY1		员工	410205197908277131				本科	2001-4-1		8900		260		1280		
ZN015	杜兰	ZNY2		员工	110106198504046543				大专	2009-1-1		6850		260		1080		
ZN016	张慧慧	ZNY2		员工	610308198111028581				本科	2003-5-1		8500		260		1250		
ZN017	徐霞	ZNY1		员工	327018198810126015				本科	2010-2-1		7100		260		1100		
ZN018	杜学江	ZNY2		员工	110103199111098820				中专	2010-12-28		5500		260		750		
ZN019	齐飞	ZNX3		员工	210108197912035527				本科	2007-1-1		7800		260		1180		
ZN020	区解放	ZNY1		员工	302204198508096218				硕士	2010-3-1		10000	500	260		1480		
ZN021	谢如芳	ZNY1		员工	110106197809125506				本科	2002-3-2		8700		260		1280		
ZN022	张桂华	ZNY2		员工	110107198010120509				高中	2000-3-3		7000	500	260		1100		
ZN023	陈驰	ZNY1		员工	412205198612288111				本科	2010-3-4		7100		260		1100		
ZN024	张耀	ZNX1		员工	110108198507229623				本科	2010-3-5		7100		260		1100		
ZN025	王锋	ZNY1		员工	551018198607211026				本科	2011-1-1		6900		260		1080		
ZN026	刘鹏飞	ZNY1		员工	372206198710277312				本科	2011-1-2		6900		260		1080		
ZN027	孙强	ZNX3		员工	410205198908075631				本科	2013-1-3		6500		260		1050		
ZN028	王清丽	ZNX3		员工	110104198204149827				本科	2002-1-4		8700		260		1280		
ZN029	包伟	ZNX1		员工	270108198302286859				本科	2011-1-5		6900		260		1080		
ZN030	付宇晨	ZNY1		员工	610008198610029679				本科	2011-7-6		6800		260		1080		
ZN031	吉祥	ZNY1		员工	420016198409186716				本科	2011-1-7		6900		260		1080		
ZN032	李凌志	ZNY1		员工	551018199510129913				本科	2021-1-8		5000		260		700		
ZN033	倪冬升	ZNY1		员工	110105198912098827				硕士	2015-1-9		8900		260		1280		
ZN034	闫霞	ZNY1		员工	120108199606031982				本科	2017-1-10		5700		260		750		
ZN035	刘东强	ZNY1		员工	102204199307199612				本科	2014-1-11		6200		260		800		

部门编号	部门
ZNX1	人事
ZNX2	管理
ZNX3	行政
ZNY1	研发
ZNY2	销售

图 4-20　中南公司员工档案原始表

● 实验要求

（1）根据“部门信息”工作表中“部门编号”和“部门”的对应关系，使用 VLOOKUP() 函数自动填充“员工信息”工作表中“部门”列的数据。

（2）在“员工信息”工作表中，根据身份证号输入每位员工的性别和出生日期。其中，身份证号的倒数第 2 位用于判断性别，奇数为男性，偶数为女性；身份证号的第 7～14 位代表出生年月日。

（3）在“员工信息”工作表中，计算每位员工的年龄，年龄按周岁计算，满 1 年才能作为 1 岁，一年按 365 天计算。

（4）在“员工信息”工作表中，计算每位员工在本公司工作的工龄，要求不足半年按半年计，超过半年按一年计，一年按 365 天计算，保留一位小数。工龄计算截至 2021 年 12 月 31 日。

（5）在“员工信息”工作表中，计算每位员工每月的应付工资，应付工资=基础工资+奖金+补贴。

（6）在“员工信息”工作表中，计算每位员工的全年应纳税所得额，全年应纳税所得额=（应付工资-五险一金-5000（个人所得税免征额））*12，如果应付工资-五险一金<5000，则全年应纳税所得额为 0。

（7）在“员工信息”工作表中，计算每位员工的全年应缴个人所得税，计算规则为：如果应纳税所得额不超过 36 000 元，则税率为 3%；超过 36 000 元至 144 000 元的部分，税率为 10%；超过 144 000 元至 300 000 元的部分，税率为 20%。

● 实验步骤

（1）单击“员工信息”工作表的 D3 单元格，单击编辑栏中的 fx 按钮，在弹出的“插入函数”对话框的“查找函数”文本框中输入“VLOOKUP”，可在下方的“选择函数”列表中出现“VLOOKUP”，选中“VLOOKUP”，然后单击“确定”按钮，在弹出的“函数参数”对话框中设置参数，如图 4-21 所示，单击“确定”按钮即可。

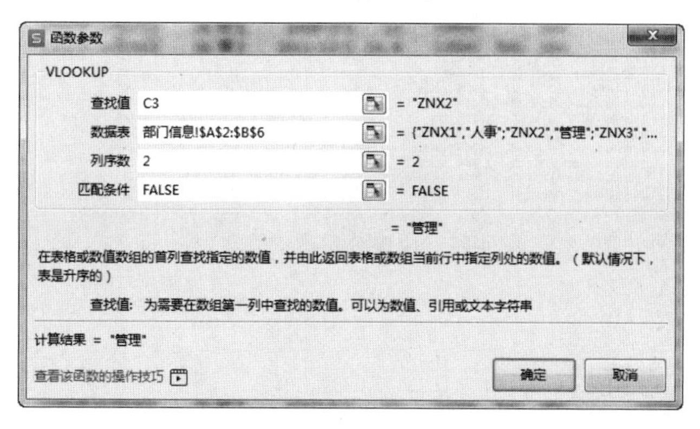

图 4-21 “函数参数”对话框

双击 D3 单元格右下角的填充柄，D4:D37 单元格会自动填充部门编号对应的部门信息。

（2）单击“员工信息”工作表的 G3 单元格，输入公式“=IF(MOD(MID(F3,17,1),2)=1,"男","女")”，即可求出第一位员工的性别，双击 G3 单元格右下角的填充柄，G4:G37 单元格会自动填充该公式。

单击“员工信息”工作表的 H3 单元格，输入公式“=MID(F3,7,4)&"年"&MID(F3,11,2)&"

月"&MID(F3,13,2)&"日""，即可求出第一位员工的出生日期，双击 H3 单元格右下角的填充柄，H4:H37 单元格会自动填充该公式。

（3）单击“员工信息”工作表的 I3 单元格，输入公式“=INT((TODAY()−H3)/365)”，即可求出第一位员工的年龄，双击 I3 单元格右下角的填充柄，I4:I37 单元格会自动填充该公式。

（4）单击“员工信息”工作表的 L3 单元格，输入公式“=CEILING((DATE(2021,12,31)−K3)/365, 0.5)”，即可求出第一位员工在本公司工作的工龄，双击 L3 单元格右下角的填充柄，L4:L37 单元格会自动填充该公式。

（5）在 P3 单元格中输入公式“=M3+N3+O3”，即可得到第一位员工每月的应付工资，双击 P3 单元格右下角的填充柄，P4:P37 单元格会自动填充该公式。

（6）在 R3 单元格中输入公式“=IF(P3−Q3>5000,(P3−Q3−5000)*12,0)”，即可得到第一位员工的全年应纳税所得额，双击 R3 单元格右下角的填充柄，R4:R37 单元格会自动填充该公式。

（7）在 S3 单元格中输入公式“=IF(R3<=36000,R3*3%,IF(R3<=144000,36000*3%+(R3−36000)*10%,36000*3%+(144000−36000)*10%+(R3−144000)*20%))”，即可得到第一位员工的全年应缴个人所得税，双击 S3 单元格右下角的填充柄，S4:S37 单元格会自动填充该公式。

按照实验要求完成的“中南公司员工档案表”如图 4-22 所示。

中南公司员工档案表

员工编号	姓名	部门编号	部门	职务	身份证号	性别	出生日期	年龄	学历	入职时间	工龄	基础工资	奖金	补贴	应付工资	五险一金	全年应纳税所得额	全年应缴个人所得税
ZN001	莫多	ZNX2	管理	总经理	110108197001027819	男	1970年01月02日	51	博士	1998-2-1	24	28000	500	260	28760	2600	253920	33864
ZN002	章晓军	ZNX2	管理	部门经理	410205198412274231	男	1984年12月27日	36	硕士	2009-3-1	13	10600		260	10860	1500	52320	2712
ZN003	李博学	ZNX1	人事	人事行政经理	420316198409282316	男	1984年09月28日	36	博士	2011-12-1	10.5	13500	500	260	14260	1600	91920	6672
ZN004	王晶晶	ZNX3	行政	文秘	110105198903041280	女	1989年03月04日	32	大专	2012-3-1	10	9450		260	9710	1350	40320	1512
ZN005	苏少强	ZNY1	研发	项目经理	37010819900213159X	男	1990年02月13日	31	硕士	2014-8-1	7.5	9050		260	9310	1300	36120	1092
ZN006	曾煊	ZNY1	研发	项目经理	110105199010020407	女	1990年10月02日	30	博士	2017-6-1	5	10150	500	260	10910	1500	52920	2772
ZN007	齐篪	ZNY2	销售	销售经理	110102198905125311	男	1989年05月12日	32	硕士	2013-10-1	8.5	9350		260	9610	1320	39480	1428
ZN008	侯文	ZNY1	研发	研发经理	310108198712129131	男	1987年12月12日	33	硕士	2011-7-1	11	12550	500	260	13310	1580	80760	5556
ZN009	徐子文	ZNY1	研发	员工	372208197510095120	女	1975年10月09日	45	本科	2000-7-2	22	9100		260	9360	1300	36720	1152
ZN010	王华	ZNX3	行政	员工	110101198209021414	男	1982年09月02日	38	本科	2009-6-1	13	7300		260	7560	1100	17520	525.6
ZN011	张国庆	ZNX3	行政	员工	110108197812129120	女	1978年12月12日	42	本科	2005-9-1	16.5	8100		260	8360	1200	25920	777.6
ZN012	孙红	ZNX1	人事	员工	551018198607316121	女	1986年07月31日	34	本科	2010-5-1	12	7100		260	7360	1100	15120	453.6
ZN013	覃洛	ZNY1	研发	员工	372208198310070152	男	1983年10月07日	37	本科	2006-5-1	16	7900	500	260	8660	1180	29760	892.8
ZN014	李飞扬	ZNY1	研发	员工	410205197908277131	男	1979年08月27日	41	本科	2001-4-1	21	8900		260	9160	1280	34560	1036.8
ZN015	杜兰	ZNY2	销售	员工	110106198504046543	女	1985年04月04日	36	大专	2009-1-1	13.5	6850		260	7110	1080	12360	370.8
ZN016	张慧慧	ZNY2	销售	员工	610308198111028581	女	1981年11月02日	39	本科	2003-5-1	19	8500		260	8760	1250	30120	903.6
ZN017	徐霞	ZNY1	研发	员工	327018198810126015	男	1988年10月12日	32	本科	2010-2-1	12	7100		260	7360	1100	15120	453.6
ZN018	杜学江	ZNY2	销售	员工	110103199111098820	女	1991年11月09日	29	中专	2010-12-28	11.5	5500		260	5760	750	120	3.6
ZN019	齐飞	ZNX3	行政	员工	210108197912035527	女	1979年12月03日	41	本科	2007-1-1	15.5	7800		260	8060	1180	22560	676.8
ZN020	区解放	ZNY1	研发	员工	302204198508096218	男	1985年08月09日	35	硕士	2010-3-1	12	10000	500	260	10760	1480	51360	2616
ZN021	谢如芳	ZNY1	研发	员工	110106197809125506	女	1978年09月12日	42	本科	2002-3-2	20	8700		260	8960	1280	32160	964.8
ZN022	张桂华	ZNY2	销售	员工	110107198010120509	女	1980年10月12日	40	高中	2000-3-3	22	7000	500	260	7760	1100	19920	597.6
ZN023	陈驰	ZNY1	研发	员工	412205198612288111	男	1986年12月28日	34	本科	2010-3-4	12	7100		260	7360	1100	15120	453.6
ZN024	张耀	ZNX1	人事	员工	110108198507229623	女	1985年07月22日	35	本科	2010-3-5	12	7100		260	7360	1100	15120	453.6
ZN025	王锋	ZNY1	研发	员工	551018198607211026	女	1986年07月21日	34	本科	2011-1-1	11.5	6900		260	7160	1080	12960	388.8
ZN026	刘鹏飞	ZNY1	研发	员工	372206198710277312	男	1987年10月27日	33	本科	2011-1-2	11.5	6900		260	7160	1080	12960	388.8
ZN027	孙强	ZNX3	行政	员工	410205198908075631	男	1989年08月07日	31	本科	2013-1-3	9	6500		260	6760	1050	8520	255.6
ZN028	王清丽	ZNX3	行政	员工	110104198204149827	女	1982年04月14日	39	本科	2002-1-4	20.5	8700		260	8960	1280	32160	964.8
ZN029	包伟	ZNX1	人事	员工	270108198302286859	男	1983年02月28日	38	本科	2011-1-5	11	6900		260	7160	1080	12960	388.8
ZN030	付宇晨	ZNY1	研发	员工	610008198610029679	男	1986年10月02日	34	本科	2011-7-6	10.5	6800		260	7060	1080	11760	352.8
ZN031	吉祥	ZNY1	研发	员工	420016198409186716	男	1984年09月18日	36	本科	2011-1-7	11	6900		260	7160	1080	12960	388.8
ZN032	李凌志	ZNY1	研发	员工	551018199510129913	男	1995年10月12日	25	本科	2021-1-8	1	5000		260	5260	700	0	0
ZN033	倪冬升	ZNY1	研发	员工	110105198912098827	女	1989年12月09日	31	硕士	2015-1-9	7	8900		260	9160	1280	34560	1036.8
ZN034	闫霞	ZNY1	研发	员工	120108199606031982	女	1996年06月03日	24	本科	2017-1-10	5	5700		260	5960	750	2520	75.6
ZN035	刘东强	ZNY1	研发	员工	102204199307199612	男	1993年07月19日	27	本科	2014-1-11	8	6200		260	6460	800	7920	237.6

图 4-22　中南公司员工档案表

实验 3　数据分析与统计

实验目的

（1）掌握数据表排序的操作步骤。

（2）掌握数据表筛选的操作步骤。

（3）掌握数据表分类汇总的操作步骤。

（4）掌握使用数据透视表对数据进行分析的方法。

（5）掌握使用图表对数据表中的数据进行分析的方法。

实验内容

1. 建立如图 4-23 所示的“中南图书馆图书销量表”，按要求对该表进行相应操作

	A	B	C	D	E	F	G	H	I	J
1	中南图书馆图书销量表									
2	图书编号	图书名称	图书类别	出版社	单价	一季度销量	二季度销量	三季度销量	四季度销量	总销量
3	ZN-21021	《WPS Office金山表格标准培训教程》	计算机	人民邮电出版社	32	12	17	15	22	66
4	ZN-21022	《牛津高阶英汉双解词典》	英语	商务印书馆	144	44	49	35	39	167
5	ZN-21023	《朝花夕拾》	文学	人民教育出版社	16	22	27	22	30	101
6	ZN-21024	《Python程序设计》	计算机	机械工业出版社	119	29	34	25	31	119
7	ZN-21025	《掌控习惯》	经管	北京联合出版公司	30.8	31	36	30	35	132
8	ZN-21026	《西顿动物小说全集》	文学	安徽教育出版社	99	45	50	40	26	161
9	ZN-21027	《VB语言程序设计》	计算机	电子工业出版社	29.6	39	44	20	18	121
10	ZN-21028	《牛津英语用法指南》	英语	外语教学与研究出版社	100.3	34	39	30	10	113
11	ZN-21029	《Java语言程序设计》	计算机	清华大学出版社	42.9	30	35	25	55	145
12	ZN-21030	《你好，艺术》	艺术	中信出版社	103.9	43	48	36	28	155
13	ZN-21031	《新概念英语》	英语	外语教学与研究出版社	99	21	26	20	34	101
14	ZN-21032	《对立之美：西方艺术500年》	艺术	中信出版社	119	32	37	33	41	143
15	ZN-21033	《价值：我对投资的思考》	经管	浙江教育出版社	76.7	13	8	10	20	51
16	ZN-21034	《用户界面设计》	计算机	电子工业出版社	74.5	15	10	10	20	55
17	ZN-21035	《Java精彩编程200例》	计算机	吉林大学出版社	37.6	10	6	12	7	35
18	ZN-21036	《写给大家的西方美术史》	艺术	湖南美术出版社	33.4	32	37	40	27	136
19	ZN-21037	《平凡的世界》	文学	北京十月文艺出版社	74.5	6	8	16	20	50
20	ZN-21038	《面向用户的软件界面设计》	计算机	清华大学出版社	29.3	19	24	15	31	89
21	ZN-21039	《365天英语口语大全》	英语	中译出版社	58	19	24	20	20	83
22	ZN-21040	《影响力》	经管	北京联合出版公司	34.6	4	9	7	6	26
23	ZN-21041	《活着》	文学	北京十月文艺出版社	17.1	5	10	7	6	28
24	ZN-21042	《编译原理》	计算机	电子工业出版社	37.2	33	38	30	12	113
25	ZN-21043	《古色之美》	艺术	湖南人民出版社	38.3	41	46	40	24	151
26	ZN-21044	《二级MS Office上机题库》	计算机	高等教育出版社	54	55	40	50	50	195
27	ZN-21045	《事实》	经管	文汇出版社	49	13	18	22	18	71
28	ZN-21046	《色彩心理学》	艺术	上海三联书店	11.9	38	43	40	38	159
29	ZN-21047	《数据库原理》	计算机	清华大学出版社	34.5	43	48	20	25	136
30	ZN-21048	《Python 3网络爬虫开发实战》	计算机	人民邮电出版社	56.4	7	12	5	10	34
31	ZN-21049	《深度对话：英美高端人物访谈录》	英语	中国宇航出版社	22.6	40	45	40	33	158

图 4-23　中南图书馆图书销量表

2. 实验要求

（1）将工作表“Sheet1”重命名为“原始销量表”，将“原始销量表”复制得到一张新的工作表，并将复制得到的新工作表更名为“销量表备份”。

（2）在“销量表备份”中将数据按照单价的升序进行排序。

（3）在“销量表备份”中将数据按照出版社升序、总销量降序进行排序。

（4）在“销量表备份”中筛选出单价在 30 元以上（含 30 元）且总销量为 51～100 本的图书名单，将筛选结果复制到“Sheet2”工作表从 A1 单元格开始的单元格区域内。

（5）在“销量表备份”中取消自动筛选。

（6）使用高级筛选在“销量表备份”中筛选出单价在 40 元以上的计算机类图书以及各季度销量均大于 30 本的图书，条件区域写在 A33:F35 单元格中，筛选结果复制到 A38 开始的单元格区域内。

（7）将“原始销量表”复制得到一张新的工作表，并将复制得到的新工作表“原始销量表（2）”更名为“分类汇总表”。在“分类汇总表”中使用分类汇总功能，统计每种类别的图书数量以及每种类别的所有图书的平均单价和各季度的平均销量。

（8）复制工作表“原始销量表”，将新工作表命名为“数据透视表”。

（9）在“数据透视表”中使用数据透视表功能按“出版社”和“图书类别”统计图书数量、总销量之和，以及平均单价。

（10）根据“原始销量表”中“图书编号”“一季度销量”“四季度销量”列的数据创建簇状柱形图，图表的标题为“图书销量表”，横坐标轴的标题为“图书编号”，纵坐标轴的标题为“销量”，图表单独存放在工作表“Chart1”中。

（11）设置图表对象格式，具体要求如下。

① 将图表的背景设置为黄色。

② 设置图表的标题的字体为黑体，字号为 16 号。

③ 设置纵坐标轴的标题的字体为幼圆，字号为 12 号，文字方向为横排。

④ 将纵坐标轴的主要刻度单位修改为 15。

⑤ 为图表增加“二季度销量”和“三季度销量”数据系列。

⑥ 在图表区中显示“一季度销量”数据系列的值。

⑦ 为“二季度销量”数据系列添加“百分比误差线”。

⑧ 为“三季度销量”数据系列添加“线性”趋势线，并将趋势线名称命名为“三季度”。

3. 实验步骤

（1）双击工作表标签“Sheet1”，输入“原始销量表”，或者右击工作表标签“Sheet1”，在弹出的快捷菜单中选择“重命名”命令，然后输入“原始销量表”。

右击工作表标签“原始销量表”，在弹出的快捷菜单中选择“复制工作表”命令，可自动生成工作表“原始销量表（2）”，双击工作表标签将“原始销量表（2）”更名为“销量表备份”。

（2）单击“销量表备份”工作表单价列（E3:E31）的任意单元格，单击“数据”选项卡中的“排序”下拉按钮，在弹出的下拉列表中选择“升序”命令，如图 4-24 所示，表中的数据按照单价的升序排序。

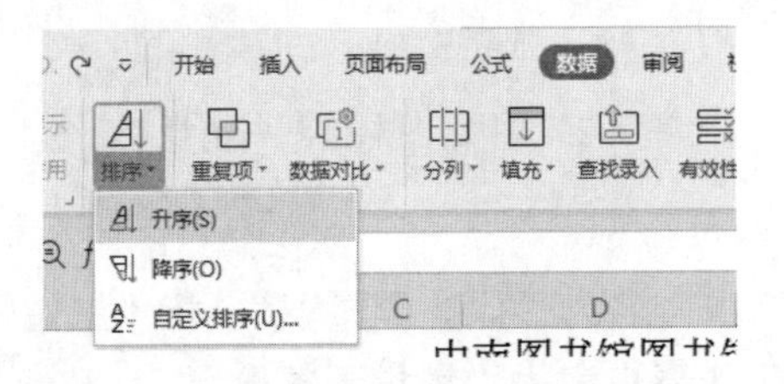

图 4-24 单列排序

（3）单击“销量表备份”工作表数据区域（A2:J31）中的任意单元格，单击“数据”选项卡中的“排序”下拉按钮，在弹出的下拉列表中选择“自定义排序”命令，弹出如图 4-25 所示的“排序”对话框，在“主要关键字”下拉列表中选择“出版社”选项，在“次序”下拉列表中选择“升序”选项；单击“添加条件”按钮，在“次要关键字”下拉列表中选择“总销量”选项，在“次序”下拉列表中选择“降序”选项，然后单击“确定”按钮，表中的数据即可先按照出版社的升序排序，出版社相同的记录再按照总销量的降序排序。

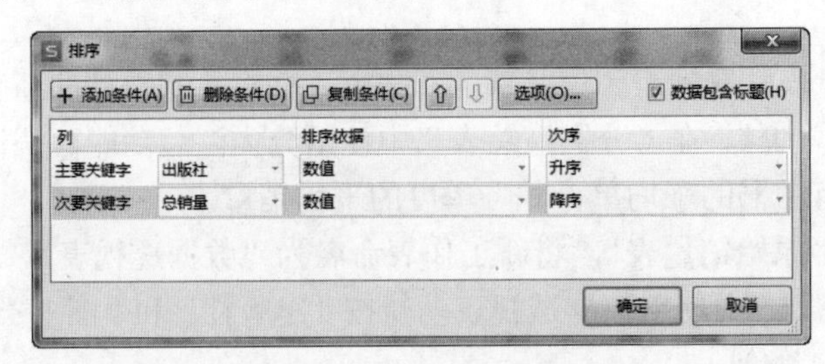

图 4-25 “排序”对话框

（4）自动筛选。

① 选中工作表“销量表备份”的数据区域 A2:J31，单击“数据”选项卡中的“自动筛选”按钮，在每列的列标题的右侧都会出现一个下拉按钮，单击“单价”字段的下拉按钮，在弹出

的对话框中单击“数字筛选”按钮，在列表中选择“大于或等于”选项，如图 4-26 所示，在弹出的“自定义自动筛选方式”对话框中输入“30”，单击“确定”按钮，即可筛选出所有单价在 30 元以上（含 30 元）的图书。

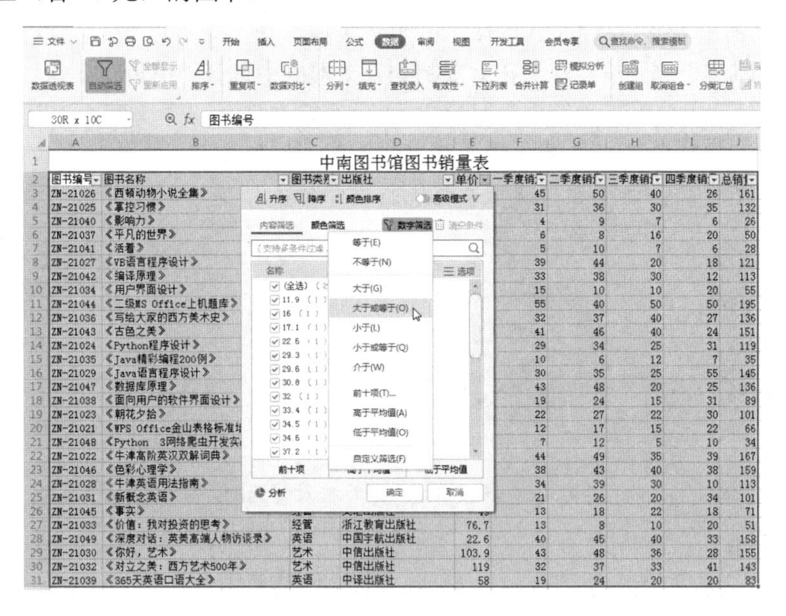

图 4-26　自动筛选

② 单击“总销量”字段的下拉按钮，在弹出的对话框中单击“数字筛选”按钮，在列表中选择“介于”选项，在弹出的对话框中按照图 4-27 进行设置，即可筛选出所有单价在 30 元以上（含 30 元）且总销量为 51～100 本的图书名单，筛选结果如图 4-28 所示。

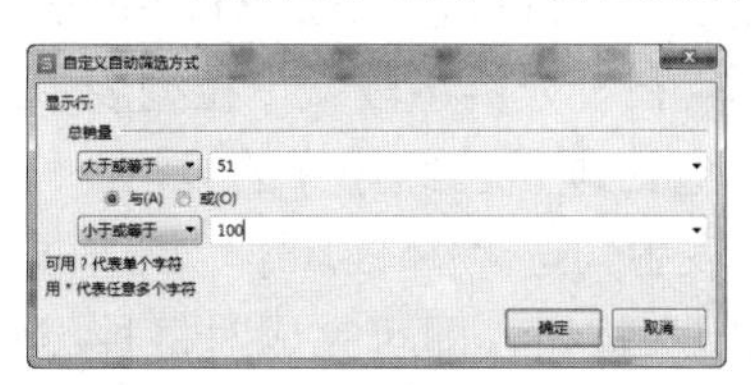

图 4-27　“总销量”字段的自定义自动筛选

	A	B	C	D	E	F	G	H	I	J
1	中南图书馆图书销量表									
2	图书编号	图书名称	图书类别	出版社	单价	一季度销	二季度销	三季度销	四季度销	总销
10	ZN-21034	《用户界面设计》	计算机	电子工业出版社	74.5	15	10	10	20	55
20	ZN-21021	《WPS Office金山表格标准培训教程》	计算机	人民邮电出版社	32	12	17	15	22	66
26	ZN-21045	《事实》	经管	文汇出版社	49	13	18	22	18	71
27	ZN-21033	《价值：我对投资的思考》	经管	浙江教育出版社	76.7	13	8	10	20	51
31	ZN-21039	《365天英语口语大全》	英语	中译出版社	58	19	24	20	20	83

图 4-28　自动筛选的结果

（5）单击“数据”选项卡中的“自动筛选”按钮，可取消自动筛选，恢复对原始数据的显示。

（6）高级筛选。

① 在“销量表备份”中，在 A33:F35 单元格区域建立条件区域，如图 4-29 所示。

33	图书类别	单价	一季度销量	二季度销量	三季度销量	四季度销量
34	计算机	>40				
35			>30	>30	>30	>30

图 4-29　条件区域

② 单击“销量表备份”工作表数据区域（A2:J31）中的任意单元格，单击“开始”选项卡中的“筛选”下拉按钮，在下拉列表中选择“高级筛选”命令，弹出“高级筛选”对话框。在该对话框的“方式”选项中选中“将筛选结果复制到其他位置”单选按钮，在“列表区域”文本框中选择“销量表备份!$A$2:$J$31”单元格区域，在“条件区域”文本框中选择“销量表备份!$A$33:$F$35”单元格区域，在“复制到”文本框中选择“销量表备份!$A$38”单元格，单击“确定”按钮，退出“高级筛选”对话框。“高级筛选”对话框及筛选结果如图 4-30 所示。

提示：如果要通过隐藏不符合条件的数据行来筛选数据清单，则在“高级筛选”对话框中选中“方式”选项中的“在原有区域显示筛选结果”单选按钮。

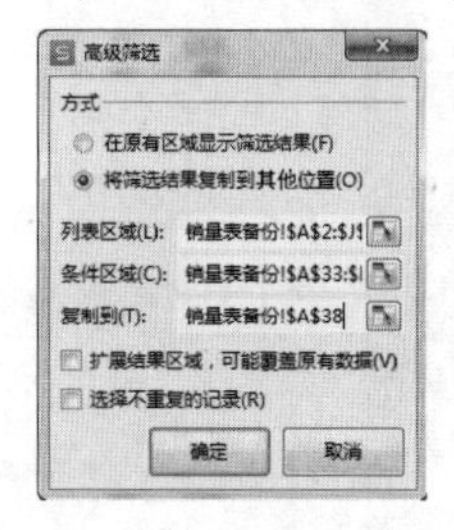

	A	B	C	D	E	F	G	H	I	J
38	图书编号	图书名称	图书类别	出版社	单价	一季度销量	二季度销量	三季度销量	四季度销量	总销量
39	ZN-21034	《用户界面设计》	计算机	电子工业出版社	74.5	15	10	10	20	55
40	ZN-21044	《二级MS Office上机题库》	计算机	高等教育出版社	54	55	40	50	50	195
41	ZN-21024	《Python程序设计》	计算机	机械工业出版社	119	29	34	25	31	119
42	ZN-21029	《Java语言程序设计》	计算机	清华大学出版社	42.9	30	35	25	55	145
43	ZN-21048	《Python 3网络爬虫开发实战》	计算机	人民邮电出版社	56.4	7	12	5	10	34
44	ZN-21022	《牛津高阶英汉双解词典》	英语	商务印书馆	144	44	49	35	39	167
45	ZN-21046	《色彩心理学》	艺术	上海三联书店	11.9	38	43	40	38	159
46	ZN-21049	《深度对话：英美高端人物访谈录》	英语	中国宇航出版社	22.6	40	45	40	33	158
47	ZN-21032	《对立之美：西方艺术500年》	艺术	中信出版社	119	32	37	33	41	143

图 4-30 “高级筛选”对话框及筛选的结果

（7）分类汇总。

① 右击工作表标签“原始销量表”，在弹出的快捷菜单中选择“复制工作表”命令，可自动生成工作表“原始销量表（2）”，双击工作表标签将“原始销量表（2）”更名为“分类汇总表”。

② 单击“分类汇总表”工作表中“图书类别”列（C3:C31）的任意单元格，单击“数据”选项卡中的“排序”下拉按钮，在下拉列表中选择“升序”命令，即可完成对所有图书按图书类别的升序排序。

③ 选中工作表“分类汇总表”的数据区域 A2:J31，单击“数据”选项卡中的“分类汇总”按钮，弹出“分类汇总”对话框，在“分类字段”下拉列表中选择“图书类别”选项（用来设置决定汇总分组的关键字字段，它必须是已经排序的），在“汇总方式”下拉列表中选择“计数”选项，在“选定汇总项”列表中勾选“图书编号”复选框（决定哪些字段需要进行汇总和存放统计结果），然后单击“确定”按钮，即可完成对每种类别的图书数量的统计。本次“分类汇总”对话框的参数设置及分类汇总的结果如图 4-31 所示。

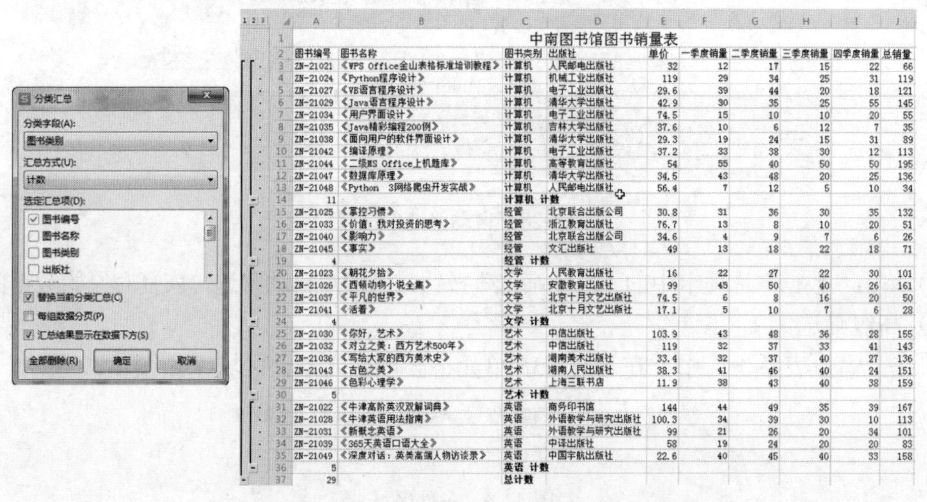

	A	B	C	D	E	F	G	H	I	J
1	中南图书馆图书销量表									
2	图书编号	图书名称	图书类别	出版社	单价	一季度销量	二季度销量	三季度销量	四季度销量	总销量
3	ZN-21021	《WPS Office金山表格标准培训教程》	计算机	人民邮电出版社	32	12	17	15	22	66
4	ZN-21024	《Python程序设计》	计算机	机械工业出版社	119	29	34	25	31	119
5	ZN-21027	《VB语言程序设计》	计算机	电子工业出版社	29.6	39	44	20	18	121
6	ZN-21029	《Java语言程序设计》	计算机	清华大学出版社	42.9	30	35	25	55	145
7	ZN-21034	《用户界面设计》	计算机	电子工业出版社	74.5	15	10	10	20	55
8	ZN-21035	《Java精彩编程200例》	计算机	吉林大学出版社	37.6	10	6	12	7	35
9	ZN-21038	《面向用户的软件界面设计》	计算机	清华大学出版社	29.3	19	24	15	31	89
10	ZN-21042	《编译原理》	计算机	电子工业出版社	37.2	33	38	30	12	113
11	ZN-21044	《二级MS Office上机题库》	计算机	高等教育出版社	54	55	40	50	50	195
12	ZN-21047	《数据库原理》	计算机	清华大学出版社	34.5	43	48	20	25	136
13	ZN-21048	《Python 3网络爬虫开发实战》	计算机	人民邮电出版社	56.4	7	12	5	10	34
14	11		计算机 计数							
15	ZN-21025	《掌控习惯》	经管	北京联合出版公司	30.8	31	36	30	35	132
16	ZN-21033	《价值：我对投资的思考》	经管	浙江教育出版社	76.7	13	8	10	20	51
17	ZN-21040	《影响力》	经管	北京联合出版公司	34.6	4	9	7	6	26
18	ZN-21045	《事实》	经管	文汇出版社	49	13	18	22	18	71
19	4		经管 计数							
20	ZN-21023	《朝花夕拾》	文学	人民教育出版社	16	22	27	22	30	101
21	ZN-21026	《西顿动物小说全集》	文学	安徽教育出版社	99	45	50	40	26	161
22	ZN-21037	《平凡的世界》	文学	北京十月文艺出版社	74.5	6	8	16	20	50
23	ZN-21041	《活着》	文学	北京十月文艺出版社	17.1	5	10	7	6	28
24	4		文学 计数							
25	ZN-21030	《你好，艺术》	艺术	中信出版社	103.9	43	48	36	28	155
26	ZN-21032	《对立之美：西方艺术500年》	艺术	中信出版社	119	32	37	33	41	143
27	ZN-21036	《写给大家的西方美术史》	艺术	湖南美术出版社	33.4	32	37	40	27	136
28	ZN-21043	《古色之美》	艺术	湖南人民出版社	38.3	41	46	40	24	151
29	ZN-21046	《色彩心理学》	艺术	上海三联书店	11.9	38	43	40	38	159
30	5		艺术 计数							
31	ZN-21022	《牛津高阶英汉双解词典》	英语	商务印书馆	144	44	49	35	39	167
32	ZN-21028	《牛津英语用法指南》	英语	外语教学与研究出版社	100.3	34	39	30	10	113
33	ZN-21031	《新概念英语》	英语	外语教学与研究出版社	99	21	26	20	34	101
34	ZN-21039	《365天英语口语大全》	英语	中译出版社	58	19	24	20	20	83
35	ZN-21049	《深度对话：英美高端人物访谈录》	英语	中国宇航出版社	22.6	40	45	40	33	158
36	5		英语 计数							
37	29		总计数							

图 4-31 “分类汇总”对话框设置及分类汇总的结果（1）

④ 选中工作表“分类汇总表”的数据区域 A2:J37，单击“数据”选项卡中的“分类汇总”按钮，弹出“分类汇总”对话框，在“分类字段”下拉列表中选择“图书类别”选项，在“汇总方式”下拉列表中选择“平均值”选项，在“选定汇总项”列表中勾选“单价”“一季度销量”“二季度销量”“三季度销量”“四季度销量”复选框，取消选中“替换当前分类汇总”复选框，然后单击“确定”按钮，即可完成对每种类别的所有图书的平均单价和各季度的平均销量的分类汇总。本次“分类汇总”对话框的参数设置及分类汇总的结果如图 4-32 所示。

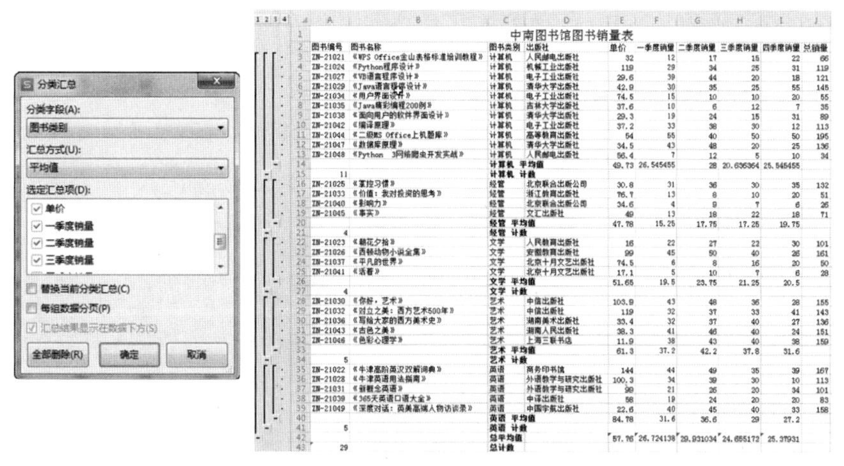

图 4-32 “分类汇总”对话框设置及分类汇总的结果（2）

（8）右击工作表标签“原始销量表”，在弹出的快捷菜单中选择“复制工作表”命令，可自动生成工作表“原始销量表（2）”，双击工作表标签将“原始销量表（2）”更名为“数据透视表”。

（9）数据透视表。

① 单击“插入”选项卡中的“数据透视表”按钮，弹出如图 4-33 左图所示的“创建数据透视表”对话框，在“请选择单元格区域”文本框中选择或输入范围“数据透视表!$A$2:$J$31”，在“请选择放置数据透视表的位置”选项区域选中“新工作表”单选按钮，单击“确定”按钮，出现如图 4-33 右图所示的数据透视表操作框架。

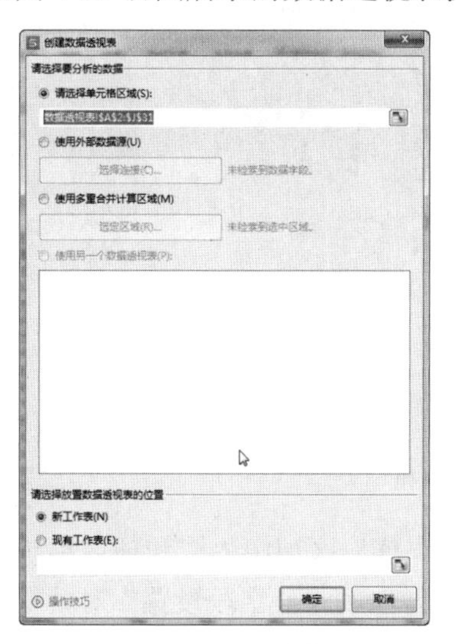

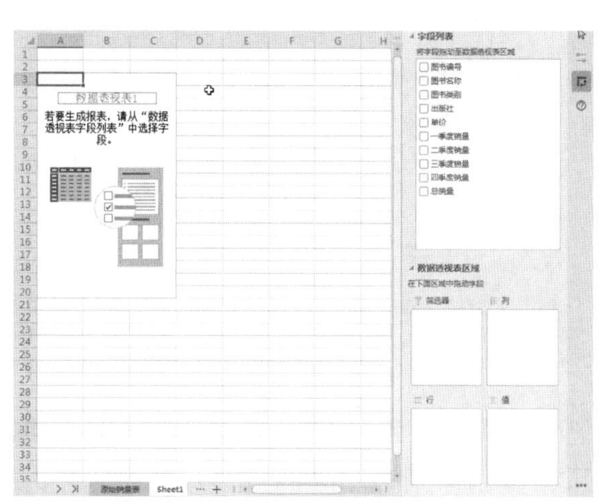

图 4-33 “创建数据透视表”对话框及操作框架

② 把“将字段拖动至数据透视表区域”列表中的“出版社”字段拖动到“行”区域中。

③ 把“将字段拖动至数据透视表区域”列表中的“图书类别”字段拖动到“列”区域中。

④ 把“将字段拖动至数据透视表区域”列表中的“图书编号”字段拖动到“值”区域，实现对“图书编号”字段的计数，结果如图 4-34 所示。

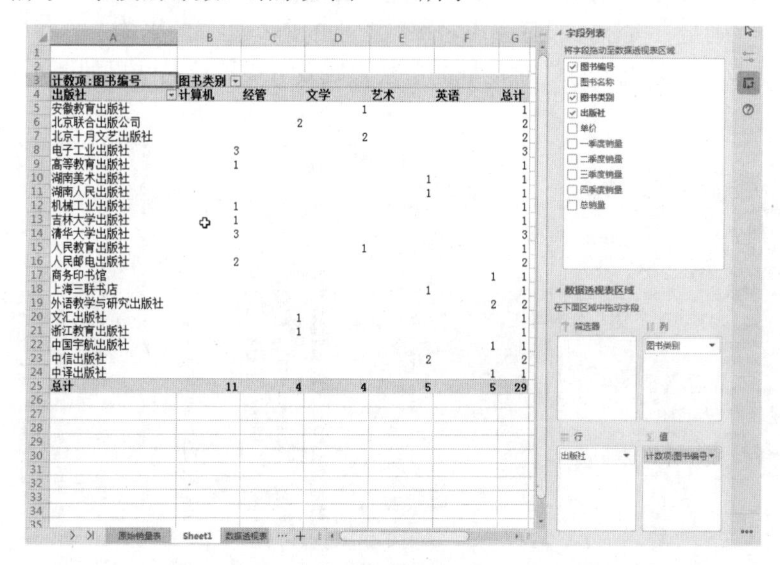

图 4-34　按图书编号计数

⑤ 把“将字段拖动至数据透视表区域”列表中的“总销量”字段拖动到“值”区域，实现对“总销量”字段的求和；再拖动“单价”字段到“值”区域，对“单价”字段求和，如图 4-35 所示。

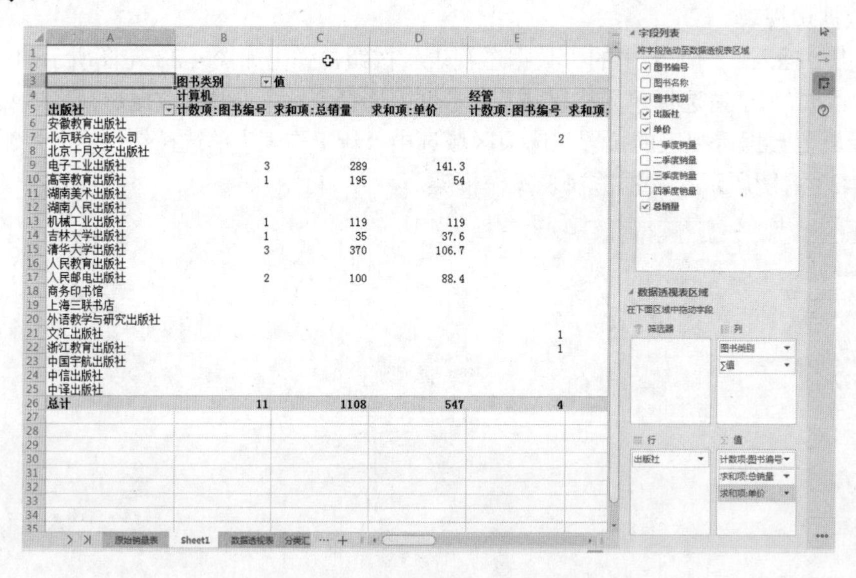

图 4-35　按总销量、单价求和

⑥ 改变“单价”字段的统计方式为求平均值。单击“值”区域中“求和项：单价”右侧的下拉箭头，在下拉列表中选择“值字段设置”命令，在弹出的“值字段设置”对话框中选择“值字段汇总方式”为“平均值”。“值字段设置”对话框如图 4-36 所示。

图 4-36 “值字段设置”对话框

⑦ 使用数据透视表功能按“出版社”和“图书类别”统计图书数量、总销量之和，以及平均单价的结果如图 4-37 所示。

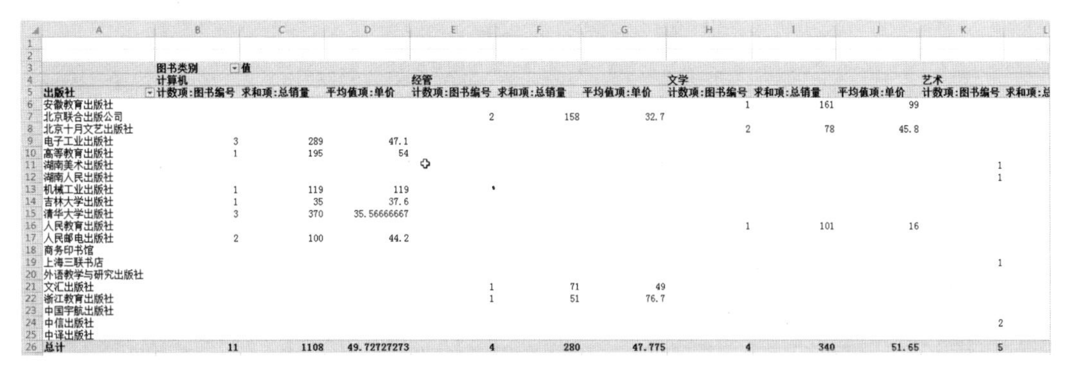

	图书类别 值										
	计算机			经管			文学			艺术	
出版社	计数项:图书编号	求和项:总销量	平均值项:单价	计数项:图书编号	求和项:总销量	平均值项:单价	计数项:图书编号	求和项:总销量	平均值项:单价	计数项:图书编号	求和项:总
安徽教育出版社							1	161	99		
北京联合出版公司				2	158	32.7					
北京十月文艺出版社							2	78	45.8		
电子工业出版社	3	289	47.1								
高等教育出版社	1	195	54								
湖南美术出版社										1	
湖南人民出版社										1	
机械工业出版社	1	119	119								
吉林大学出版社	1	35	37.6								
清华大学出版社	3	370	35.56666667								
人民教育出版社							1	101	16		
人民邮电出版社	2	100	44.2								
商务印书馆											
上海三联书店										1	
外语教学与研究出版社											
文汇出版社				1	71	49					
浙江教育出版社				1	51	76.7					
中国宇航出版社											
中信出版社										2	
中译出版社											
总计	11	1108	49.72727273	4	280	47.775	4	340	51.65	5	

图 4-37 数据透视表统计结果

提示：如果要显示被隐藏的行汇总和列汇总，可以单击数据透视表的任一单元格，单击“设计”选项卡中的“总计”下拉按钮，在下拉列表中选择“对行和列启用”命令。

（10）创建图表。

① 在工作表“原始销量表”中选中 A2:A31 单元格区域，在按住 Ctrl 键的同时选取 F2:F31、I2:I31 单元格区域。

② 单击“插入”选项卡中的“全部图表”下拉按钮，在下拉列表中选择“全部图表”命令，在弹出的“插入图表”对话框中选择“簇状柱形图”，即可得到如图 4-38 所示的图表。

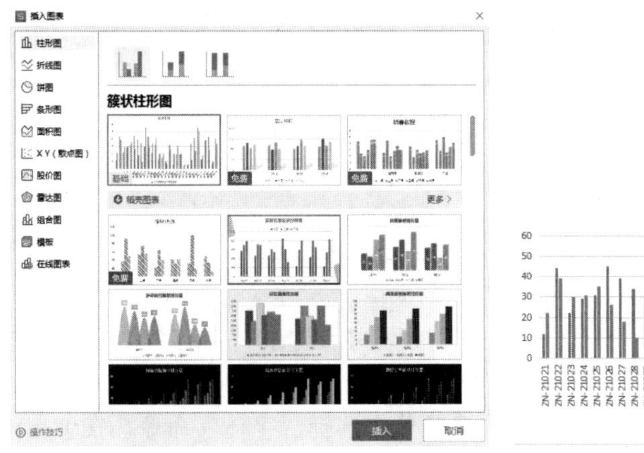

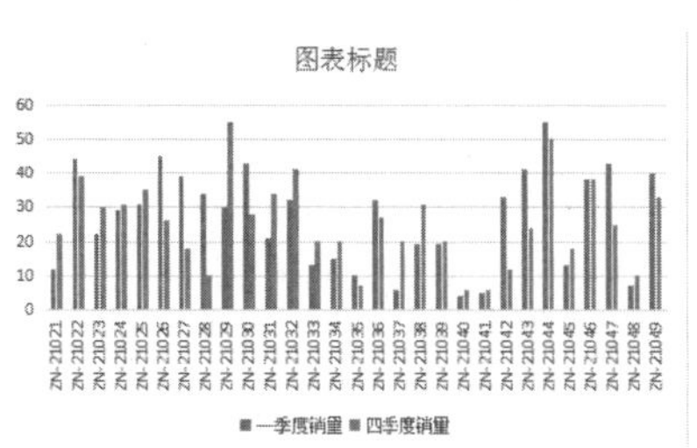

图 4-38 创建簇状柱形图表

③ 选中图表上方的图表标题，修改标题为“图书销量表”。单击“图表工具”选项卡中的“添加元素”下拉按钮，在下拉列表中选择“轴标题”→“主要横向坐标轴”命令，在横坐标轴的下方会出现“坐标轴标题”字样，把坐标轴的标题文字更改为“图书编号”。

④ 单击“图表工具”选项卡中的“添加元素”下拉按钮，在下拉列表中选择“轴标题”→“主要纵向坐标轴”命令，在纵坐标轴的左侧会出现“坐标轴标题”字样，把坐标轴的标题文字更改为“销量”。

⑤ 右击图表的图表区，在弹出的快捷菜单中选择“移动图表”命令，弹出如图 4-39 所示的“移动图表”对话框，选中“新工作表”单选按钮，然后单击“确定”按钮，图表可自动存放在工作表“Chart1”中。

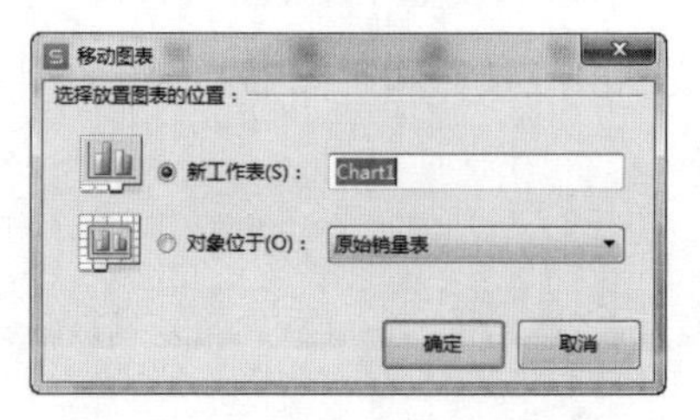

图 4-39 “移动图表”对话框

⑥ 设置完成的图表如图 4-40 所示。

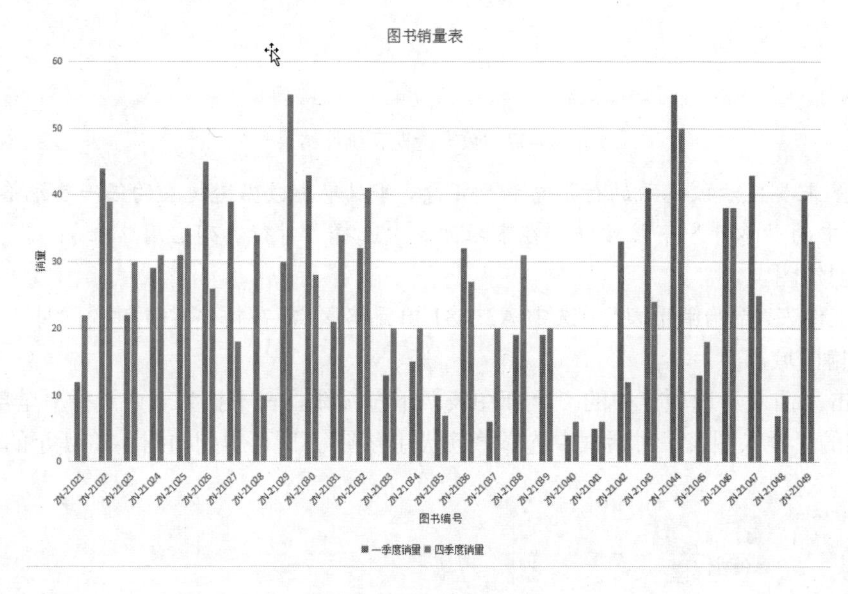

图 4-40 图表效果图

（11）编辑图表。

① 双击图表绘图区，在弹出的“绘图区选项”窗口的“填充”下选中“纯色填充”单选按钮，将颜色设置为黄色，如图 4-41 所示。

② 右击图表标题“图书销量表”，在弹出的快捷菜单中选择“字体”命令，在弹出的“字体”对话框中，设置字体为黑体，字号为 16 号。

③ 右击垂直轴标题“销量”，在弹出的快捷菜单中选择“字体”命令，在弹出的“字体”对话框中，设置字体为幼圆，字号为 12 号。双击垂直轴标题“销量”，在弹出的“属性”对话

框中选择“文本选项”选项卡，设置“文本框”中“对齐方式”的“文字方向”为“横排”。

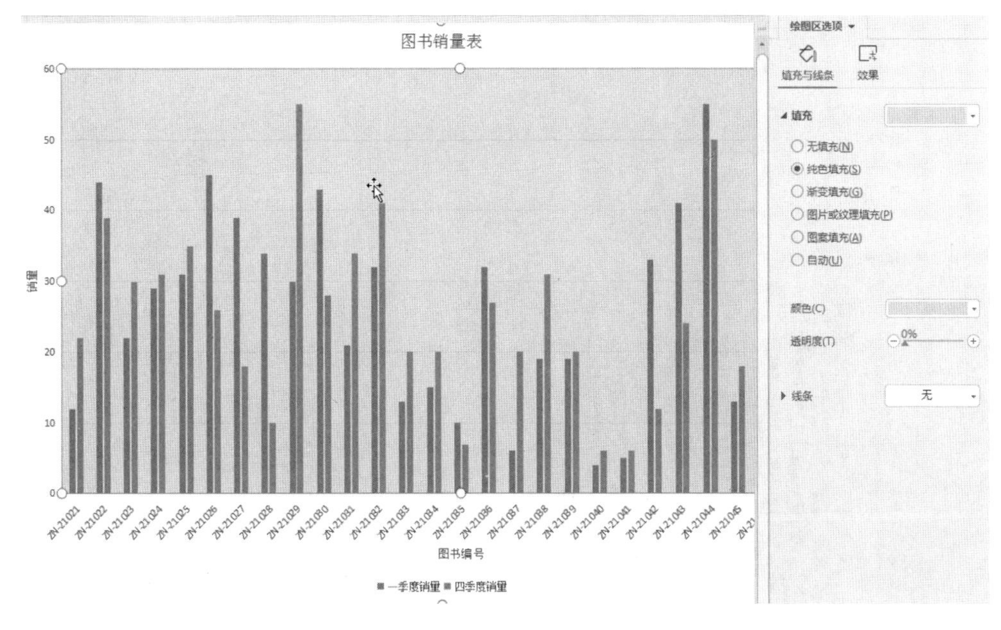

图 4-41 图表背景墙设置

④ 双击垂直轴，在弹出的“属性”对话框中选择“坐标轴选项”选项卡，在“坐标轴”标签下单击“坐标轴选项”，在“单位”的“主要”文本框中输入“15”，即可将纵坐标轴的主要刻度单位修改为 15。

⑤ 右击图表任意位置，在弹出的快捷菜单中选择“选择数据”命令，弹出“编辑数据源”对话框，设置“图表数据区域”为“=原始销量表!$A$2:$A$31,原始销量表!$F$2:$I$31”，如图 4-42 所示，即可在图表中增加“二季度销量”和“三季度销量”数据系列。

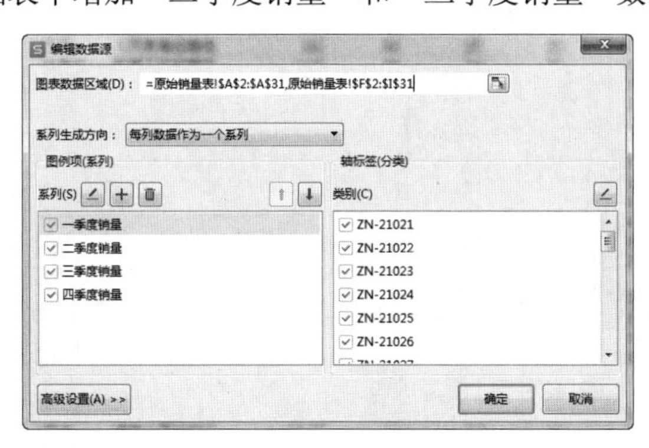

图 4-42 “编辑数据源”对话框

⑥ 右击任意一个“一季度销量”数据系列，在弹出的快捷菜单中选择“添加数据标签”命令，可在图表区中显示所有“一季度销量”数据系列的值。

⑦ 单击任意一个“二季度销量”数据系列，所有“二季度销量”数据系列同时被选中，单击“图表工具”选项卡中的“添加元素”下拉按钮，在下拉列表中选择“误差线”→“百分比”命令，如图 4-43 所示，即可为“二季度销量”数据系列添加百分比为 5%的正负偏差误差线。

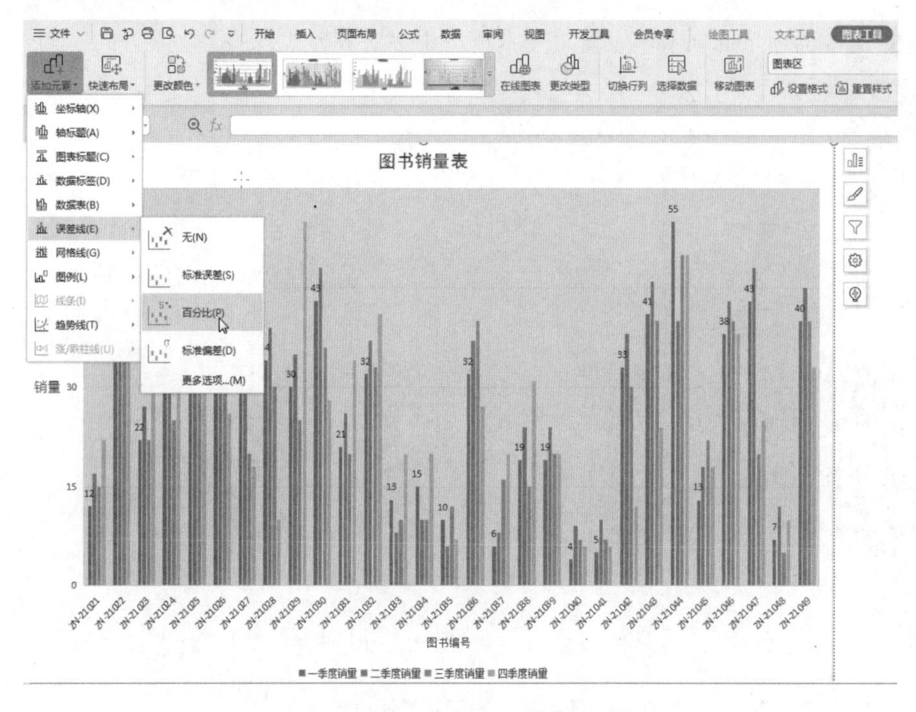

图 4-43　为数据系列添加百分比误差线

⑧ 单击任意一个“三季度销量”数据系列，所有“三季度销量”数据系列可同时被选中，单击“图表工具”选项卡中的“添加元素”下拉按钮，在下拉列表中选择“趋势线”→“更多选项”命令，在弹出的“趋势线选项”对话框中设置“趋势线选项”为“线性”，“趋势线名称”为“自定义”，并在“自定义”右边的文本框中输入“三季度”，即可为“三季度销量”数据系列添加名为“三季度”的线性趋势线。

设置完成后的图表效果图如图 4-44 所示。

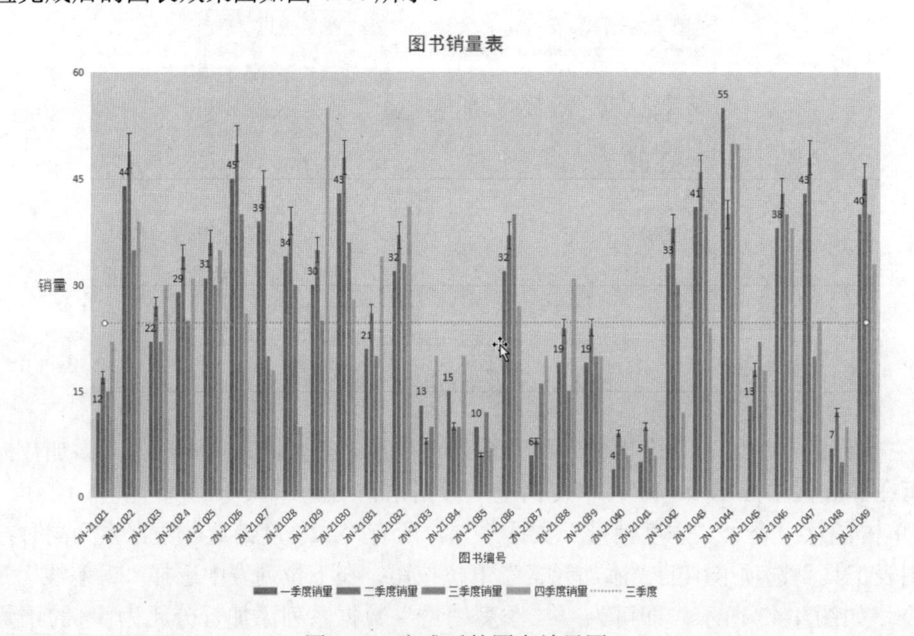

图 4-44　完成后的图表效果图

习　题

一、单项选择题

1．下面有关 WPS 表格中工作表、工作簿的说法，正确的是（　　）。

A．一个工作簿可包含有限个工作表　　B．一个工作簿可包含无限个工作表

C．一个工作表可包含有限个工作簿　　D．一个工作表可包含无限个工作簿

2．下列有关 WPS 表格中单元格的描述，正确的是（　　）。

A．单元格的内容只能是汉字或数字

B．单元格中可以再插入一个表格

C．单元格的形状可以是三角形、圆形等任意形状

D．单元格的宽度和高度均可以改变

3．在 WPS 表格中，连续选定 A 到 D 列单元格，下面的操作（　　）是错误的。

A．先按住 Ctrl 键不放，再用鼠标单击 A、B、C、D 列标，最后释放 Ctrl 键

B．先单击列标 A，然后拖曳鼠标至列标 D，再释放鼠标

C．先单击列标 A，再按住 Shift 键不放并单击列标 D，最后释放 Shift 键

D．依次单击列标 A、B、C、D

4．下列有关 WPS 表格中作为表格的数据的描述，正确的是（　　）。

A．文字、数字、图形都可以作为表格的数据

B．只有文字、数字可以作为表格的数据

C．只有文字可以作为表格的数据

D．只有数字可以作为表格的数据

5．在 WPS 表格中，如果工作表未特别设定格式，则数值数据会自动（　　）对齐。

A．靠左　　B．靠右　　C．居中　　D．随机

6．在 WPS 表格中，A1:B2 代表单元格（　　）。

A．Al, B1, B2　　B．A1, A2, B2　　C．A1, A2, B1, B2　　D．Al, B2

7．在 WPS 表格中，C4 单元格是指（　　）。

A．单元格中的内容为“C4”的单元格　　B．第三行第四列的单元格

C．第四行第三列的单元格　　D．第四行的前三个单元格

8．在 WPS 表格中，如果某单元格显示为若干个“#”，如“######”，则表示（　　）。

A．公式中包含错误　　B．数据显示格式错误

C．行高不够　　D．列宽不够

9．在 WPS 表格中，如果单元格中出现“#DIV/0!”，则表示（　　）。

A．没有可用数值　　B．结果太长，单元格容纳不下

C．公式中出现除零错误　　D．单元格引用无效

10．在 WPS 表格中有两种类型的地址，如 A1 和$A$1，（　　）。

A．前者是绝对引用地址，后者是相对引用地址

B．前者是相对引用地址，后者是绝对引用地址

C．两者都是绝对引用地址

D．两者都是相对引用地址

11．在公式和函数使用中，要区分“绝对引用”和“相对引用”的概念，以下属于“绝对引用”的是（　　）。

A．B2　　B．$B$2　　C．B2/C5　　D．#DIV/0!

12．在 WPS 表格中，如果先选定表格的一列，再执行“编辑”菜单中的“剪切”命令，则（　　）。

A．该列所有单元格中的内容都被删除，变成空白列

B．该列的边框线被删除，但保留文字

C．该列被删除，由下一列数据左移代替

D．该列不发生任何变化

13．在 WPS 表格中，如果当前插入点在表格中部的某个单元格内，按 Tab 键，则（　　）。

A．插入点移至左边的单元格中　　B．插入点移至右边的单元格中

C．插入点移至下一行第一列的单元格中　　D．在当前单元格内插入一个制表符

14．在 WPS 表格中，如果当前插入点在表格中部的某个单元格内，按 Enter 键，则（　　）。

A．增加一个新的表格行　　B．插入点所在的列加宽

C．插入点移至下一行第一列的单元格中　　D．插入点移至下一行同一列的单元格中

15．在 WPS 表格中，如果要在同一行或同一列的连续单元格中使用相同的计算公式，可以先在第一个单元格中输入公式，再用鼠标拖动单元格的（　　）来实现。

A．列标　　B．填充柄　　C．行标　　D．外边框

16．在 WPS 表格中，求工作表中 A1 到 A5 单元格中数据的和不能用（　　）。

A．=A1+A2+A3+A4+A5　　B．=SUM (A1:A5)

C．=(A1+A2+A3+A4+A5)　　D．= SUM (A1+A5)

17．在 WPS 表格中，如果单元格中的内容是 26，则在编辑栏中显示的一定不对的是（　　）。

A．20+6　　B．=20+6　　C．26　　D．=A1+A2

18．在 WPS 表格中，下列关于筛选数据的说法，正确的是（　　）。

A．删除不符合设定条件的其他内容

B．筛选后仅显示符合我们设定筛选条件的某一值或符合一组条件的行

C．将改变不符合条件的其他行的内容

D．将隐藏符合条件的内容

19．用“自定义”方式筛选出一班报名人数“不少于 6 人”或“少于 3 人”的兴趣小组，请写出“一班兴趣小组报名表”的筛选条件（　　）。

A．≥6 与<3　　B．≥6 或<3　　C．≤6 或>3　　D．≤6 或<3

20．在 WPS 表格中，下列说法正确的是（　　）。

A．排序一定要有关键字，关键字最多可以有 4 个

B．筛选就是从记录中选出符合要求的若干条记录，并显示出来

C．“分类汇总”中的“汇总”就是“求和”

D．“设置单元格格式”命令不能设置单元格的底纹

21．在 WPS 表格中，用（　　）图表类型能表现数据的变化趋势。

A．柱形图　　B．条形图　　C．折线图　　D．饼形图

二、判断题

1．在 WPS 表格中，Average(B3:F5)是求 B3 和 F5 单元格的平均值。（　　）
2．在 WPS 表格中，要在单元格中输入公式，必须先输入等号。（　　）
3．在 WPS 表格中，MIN()函数是求最大值的函数。（　　）
4．在 WPS 表格中，筛选是把符合条件的记录保留，不符合条件的记录删除。（　　）
5．在 WPS 表格中，有升序和降序两种排序方式，但只能有一个排序关键字。（　　）
6．在 WPS 表格中，“分类汇总”命令包括分类和汇总两个功能。（　　）
7．在 WPS 表格中，“删除单元格”操作与“清除单元格”操作，结果是相同的。（　　）

第5章 WPS演示文稿及PDF文档处理

知识要点

1. WPS 2019演示文稿的窗口及视图方式

WPS 2019演示文稿的窗口由标题栏、功能区、状态栏、大纲/幻灯片视图窗格、幻灯片窗格、备注窗格、对象属性等部分组成。为了满足不同用户的需求，WPS提供了普通、幻灯片浏览、备注页、阅读和幻灯片放映5种演示文稿视图，以及幻灯片母版、讲义母版和备注母版3种母版视图。单击状态栏中的“视图切换”按钮或功能区“视图”选项卡中的“视图切换”按钮，即可切换到相应的视图方式下。每种视图都有自己特定的显示方式。在一种演示文稿视图中对演示文稿的修改会自动反映在该演示文稿的其他视图中。

2. 创建演示文稿

演示文稿是一种在WPS软件中创建与播放的电子幻灯片，一般用于制作会议讲稿和课堂教案。用户可以用新建空白演示文稿和根据样本模板的方法来创建演示文稿。这些方法都有各自的特点和应用场合，应根据需要进行选择。

3. 页面设置

页面设置用来规定纸张的大小和方向，幻灯片的大小和方向，以及幻灯片编号的起始值。可通过功能区“设计”选项卡中的“页面设置”按钮或者“幻灯片大小”下拉按钮来实现。

4. 格式化幻灯片

幻灯片格式的设置包括幻灯片的版式、文本格式化、应用设计方案和幻灯片背景设置等。

版式是指幻灯片上标题和副标题文本、列表、图片、表格、图表、自选图形和视频等元素的排列方式，添加幻灯片时，首先要确定其版式。功能区“开始”选项卡中的“版式”下拉按钮可用来设置版式。文本格式化用来设置文字和段落的格式。通过“开始”选项卡的“字体”组和“段落”组中的按钮，可以分别设置文本的字体、字形、字号、颜色等，与段落相关的行间距、段前距、段后距、项目符号、编号，以及对幻灯片文本进行分栏等。幻灯片背景的设置可通过功能区“设计”选项卡的“背景”或“配色方案”下拉按钮来实现。设计方案指的是包含演示文稿样式的文件，其样式包括配色方案、背景、字体样式和占位符位置等。在演示文稿中选择使用某种设计方案后，在该演示文稿中使用此设计方案的每张幻灯片都会具有统一的颜色配置和布局风格。用户可通过单击功能区“设计”选项卡的“设计方案”组中的按钮来选择使用主题。设计方案是颜色、字体和效果三者的组合。在选定设计方案后，用户还可以根据需要对设计方案的颜色、字体和效果进行进一步设置。

5. 管理幻灯片

管理幻灯片包括插入、删除、移动与复制幻灯片。在大纲/幻灯片视图窗格中选中一张幻灯片，然后按 Enter 键，即可插入一张幻灯片。在普通视图的大纲/幻灯片视图窗格中或在浏览视图中，选取一张或多张要删除的幻灯片，右击，在弹出的快捷菜单中选择“删除幻灯片”命令，即可删除幻灯片（或在选好幻灯片后按 Delete 键也可删除幻灯片）。在普通视图的大纲/幻灯片视图窗格中或在浏览视图中，选取一张或多张要复制或者移动的幻灯片，右击，在弹出的快捷菜单中选择“复制”或“剪切”命令，然后在要粘贴的位置右击，在弹出的快捷菜单中选择“粘贴”命令，即可复制或移动幻灯片。

6. 插入对象

在 WPS 中可以插入的对象包括文本框、艺术字、页眉页脚、图形、图片、图表、音频、视频等。使用插入对象可以丰富幻灯片的内容，其基本操作方法有两种，一种是利用包含该对象占位符的版式进行设置；另一种是使用“插入”选项卡的按钮直接插入。

7. 创建动作

在 WPS 中为幻灯片中的对象创建动作，使演示文稿在放映时通过鼠标单击或移动到该对象，来完成某个动作效果，如超链接到某个幻灯片中，或者执行某个命令动作，或者启动一个应用程序。通过插入超链接或者插入动作按钮来创建动作。操作方法是通过“插入”选项卡的“超链接”下拉框中的按钮、“动作”按钮或者“形状”下拉框中“动作按钮”组中的相应按钮来实现。

8. 母版

母版可以被看成含有特定格式的一类幻灯片的模板，它包含字体、占位符的大小和位置、背景设计等信息。更改母版中的某些信息，会影响采用该母版的演示文稿中的所有幻灯片的外观。演示文稿有 3 种母版，即幻灯片母版、讲义母版和备注母版，分别用于控制演示文稿中的幻灯片、讲义页和备注页的格式。打开演示文稿后，单击“视图”选项卡的“母版视图”组中的“幻灯片母版”按钮，即可进入幻灯片母版视图进行编辑。关闭母版后，母版将按修改后的样式保存。

9. 设置幻灯片动画效果

幻灯片的动画效果包括幻灯片中某个对象的动画效果和幻灯片的切换效果。动画是指可以添加到文本或其他对象（如图形或图片）的特殊视觉或声音效果。设置动画可以突出重点、控制信息流，并增加演示文稿的趣味性。在“动画”选项卡的“动画”组中，可以为幻灯片中的各个对象设置动画效果，并安排动画的出现顺序，以及设置激活动画的方式等。幻灯片的切换效果是指在幻灯片放映过程中为幻灯片切换而设置的特殊效果，既可以为一组幻灯片设置一种切换效果，也可以为每一张幻灯片设置不同的切换效果。在“切换”选项卡中可设置幻灯片的切换效果。

10. 放映幻灯片

单击“幻灯片放映”选项卡的“开始放映幻灯片”组中的“从头开始”或“从当前幻灯片开始”按钮，即可放映幻灯片。在放映过程中，可以通过单击一张一张地依次放映幻灯片，也可以右击，在弹出的快捷菜单中选择“下一张”或“上一张”命令来切换幻灯片。如果对幻灯片默认的放映方式不满意，可以单击“幻灯片放映”选项卡的“设置”组中的“设置幻灯片放映”按钮，弹出“设置放映方式”对话框，对幻灯片的放映方式进行设置。

5.1 WPS 演示文稿操作

实验 1 WPS 演示文稿基本操作

实验目的

（1）掌握创建演示文稿的基本过程。

（2）熟悉向幻灯片中插入对象的基本方法。

实验内容

1. 实验要求

创建由 8 张幻灯片组成的演示文稿，从学校的历史沿革、基本情况、师资队伍、人才培养、专业培养和校园风光几方面介绍中南民族大学的基本情况，结果以“我的大学(学号).pptx”为文件名保存。

（1）第 1 张为标题页。版式为标题幻灯片，竖向显示标题“中南民族大学”，设置字体为华文行楷，字号为 60，颜色为红色。以“民大 1.jpg”为背景图片，添加声音文件“校歌.wma”。

（2）第 2 张为目录页。版式为仅标题，内容包括历史沿革、学校情况、师资队伍、人才培养和校园风光 5 个方面，要求在圆中填充图片实现图片插入，使用文本框输入文字，文字格式为华文行楷、加粗、30 号。

（3）第 3 张为历史沿革。版式为仅标题，介绍学校的发展史，其中，几个时间段采用“基本 V 型流程图”智能图形实现，说明文字使用圆角矩形添加，文字格式为楷体、加粗、18 号。

（4）第 4 张为学校情况。版式为标题和内容，介绍学校的基本情况，要求文本各段段前间距为 10 磅，背景为图片，图片透明度为 80%，项目符号为红色的 ▤。

（5）第 5 张为师资队伍。版式为两栏内容，介绍学校的教师队伍情况，要求用文字表述师资情况，用表格展示各类教师的人数，设置表格样式为“中度样式 2 强调 2”，表格外框为 4.5 磅框线，表格内容既水平居中又垂直居中。根据表格的第 1 列和第 3 列数据创建簇状柱形图，在数据标签外显示数据，修改纵坐标的最大刻度为 1，修改各系列的填充颜色。在幻灯片的备注窗格中输入文字“本文数据截止于 2021 年 3 月。”

（6）第 6 张为人才培养。版式为图片与标题版式，从研究生、本科生和预科生培养三个方面介绍人才培养情况。研究生教育、本科教育和预科教育为 1 级文字，设置指定的项目符号，其他文字为 2 级，设置其他项目符号。根据各类学生人数创建饼图，设置各系列的填充颜色，并显示各系列的人数和所占比例。其中，博士和硕士研究生有 3320 人，本科生有 24 840 人，预科生有 440 人。

（7）第 7 张为校园景色。版式为仅标题，挑选 6 张图片展示校园风光。

（8）第 8 张为致谢页。版式为空白演示，用图片“民大 2.jpg”做背景，添加红色的艺术字，艺术字预设样式为“渐变填充-番茄红”；最后添加可链接到学校主页的二维码，在“输入内容”中输入中南民族大学网址，“嵌入 Logo”为图片“校徽.jpg”，“嵌入文字”为“中南民族大学”。

2. 实验步骤

（1）创建 WPS 演示文稿。启动 WPS 后，在“首页”窗口单击“新建”按钮，在弹出的如图 5-1 所示的对话框中选择“P 演示”，并单击如图 5-2 所示的对话框中的“新建空白文档”按钮，创建“演示文稿 1”（也可以单击“新建空白文档”按钮中的“白色”或“灰色渐变”或“黑色”按钮设置新演示文稿的背景颜色并创建新的演示文稿）。此时，演示文稿会自动创建一张版式为“标题幻灯片”的幻灯片作为第 1 张幻灯片，如图 5-3 所示。

图 5-1 “新建”对话框

图 5-2 “新建空白文档”按钮

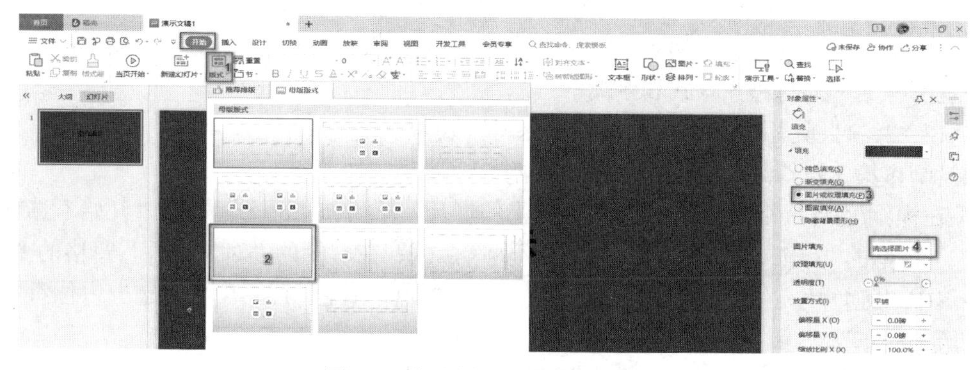

图 5-3 自动创建的第 1 张幻灯片

（2）完善第 1 张幻灯片即标题页，如图 5-4 所示。

① 在如图 5-3 所示的幻灯片中，在“开始”选项卡的“版式”下拉框的“office 主题”中选择“标题幻灯片”版式，在右侧的“对象属性”窗格的“填充”选项中选中“图片或纹理填充”单选按钮，然后在“图片填充”后面选择图片“民大 1.jpg”。

② 在“空白演示”占位符中输入文字“中南民族大学”，调整占位符的高度，然后在右侧的“对象属性”窗格中的“文本选项”下，选择“文本框”选项卡的“文字方向”下拉列表中的“竖排”命令调整文字方向，设置字体为华文行楷，字号为 60，颜色为红色。

③ 选择“插入”选项卡的“音频”下拉列表中的“嵌入音频”命令，选择文件“校歌.wma”。

（3）制作第 2 张幻灯片即目录页，如图 5-5 所示。

① 在大纲/幻灯片视图窗格中选中第 1 张幻灯片，然后按 Enter 键，会自动插入一张版式为“标题和内容”的新幻灯片，在“开始”选项卡的“版式”下拉框的“office 主题”中选择“仅标题”版式。在右侧的“对象属性”窗格的“填充”选项中选中“纯色填充”单选按钮，“填充颜色”为“橙色，着色 4”。

② 选择“插入”选项卡的“形状”下拉列表中“基本形状”中的“椭圆”命令，按住 Shift 键拖动鼠标画圆，在“绘图工具”选项卡中设置高度和宽度为 3，选择“绘图工具”选项卡的“轮廓”下拉列表中的“无线条颜色”命令，取消圆的边框。在右侧的“对象属性”窗格的“填充”选项中选中“图片或纹理填充”单选按钮，然后在“图片填充”后面选择图片“历史沿革.jpg”。

图 5-4　第 1 张幻灯片

图 5-5　第 2 张幻灯片

③ 设置圆的对齐方式和距离。选中圆，按住 Ctrl 键拖动鼠标再复制 4 个圆，分别填充图片“学校情况.jpg”“师资队伍.jpg”“人才培养.jpg”“校园风光.jpg”。按住 Shift，选中 5 个圆，选择“绘图工具”选项卡的“对齐”下拉列表中的“靠下对齐”命令，再选择“绘图工具”选项卡的“对齐”下拉列表中的“横向分布”命令。

④ 选择“插入”选项卡的“文本框”下拉列表中的“横向文本框”命令，插入文本框并输入文字历史沿革，设置字体为华文行楷，字号为 32。按住 Ctrl 键拖动复制文本框，修改文本，设置所有文本框的对齐方式和距离。

⑤ 在“单击此处添加标题”处输入标题“目录”。

（4）制作第 3 张幻灯片即历史沿革，如图 5-6 所示。

① 在大纲/幻灯片视图窗格中选中第 2 张幻灯片，然后按 Enter 键。在“开始”选项卡的“版式”下拉框的“office 主题”中选择“仅标题”版式；在右侧的“对象属性”窗格的“填充”选项中选中“纯色填充”单选按钮，填充颜色为“橙色，着色 4”。在“标题”占位符中输入标题“历史沿革”。

② 单击“插入”选项卡中的“智能图形”按钮，在弹出的“智能图形”对话框中，在“流程”选项下双击“基本 V 型流程图”按钮，在相应项目中输入如图 5-6 所示的前 3 个年代。选择“设计”选项卡的“添加项目”下拉列表中的“在后面添加项目”命令，添加图形并输入文字，完成后 2 个项目的创建。选择“设计”选项卡的“更改颜色”下拉框中的“着色 1”中的第 4 个颜色作为智能图形的颜色。

③ 选择“插入”选项卡的“形状”下拉列表中的“矩形”→“圆形矩形”命令，在幻灯片中添加圆形矩形并设置效果为“细微效果-秘鲁色 强调颜色 2”，输入文字“中央民族学院中南分院”，并设置字号为 18。按住 Ctrl 键拖动复制圆形矩形，并修改文字分别为“招收首批研究生”，“获得博士学位授予权”，“中南民族学院”，“中南民族大学”。

（5）制作第 4 张幻灯片即学校情况，如图 5-7 所示。

① 添加新的幻灯片，设置版式为标题和内容，“填充”为“图片或纹理填充”，填充图片为“民大 2.jpg”，调整图片透明度为 80%。

② 输入标题和内容文字。选中内容文字，在“开始”选项卡的“插入项目符号”下拉列表中选择“其他项目符号”命令，弹出如图 5-8 所示的“项目符号与编号”对话框。

在“项目符号与编号”对话框中单击“自定义”按钮，在弹出的如图 5-9 所示的“符号”对话框中，在“字体”中选择“Wingdings”，再选择符号，单击“插入”按钮后返回“项目符号与编号”对话框，设置颜色为红色。

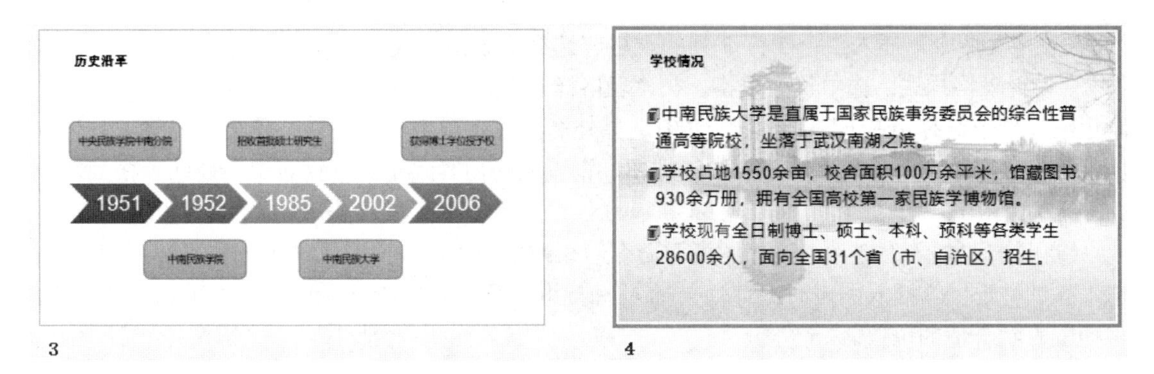

图 5-6　第 3 张幻灯片　　　　图 5-7　第 4 张幻灯片

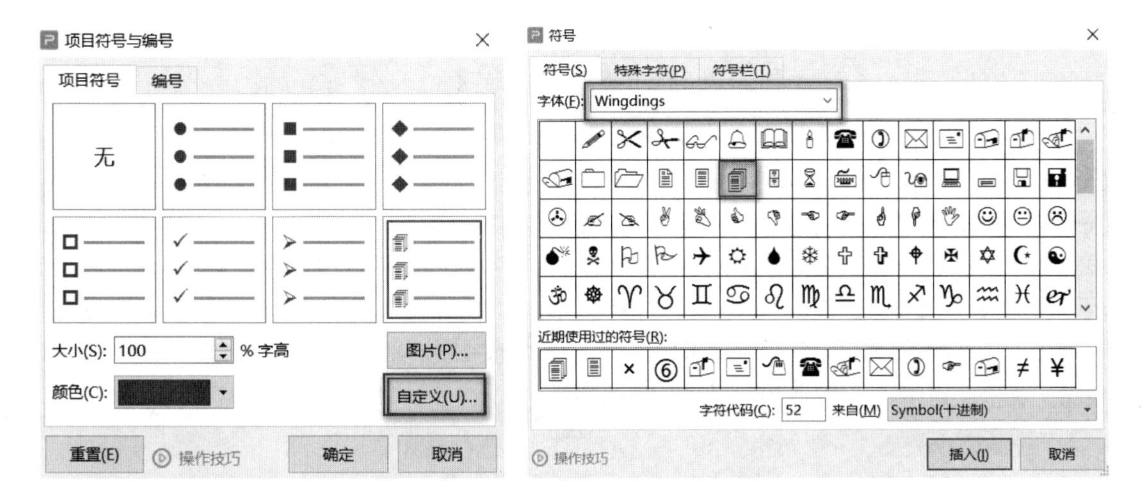

图 5-8 “项目符号与编号”对话框　　　　图 5-9 “符号”对话框

（6）制作第 5 张幻灯片即师资队伍，如图 5-10 所示。

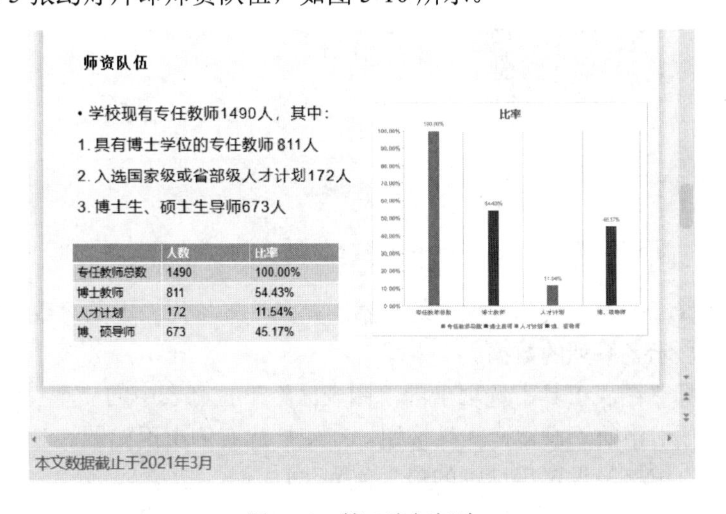

图 5-10　第 5 张幻灯片

① 添加新的幻灯片，设置版式为两栏内容，“填充颜色”为“橙色 着色 4”。

② 输入标题和左边文本占位符中的文字。选择“插入”选项卡的“表格”下拉列表中的

“插入表格”命令，插入 1 个 5 行 3 列的表格，选择“表格样式”选项卡中的“中度样式 2 强调 2”设置表格样式。选中整个表格，在“表格样式”选项卡的“笔样式”框中选择实线，“笔画粗细”框中选择 4.5 磅，“边框”框中选择外侧框线。选中整个表格，单击“表格工具”选项卡中的“居中对齐”和“水平居中”按钮，设置表格内容水平、垂直居中。拖动表格到左侧并输入文字。

③ 选择“插入”选项卡的“图表”命令，在弹出的“图表”对话框中选择“柱形图”，双击“簇状柱形图”插入图表，幻灯片会插入图表并出现如图 5-11 所示的“图表工具”选项卡，移动图表到合适的位置。

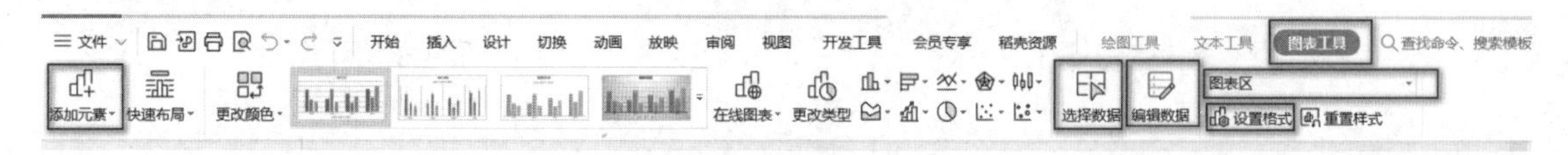

图 5-11 “图表工具”选项卡

选择表格数据，按“Ctrl+C”组合键复制。单击图表，再单击“图表工具”选项卡中的“编辑数据”按钮，在打开的“WPS 演示中的图表”文件中删除原有数据，然后在 A1 单元格按“Ctrl+V”组合键粘贴表格数据，并用鼠标拖动调整列宽，关闭“WPS 演示中的图表”文件。

单击图表，再单击“图表工具”选项卡中的“选择数据”按钮，打开如图 5-12 所示的“WPS 演示中的图表”文件和“编辑数据源”对话框，拖动“编辑数据源”对话框使其不遮挡图表数据，选中 A1～A5 的数据，按住 Ctrl 键选中 C1～C5 的数据。单击“编辑数据源”对话框中的“确定”按钮，关闭“WPS 演示中的图表”文件。

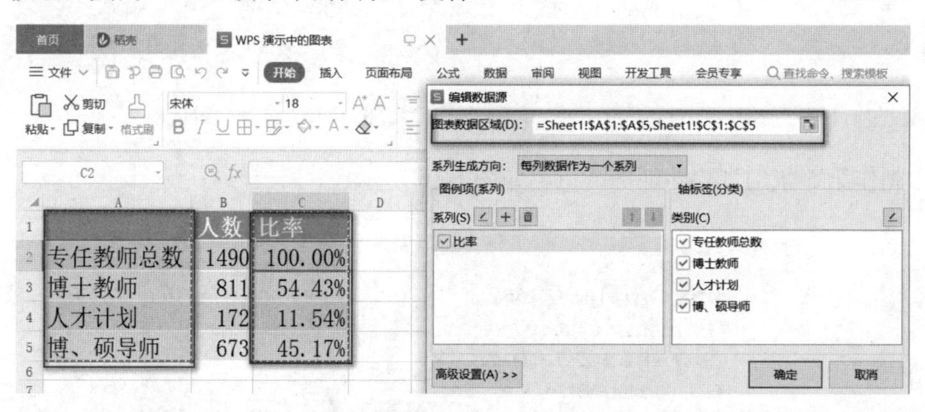

	A	B	C
1		人数	比率
2	专任教师总数	1490	100.00%
3	博士教师	811	54.43%
4	人才计划	172	11.54%
5	博、硕导师	673	45.17%

图 5-12 “WPS 演示中的图表”文件和“编辑数据源”对话框

单击图表，选择“图表工具”选项卡的“添加元素”下拉列表中的“数据标签”→“数据标签外”命令，可显示各系列的数据。

单击图表，选择“图表工具”选项卡的“图表区”下拉列表中的“垂直(值)轴”命令，单击“图表工具”选项卡中的“设置格式”按钮，在幻灯片右侧出现如图 5-13 所示的“坐标轴”对象的“对象属性”窗格，设置坐标轴的最大值为“1”。

单击 2 次某系列，在右侧的“对象属性”窗格的“填充与线条”中各种颜色以纯色填充。

④ 在幻灯片的“备注”窗格中输入文字“本文数据截止于 2021 年 3 月。”

（7）制作第 6 张幻灯片即人才培养，如图 5-14 所示。

① 添加新的幻灯片，设置版式为图片与标题版式，“填充颜色”为“橙色，着色 4”。

图 5-13　“坐标轴”对象的“对象属性”窗格

人才培养

◆研究生教育

➢博士点：一级学科2个，二级学科14个；

➢硕士点：学术型一级学科25个，专业型19个。

◆本科教育

➢拥有涵盖10大学科门类的87个本科专业。

➢国内一流学科建设学科3个。

➢国家级一流本科专业建设点14个。

➢省级一流本科专业建设点20个。

◆预科教育

➢承担少数民族学生进入高等学校本科学习的预备教育。

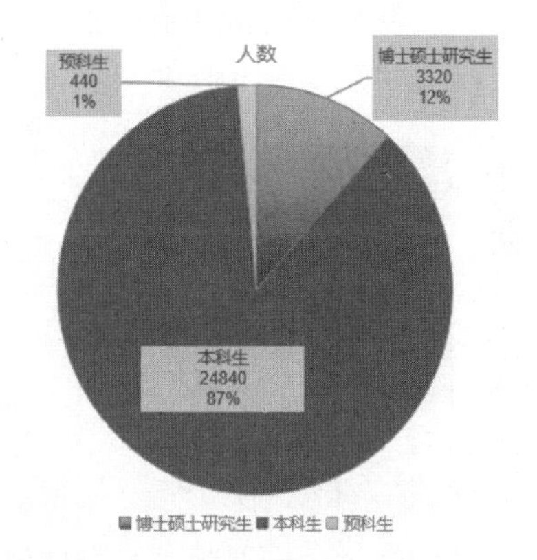

图 5-14　第 6 张幻灯片

② 拖动交换文本和图书占位符，输入标题和左边文本占位符中的文字。选中“研究生教育”，选择“开始”选项卡的“项目符号”下拉框中的任一预设符号，双击“开始”选项卡中的“格式刷”按钮，分别拖动鼠标为“本科教育”和“预科教育”复制格式，然后单击“格式刷”按钮。

选中“博士点”那一行的文字，单击“开始”选项卡中的“增加缩进量”按钮，选择“开始”选项卡的“项目符号”下拉框中的其他预设符号；使用格式刷为其他文字复制格式。

③ 单击“插入”选项卡的“图表”命令，在弹出的“图表”对话框中选择“饼图”，然后单击“插入”按钮插入图表。单击“图表工具”选项卡中的“编辑数据”按钮，在打开的“WPS演示中的图表”文件中删除原先的所有数据，输入如图 5-15 所示的表格中的数据，关闭“WPS演示中的图表”文件。

单击图表，选择“图表工具”选项卡的“添加元素”下拉列表中的“数据标签”→“数据标签内”命令，显示各系列的数据；单击图表空白处，然后在“对象属性”窗格的“图表选项”框中选择“系列”人数“数据标签”，在“标签选项”中选择“标签”，按照如图 5-16 所示的“标签选项”的内容进行设置，勾选“类别名称”“值”“百分比”“显示引导线”复选框，设置“分隔符”为“分行符”。

（8）制作第 7 张幻灯片即校园景色，如图 5-17 所示。

① 添加新的幻灯片，设置版式为仅标题，“填充颜色”为“橙色，着色 4”。

② 选择“插入”选项卡的“图片”下拉列表中的“本地图片”命令，插入 6 张图片，将它们调整到合适的大小，显示校园风光。

（9）制作第 8 张幻灯片即致谢页，效果如图 5-18 所示。

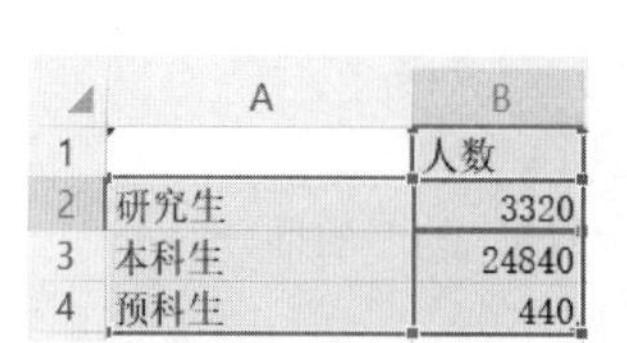

	A	B
1		人数
2	研究生	3320
3	本科生	24840
4	预科生	440

图 5-15　表格中的数据

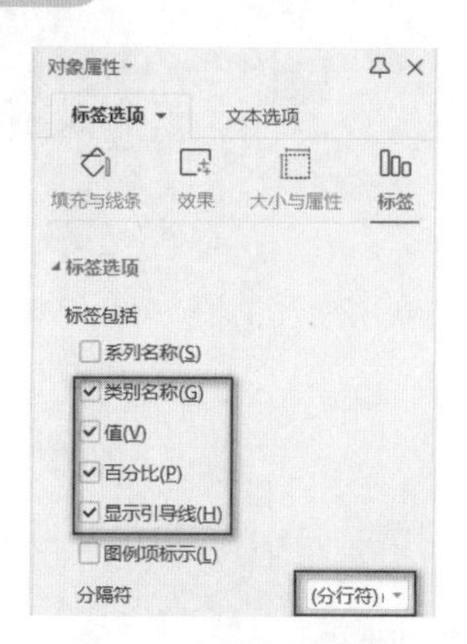

图 5-16　数据标签设置

图 5-17　第 7 张幻灯片

图 5-18　第 8 张幻灯

① 添加新的幻灯片，设置版式为空白演示，“填充”为“图片或纹理填充”，“填充图片”为“民大 2.jpg”。

② 选择“插入”选项卡的“艺术字”下拉框中的“渐变填充-番茄红”预设样式，在艺术字占位符中输入文字“谢谢欣赏!!!”，使用“文本工具”选项卡的“文本填充”下拉框中的“标准色-红色”设置艺术字颜色。

③ 选择“插入”选项卡的“更多”下拉列表中的“二维码”，在弹出的如图 5-19 所示的对话框中，在“输入内容”中输入网址 https://www.scuec.edu.cn，“嵌入 Logo”中添加图片“校徽.jpg”，“嵌入文字”中输入“中南民族大学。

图 5-19　“插入二维码”对话框

实验2 WPS演示文稿高级操作

实验目的

（1）掌握母版的使用方法。

（2）掌握幻灯片中的超链接技术。

（3）掌握幻灯片的动画技术。

（4）掌握声音效果的设置方法。

（5）掌握幻灯片放映方式的设置方法。

实验内容

1. 实验要求

打开本章实验1中的“我的大学(学号).pptx”演示文稿，完成以下操作。

（1）保存文件为“我的大学(学号)-设置.pptx”。

（2）幻灯片页面纸张大小为A4，幻灯片大小为宽屏。

（3）利用幻灯片母版统一设置幻灯片的格式，在每张幻灯片的上方插入高度为2厘米、宽度为幻灯片宽度的图片“民大3.jpg”；在右上方插入学校校徽图片“校徽.jpg”。所有标题文字设置为“方正舒体、32、粗体”，居中显示，左上对角有透视阴影文本效果。

（4）演示文稿除了标题页，其他幻灯片加日期、页脚和幻灯片编号。演示文稿中所显示的日期和时间可自动更新，并放在右下方；幻灯片编号字号为24磅，并将其放在左前方； 在“页脚区”输入“中南民族大学”。

（5）为第2张幻灯片中的“历史沿革”插入超链接，链接目标为第3张幻灯片；“学校情况”超链接到学校主页；“师资队伍”超链接到第5张幻灯片；“人才培养”超链接到第6张幻灯片；“校园风光”超链接到第7张幻灯片。

（6）在第4张幻灯片右下角插入“自定义”类型的“动作按钮”，设置动作为单击鼠标时超链接到第7张“7.校园风光”幻灯片。

（7）为第7张幻灯片的第1张图片添加动作，设置动作为单击鼠标时超链接到学校主页。

（8）为第1张幻灯片中的标题文字添加动作路径为“橄榄球形”的动画效果，声音为“风铃”，并设置标题文本随同幻灯片一起出现，标题文本按字母发送，每个字有15%的延迟。

（9）设置第1张幻灯片中的“校歌.wav”声音文件可以自动开始播放，并可跨幻灯片播放，在幻灯片放映时隐藏小喇叭图标。

（10）为第6张幻灯片中的文本添加“百叶窗”的进入效果，要求每个段落单独在前一段落5秒后进入。为第6张幻灯片中的图表添加“随机效果”的进入效果。

（11）为第8张幻灯片中的二维码图片添加“飞入”的进入效果和“放大/缩小”的强调效果。

（12）为第3张幻灯片中的5个文本框设置“依次缩放飞人”的进入动画；设置第7张幻灯片中的6个图片为“触发式缩放（放大）”的触发动画。

（13）设置所有幻灯片之间以“垂直百叶窗”方式进行自动切换，换片时添加“风声”的声音效果，每张幻灯片播放时间为4秒。

（14）进行排练计时，将放映方式设置为“演讲者（全屏幕）”方式，并设置为“如果存在排练时间，则使用它”。

2. 实验步骤

打开本章实验 1 中的“我的大学(学号).pptx”演示文稿。

（1）另存文件。选择“文件”菜单中的“另存为”命令，选择保存位置，输入文件名“我的大学(学号)-设置”，单击“保存”按钮。

（2）页面设置。单击“设计”选项卡中的“页面设置”按钮，弹出如图 5-20 所示的“页面设置”对话框，设置纸张大小为 A4，幻灯片大小为宽屏。

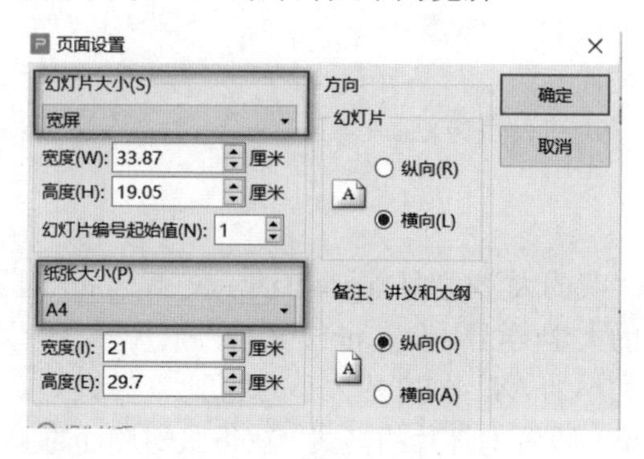

图 5-20 “页面设置”对话框

（3）设置幻灯片母版格式。

① 打开“幻灯片母版”视图。单击“视图”选项卡中的“幻灯片母版”按钮，打开如图 5-21 所示的“幻灯片母版”视图。

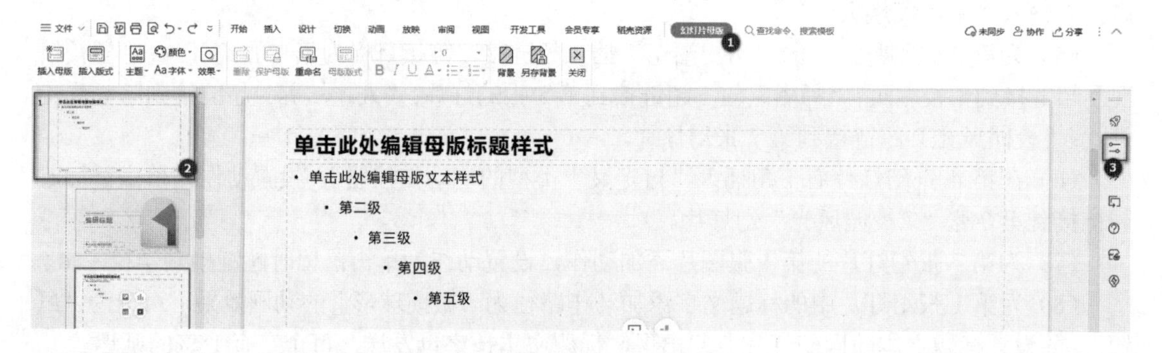

图 5-21 “幻灯片母版”视图（1）

② 插入矩形，填充图片。选中视图中的第 1 张幻灯片（Office 主题母版，由幻灯片 1-8 使用），选择“插入”选项卡的“形状”下拉列表中的“矩形”命令，在幻灯片上部添加一个矩形。在“绘图工具”选项卡的“形状高度”和“形状宽度”中设置其高度为 2，宽度为 33.87。选中矩形，选择“绘图工具”选项卡的“填充”下拉列表中的“图片或纹理”→“本地图片”命令，选择“民大 3.jpg”文件。

③ 插入圆，填充校徽。选择“插入”选项卡的“形状”下拉列表中的“椭圆”命令，按住 Shift 键拖动鼠标在幻灯片的左上角添加一个圆。在“绘图工具”选项卡的“形状高度”和“形状宽度”中设置其高度为 2，宽度为 2；选择“填充”下拉列表中的“图片或纹理”→“本地图片”命令，选择“校徽.jpg”文件。

④ 对齐和组合图形。按住 Shift 键，单击矩形和圆选中两个图形，选择“绘图工具”选项卡的“对齐”下拉框中的“左对齐”和“靠上对齐”。右击，在弹出的快捷菜单中选择“组合”

命令，把 2 个图形组合成一个图形。

⑤ 调整母版中各对象的大小和位置，使其如图 5-22 所示。选择标题占位符，通过“文本工具”选项卡中的各按钮来实现：单击“居中对齐”按钮，设置字体为方正舒体，字号为 32，然后选择“文本效果”下拉列表中的“阴影”→“左上对角透视”命令。

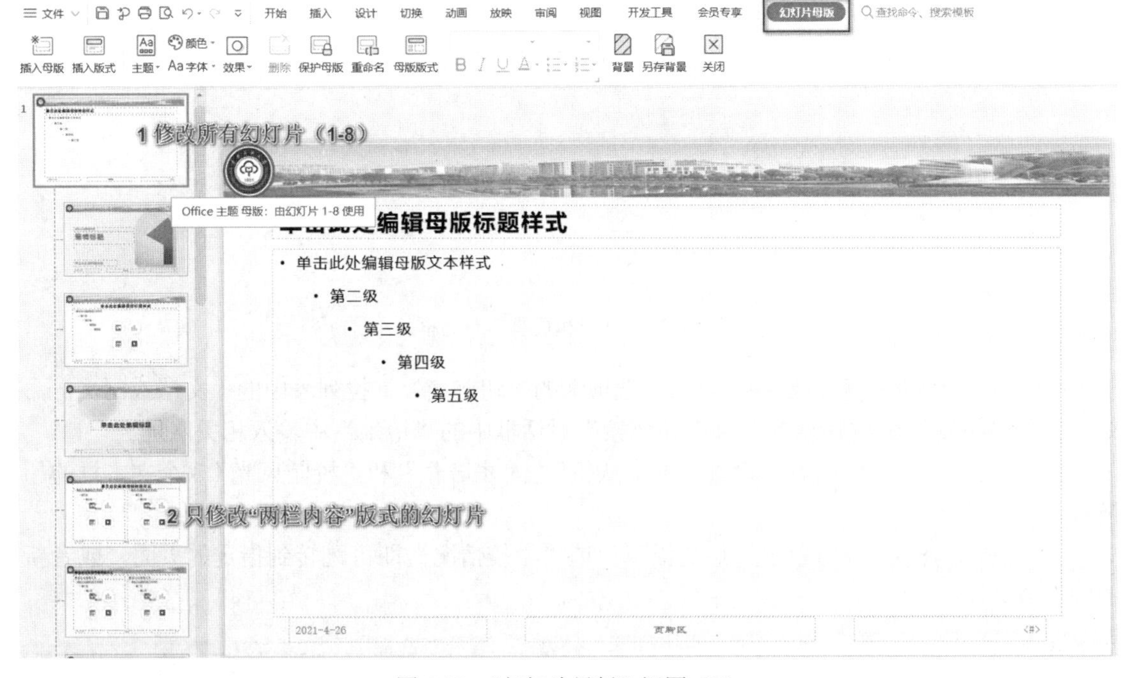

图 5-22 “幻灯片母版”视图（2）

⑥ 在母版视图的左窗格中选择“两栏内容版式（由幻灯片 5,7 使用）”，调整各个占位符的位置，设置标题占位符的格式为“方正舒体、32、粗体”，居中显示。其他幻灯片的版式（提示由幻灯片**使用的）使用同样的方法来设置。

⑦ 退出“幻灯片母版”视图。单击“幻灯片母版”选项卡中的“退出”按钮。

（4）添加页眉和页脚。

① 单击“插入”选项卡中的“页眉页脚”按钮，弹出如图 5-23 所示的“页眉和页脚”对话框。勾选“日期和时间”复选框，然后选中“自动更新”单选按钮，并选择日期格式和“语言（国家/地区）”为“中文（中国）”；勾选“幻灯片编号”复选框，然后选中“页脚”单选按钮，并输入文字“中南民族大学”；勾选“标题幻灯片不显示”复选框，然后单击“全部应用”按钮。

② 打开幻灯片母版视图，在左窗格中选择“Office 主题母版，由幻灯片 1-8 使用”，在右窗格中调整“日期”到右下角；调整“幻灯片编号”#到左侧，并设置#占位符的字号为 24。按住 Shift 键，选中 3 个页脚，选择“绘图工具”选项卡的“对齐”下拉列表中的“靠下对齐”命令，对齐 3 个对象。最后退出“幻灯片母版”视图。

（5）设置超链接。

① 在大纲/幻灯片视图窗格中选中第 2 张幻灯片，在幻灯片编辑窗格中选中“历史沿革”，选择“插入”选项卡的“超链接”下拉列表中的“本文档幻灯片页”命令，弹出如图 5-24 所示的“插入超链接”对话框，在该对话框中的“请选择文档中的位置”下的“幻灯片标题”中选择“3.历史沿革”。

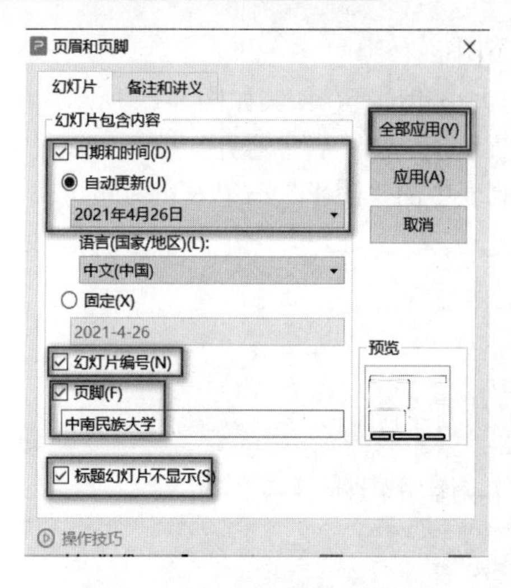

图 5-23 “页眉和页脚”对话框

② 选中“学校情况”，选择“插入”选项卡的“超链接”下拉列表中的“文档或网页”命令，在弹出的如图 5-25 所示的“插入超链接”对话框中的“地址”中输入相关网址。

③ 使用与①中相同的方法设置“师资队伍”“人才培养”和“校园风光”3 个文本框的超链接。

④ 播放本页幻灯片时单击“历史沿革”或“学校情况”即可跳转到指定的页面，或者新的网页或文件。

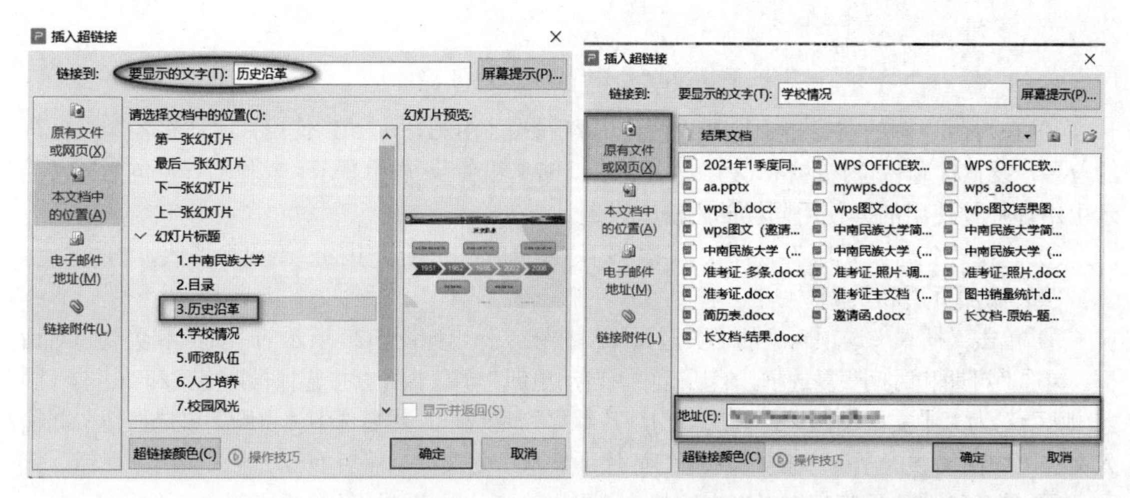

图 5-24 “插入超链接”对话框（本文档中）　　图 5-25 “插入超链接”对话框（原有文件或网页）

（6）插入动作按钮。

① 在大纲/幻灯片视图窗格中选中第 4 张幻灯片，选择“插入”选项卡的“形状”下拉框中“动作按钮”组中的“动作按钮：自定义”，然后在幻灯片的右下角位置拖动鼠标出现一个动作按钮，同时弹出如图 5-26 所示的“动作设置”对话框。

② 在“鼠标单击”选项卡中选中“超链接到”单选按钮，在下拉列表中选择“幻灯片”选项，弹出如图 5-27 所示的“超链接到幻灯片”对话框。

③ 在该对话框的“幻灯片标题”列表中选择“7.校园风光”选项，单击“确定”按钮返

回“动作设置”对话框，再单击“确定”按钮即可完成动作设置。

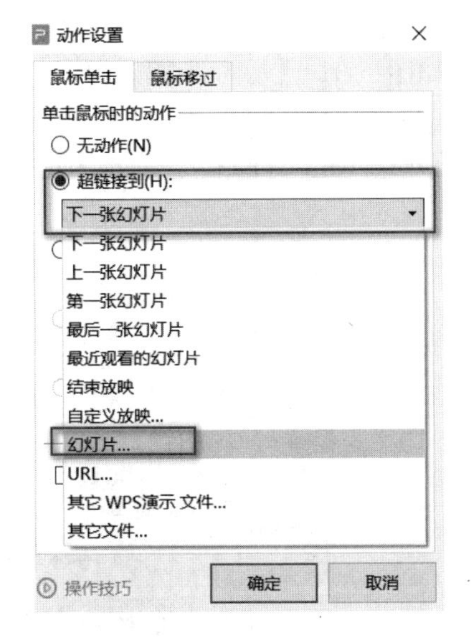

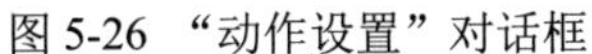

图 5-26　“动作设置”对话框

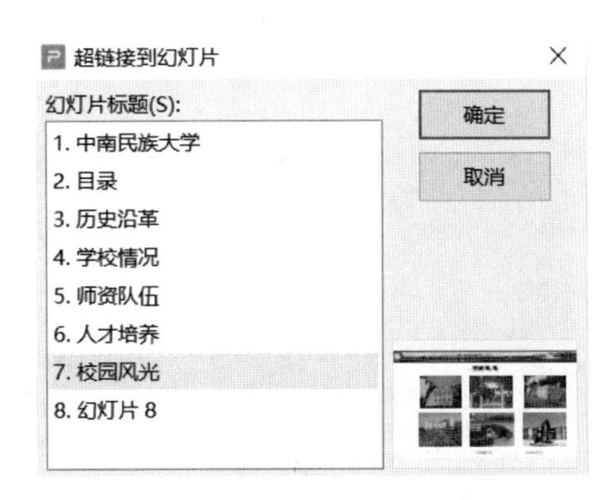

图 5-27　“超链接到幻灯片”对话框

（7）添加动作

在大纲/幻灯片视图窗格中选中第 7 张幻灯片，选中第 1 张图片，单击“插入”选项卡中的“动作”按钮，弹出如图 5-26 所示的“动作设置”对话框，选中“鼠标单击”选项卡中的“超链接到”单选按钮，在下拉列表中选择“URL”，在弹出的“连接到 URL”对话框中输入相关网址。

（8）为第 1 张幻灯片中的标题对象添加动画效果。

① 设置标题为“橄榄球形”的动作路径动画效果。在大纲/幻灯片视图窗格中选中第 1 张幻灯片，在幻灯片编辑窗格中选中标题，单击“动画”选项卡的“动画”组中的“其他”按钮，弹出如图 5-28 所示的动画效果下拉列表。在该列表中的“动作路径”组中单击“更多选项”按钮，在出现的列表中单击“橄榄球形”按钮。

图 5-28　动画效果下拉列表

② 设置动画效果。单击“动画”选项卡中的“动画窗格”按钮，在幻灯片右侧弹出如图 5-29 所示的动画窗格，单击“1 矩形 14:中南民族大学”对象右侧的下拉按钮，弹出如图 5-30 所示的动画下拉列表，选择“效果选项”命令，弹出如图 5-31 所示的“橄榄球形”对话框。在该对话框的“效果”选项卡的“声音”下拉框中选择“风铃”，“动画文本”下拉框中选择“按字母”，并改为“15.00 %字母之间延迟”；在“计时”选项卡的“开始”下拉框中选择“与上一动画之后”，使标题文字与幻灯片一起出现。

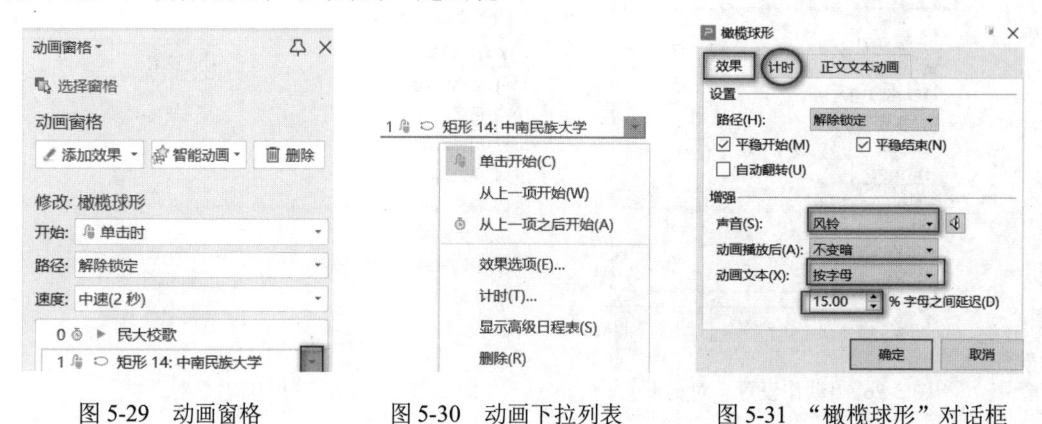

图 5-29 动画窗格　　　图 5-30 动画下拉列表　　　图 5-31 “橄榄球形”对话框

（9）设置音频动画。

选中第 1 张幻灯片中的小喇叭图标，在如图 5-32 所示的“音频工具”选项卡中进行设置，在“开始”下拉框中选择“自动”，选中“跨幻灯片播放”单选按钮，然后勾选“放映时隐藏”复选框。

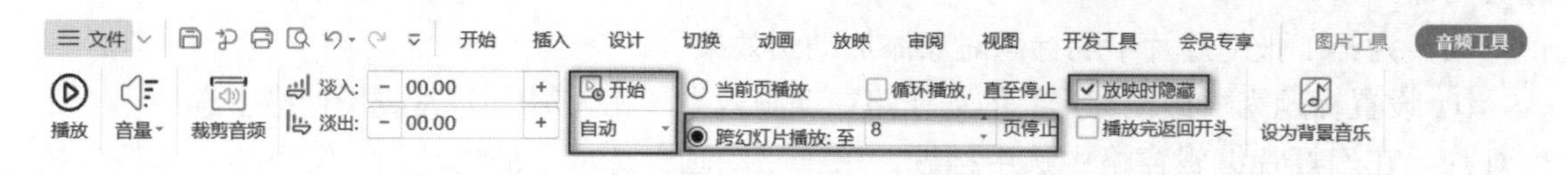

图 5-32 “音频工具”选项卡

（10）为第 6 张幻灯片中的文本添加“百叶窗”的进入动画效果，要求每个段落单独在前一段落 5 秒后进入。为第 6 张幻灯片中的图表添加“随机效果”的进入动画效果。

① 设置文本为“百叶窗”的进入动画效果。在大纲/幻灯片视图窗格中选中第 6 张幻灯片，在幻灯片编辑窗格中选中文本占位符，在幻灯片右侧的如图 5-33 所示的动画窗格中，选择“添加效果”下拉框中的“进入”→“更多选项”命令，在出现的列表中单击“百叶窗”按钮，单击图中“A”所示的按钮，动画展开后的效果图如图 5-34 所示。

② 设置文本按段落进入。单击图 5-34 中“B”所示的按钮，回到图 5-33，单击图 5-33 中“2”所示的下拉按钮，在下拉列表中选择“效果选项”命令，在弹出的如图 5-35 所示的“百叶窗”对话框的“正文文本动画”选项卡中，选择“组合文本”下拉框中的“按第二级段落”。

③ 设置每个段落的延迟时间。动画展开后单击“2 博士点……”，然后按住 Shift 键，再单击“10……承担少数民族……”选中各个段落，单击其中一个对象右侧的下拉按钮，在下拉列表中选择“计时”命令，在“百叶窗”对话框的“计时”选项卡中，在“开始”下拉框中选择“在上一动画之后”，设置“延迟”为 0.5。单击任一对象右侧的下拉按钮，在下拉列表中选择“显示高级日程表”后的效果如图 5-36 所示。

图 5-33 动画窗格

图 5-34 动画展开效果图

④ 设置图表为“随机效果”的进入动画效果。选中图表，在“自定义动画”窗格中，选择“添加效果”下拉框中的“进入”组中的“更多选项”命令，在出现的列表中选择“随机效果”。

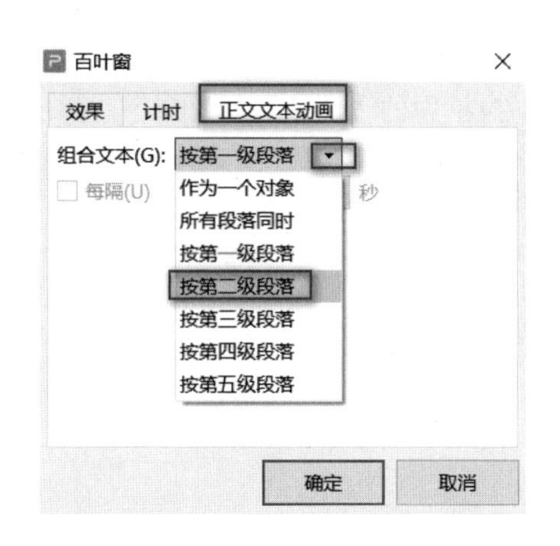

图 5-35 “百叶窗”对话框

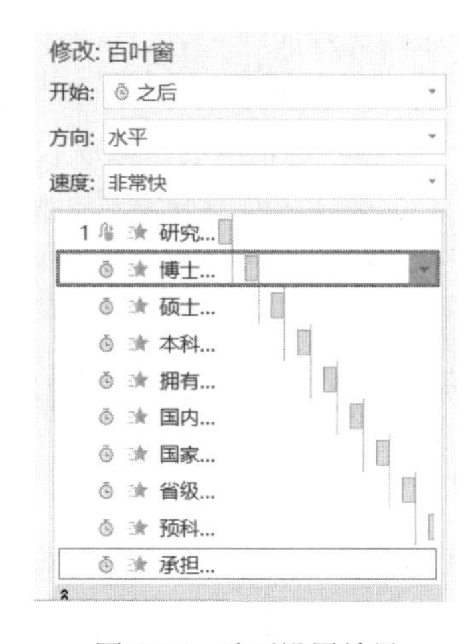

图 5-36 动画设置效果

（11）为第 8 张幻灯片中的二维码图片添加“飞入”的进入动画效果和“放大/缩小”的强调动画效果，放大效果为 300%。

① 添加“飞入”的进入动画效果。在大纲/幻灯片视图窗格中选中第 8 张幻灯片，在幻灯片编辑窗格中选中二维码图片，在右侧的动画窗格中，选择“添加效果”下拉框中的“进入”组中的“飞人”。

② 添加“放大/缩小”的强调动画效果。选中二维码图片，在动画窗格中，选择“添加效果”下拉框中的“强调”组中的“放大/缩小”。在“尺寸”下拉框中选择“巨大”；在“尺寸”下拉框中选择“自定义”，输入“300%”。

（12）设置智能动画。

① 在大纲/幻灯片视图窗格中选中第 3 张幻灯片，在幻灯片编辑窗格中按住 Shift 键选中 5 个矩形，选择“动画”选项卡的“智能动画”下拉框中的“猜你想要”组中的“依次缩放飞入”命令。

② 在大纲/幻灯片视图窗格中选中第 7 张幻灯片，在幻灯片编辑窗格中按住 Shift 键选中 6 张图片，选择“动画”选项卡的“智能动画”下拉框中的“推荐”组中的“触发式动画（放大）”命令。

（13）设置幻灯片切换效果。

在如图 5-37 所示的“切换”选项卡中，先选择“百叶窗”切换方式（如果没有显示，则单击图中“A”所示的其他按钮查找）。然后选择“效果选项”下拉框中的“垂直”；“声音”下拉框中的“风声”；选中“自动换片”并设置时间为“00.04”。最后单击“全部应用”按钮。

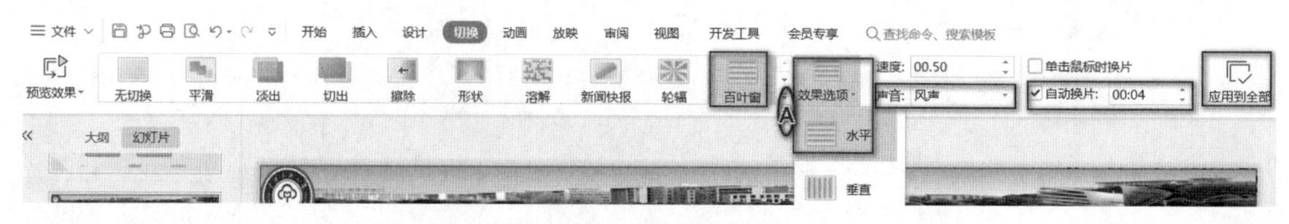

图 5-37 “切换”选项卡

（14）设置排练计时和放映方式。

① 选择“放映”选项卡的“排练计时”下拉框中的“全部排练”命令，进入全屏幕放映状态。完成一张幻灯片的计时后，单击切换到下一张。排练放映结束后，会弹出对话框显示排练时间和询问是否保存排练计时，单击“是”按钮保存排练计时。

② 选择“放映”选项卡的“放映设置”下拉框中的“放映设置”命令，弹出“设置放映方式”对话框。在该对话框中设置“放映类型”为“演讲者放映（全屏幕）”，设置“换片方式”为“如果存在排练时间，则使用它”。单击“确定”按钮保存设置。

5.2 PDF 文档处理和云办公

实验 3 用 WPS 进行 PDF 文档处理

实验目的

（1）掌握 PDF 文档中文字的编辑方法。

（2）掌握 PDF 文档中图片的编辑方法。

（3）掌握 PDF 文档中页面的增加和删除方法。

（4）掌握 PDF 文档阅读时的一些标注方法。

实验内容

1. 实验要求

打开本章实验 1 中的“我的大学(学号).pptx”演示文稿，另存为“我的大学(学号).PDF”并打开，在“PDF”文件中完成以下操作。（WPS 的 PDF 文档处理功能非常强大，但大部分功能需要会员身份，本实验只涉及一些非会员能够实现的功能。）

（1）删除第 3、5 页的标题文本“历史沿革”和“师资队伍”。

（2）将第 4 页的标题文本“学校情况”居中显示。

（3）调整第 4 页正文文本，删除每个段落的项目符号，使每个段落在一个单独的文本框中，分别设置为 28、32 和 28 号的宋体字，行间距为 2，如图 5-38 所示。

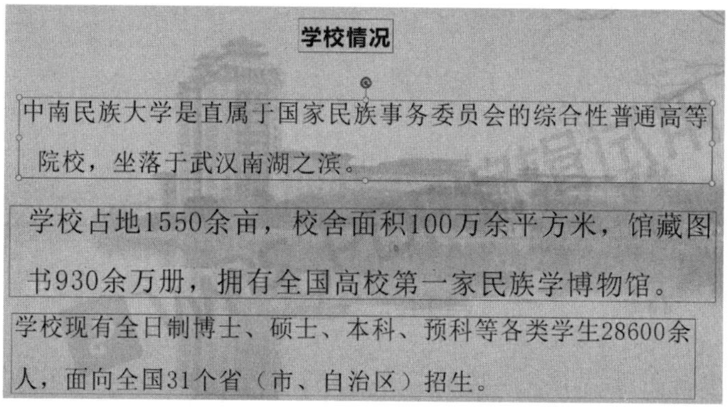

学校情况
中南民族大学是直属于国家民族事务委员会的综合性普通高等院校，坐落于武汉南湖之滨。
学校占地1550余亩，校舍面积100万余平方米，馆藏图书930余万册，拥有全国高校第一家民族学博物馆。
学校现有全日制博士、硕士、本科、预科等各类学生28600余人，面向全国31个省（市、自治区）招生。

图 5-38 文本编辑结果

（4）在文档的第 5 页后面插入一空白页，复制第 4 页的文本内容作为第 6 页的内容。

（5）插入一张图片作为文档第 6 页的背景。

（6）用“博物馆.jp”图片替换第 8 页中的“火之舞.jpg”。

（7）为第 4 页的“28600 余人”添加批注文字“本文数据截止于 2021 年 3 月”，设置批注文字为红色的四号华文行楷；为第 7 页的“研究生教育”添加红色的下画线批注，批注内容为“人数约占全校学生总人数的 12%”；在第 8 页的第 5 张图片的右下角添加浅绿色的“区域高亮”，批注内容为“民族学博物馆”。

（8）把第 6 页的标题“学校情况”用曲线圈起来，并添加批注文字“学校简介”；把第 1 段文字中的“坐落于”替换为“位于”；在第 2 段文字中的“博物馆”后面插入“成立于 1995 年”；为第 3 段文字添加删除标记，如图 5-39 所示。

学校 情况
中南民族大学是直属于国家民族事务委员会的综合性普通高等院校，坐落于武汉南湖之滨。
学校占地1550余亩，校舍面积100万余平方米，馆藏图书930余万册，拥有全国高校第一家民族学博物馆。
学校现有全日制博士、硕士、本科、预科等各类学生28600余人，面向全国31个省（市、自治区）招生。
学校简介
位于
成立于1955年

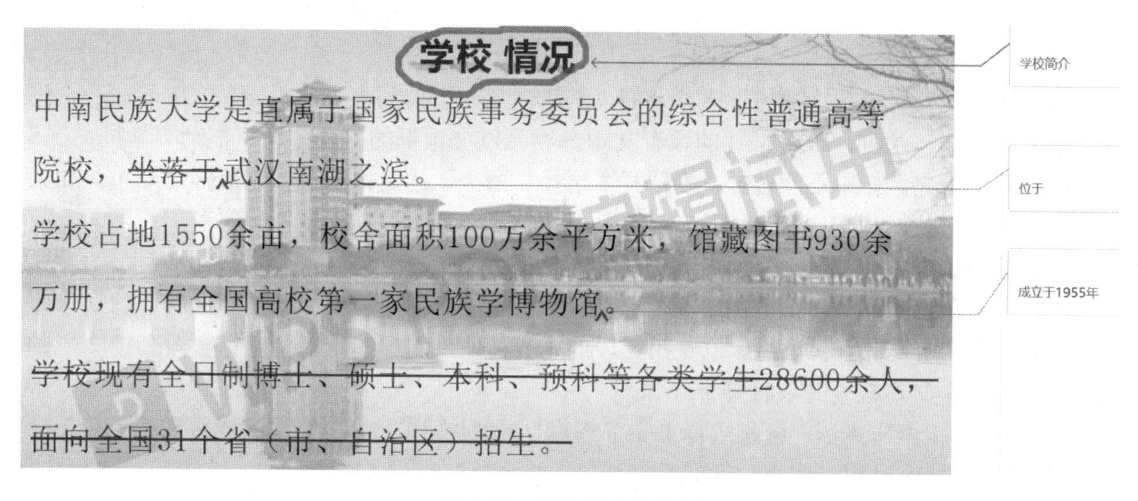

图 5-39 添加批注效果图

（9）把第 7 页的“博士点”设置为紫色，批注文字为“2005 年获得博士学位授予权”；将“硕士点”设置为红色，批注文字为“授权学科覆盖了除哲学、军事学的其他全部 11 个学科。”；为“一级学科”添加“紫色”“注解”，批注文字为“民族学和中国语言文学”。

（10）查看文本中所有的批注，然后追踪批注位置，编辑批注。隐藏、显示文本中的所有批注。

2. 实验步骤

打开本章实验 1 中的“我的大学(学号).pptx”演示文稿，进行以下操作。

（1）保存为 PDF 文件。选择“文件”菜单中的“另存为”命令，在弹出的“另存文件”对话框中，设置“文件类型”为“PDF 文件格式(*.pdf)”，“文件名”为“我的大学(02)”，并单击“保存”按钮。完成后在“输出 PDF 文件”对话框中单击“打开文件”按钮打开 PDF 文档，然后关闭演示文稿文件。

（2）删除文字。

① 将光标移动到第 3 页，选择“批注”选项卡的“形状批注”下拉列表中的“矩形”命令，框选想删除的段落内容“历史沿革”。在出现的“绘图工具”选项卡中，选择“填充”下拉列表中的“取色器”命令，并单击第 3 页的空白位置，设置填充颜色；选择“边框颜色”下拉列表中的“取色器”命令设置边框颜色，遮盖指定的内容。

② 将光标移动到第 5 页，选中“师资队伍”，在如图 5-40 所示的对话框中选择“擦除”命令。此时，会弹出对话框要求先保存文档，可以先“保存（试用）”，保存 PDF 文档并添加水印，这是因为“文本编辑”是会员功能，增加了一些使用限制。

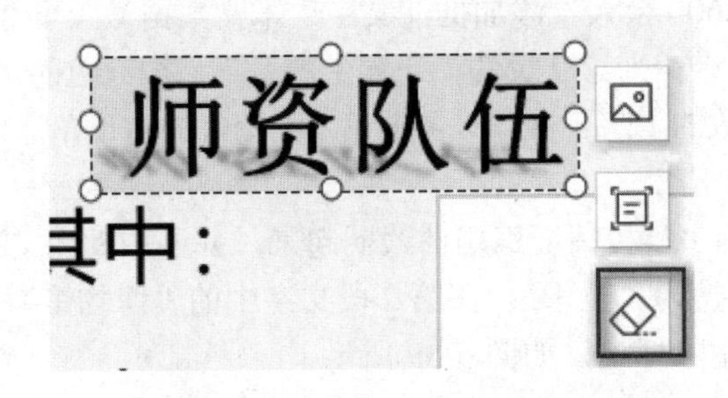

图 5-40　擦除功能对话框

（3）移动文字。选择“编辑”选项卡的“编辑内容”下拉列表中的“插入文字”命令，进入文本编辑模式，此时，PDF 文件的原有文本内容会以文本框的方式呈现。拖动“学校情况”文本框到页面中央。如果不能选择，则选择“选择”命令，选定指定对象然后拖动即可；如果需要选择多个对象，则按住 Shift 键进行选择。

（4）编辑、格式化文字。

① 选中正文第 2 个文本框中的第 2 段内容，右击，在弹出的快捷菜单中选择“剪切”命令，在第 3 个文本框的开头粘贴，调整第 3 段的内容；使用同样的方法调整第 1 段和第 2 段的内容。删除每个文本框中的项目符号。

② 选中第 1 个文本框，分别选择“文字编辑”选项卡中的“字体”“字号”和“行距”命令，设置文本为 28 号的宋体字，行间距为 2。

③ 选中第 1 个文本框，双击“文字编辑”选项卡中的“格式刷”按钮，然后单击第 2 个和第 3 个文本框，复制第 1 个文本框的格式。

④ 单击“文字编辑”选项卡中的“退出编辑”按钮，退出文字编辑状态。

（5）插入空白页，复制文本。

① 将光标移动到第 5 页，选择“页面”或者“插入”选项卡的“插入页面”下拉列表中的“空白页”命令，在弹出的“插入空白页”对话框中设置后（一般取默认值），单击“确认”按钮。需要注意的是，先保存前面的操作才能插入，而且非会员只能插入 5 个页面。

② 将光标移动到第 4 页，单击“插入”选项卡中的“插入文字”按钮，进入文字编辑状态。按住 Shift 键单击 4 个文本框，右击，在弹出的快捷菜单中选择“复制”命令，然后将光标移动到第 6 页，选择“粘贴”命令，最后调整文本框的位置。

（6）设置单页背景。单击“插入”选项卡中的“插入图片”按钮，选择插入的背景图片，调整图片大小和位置；然后在“图片编辑”选项卡的“透明度”下拉框中设置透明度为 70%到 90%之间。

（7）替换图片。在第 8 页单击“火之舞.jpg”图片，出现“图片编辑”选项卡。单击“图片编辑”选项卡中的“替换图片”按钮，选择图片文件“博物馆.jpg”。

（8）添加批注。选择第 4 页的文字“28600 余人”，单击“批注”选项卡中的“文字批注”按钮，出现如图 5-41 所示的“文字批注”对话框。

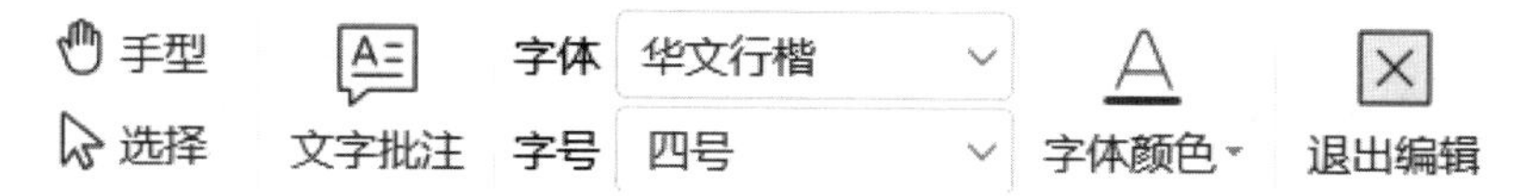

图 5-41 “文字批注”对话框

先单击“批注”选项卡中的“批注模式”按钮，然后选择第 7 页的文字“研究生教育”，单击“批注”选项卡的“下画线”下拉框中的“红色”标准色按钮，最后在右边出现的文本框中输入注释文字“人数约占全校学生总人数的 12%”。

单击“批注”选项卡的“区域高亮”下拉框中的“浅绿色”标准色按钮，在第 8 页的第 5 张图片的右下角拖动鼠标添加一个矩形区域，然后在右边出现的文本框中输入注释文字“民族学博物馆”。

再次单击“批注模式”按钮退出批注模式，返回阅读模式。

（9）单击“批注”选项卡中的“随意画”按钮，在选项卡中会增加如图 5-42 所示的“随意画”选项卡。单击“画曲线”按钮，将曲线设置为红色，设置线条粗细和不透明度，把“学校情况”用曲线圈起来，并在页面右侧添加批注文字“学校简介”，然后单击“退出编辑”按钮。

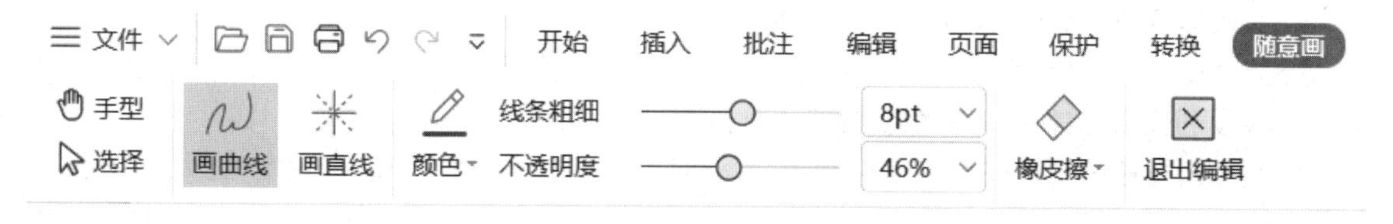

图 5-42 “随意画”选项卡

选中第 1 段文字中的“坐落于”，单击“批注”选项卡的“替换符”下拉框中的“蓝色”标准色按钮，最后在右边出现的文本框中输入注释文字“位于”。

选中第 2 段文字中的“博物馆”，单击“批注”选项卡的“插入符”下拉框中的“红色”标准色按钮，然后在右边出现的文本框中输入注释文字“成立于 1995 年”。

选中第 3 段文字，单击“批注”选项卡的“删除线”下拉框中的“紫色”标准色按钮，添加删除标记。

（10）选择第 7 页的“博士点”，单击“批注”选项卡的“高亮”下拉框中的“紫色”标准色按钮，然后在右边出现的文本框输入批注文字“2005 年获得博士学位授予权”。用相同方法设置“硕士点”为红色高亮批注，添加批注文字“授权学科覆盖了除哲学、军事学的其他全部11个学科。”。

单击“批注”选项卡的“注解”下拉框中的“紫色”标准色按钮，在“一级学科”上单击“注解”按钮但不要遮盖文字，添加批注文字“民族学和中国语言文学”。

（11）管理和隐藏批注。单击“批注”选项卡中的“模式管理”按钮，在文档的左边会显示文件所有的批注内容。单击某个批注会自动追踪到该批注的位置，同时还可以对批注内容进行筛选和删除。在文本中右击某个批注，在弹出的快捷菜单中选择相关命令可以对批注进行编辑管理。再次单击“模式管理”按钮可以返回阅读模式。

单击“批注”选项卡中的“隐藏批注”按钮，可以隐藏文本中的所有批注；单击“批注”选项卡中的“显示批注”按钮，可以显示文本中的所有批注。

实验4　WPS云办公

实验目的

（1）掌握创建云服务环境、设置云文档同步的方法。

（2）掌握创建云文档的方法。

（3）掌握云文档的管理方法。

（4）掌握云文档协作办公的方法。

（5）掌握WPS+云办公的方法。

实验内容

1. 实验要求

建立WPS文字，在“我的云文档”的“我的文档”中保存文件为“WPS云办公.docx”，实现云办公。

（1）创建云服务环境，设置云文档同步。

（2）在“我的云文档”的“我的文档”中保存文件为“WPS云办公.docx”。

（3）把“WPS云办公.docx”标记为重要文件和常用文件。

（4）快速查找“WPS云办公.docx”的保存位置。

（5）至少修改、保存“WPS云办公.docx”3次。把第2次修改的文件另存为“WPS云办公2.docx”，把当前文件的内容恢复为第1次保存的内容。

（6）在云文档中新建文件夹“WPS云”，然后把“我的文档”中的“WPS云办公.docx”复制到该文件夹下。

（7）把“我的文档”中的“WPS云办公.docx”的链接分享给自己的两个好朋友——李老师和蔡老师，设置权限为“仅下方指定人可查看/编辑”。蔡老师可编辑文档；李老师只能查看，禁止其下载文档。

（8）创建共享文件夹“云文档”，邀请QQ群AA中的所有同事作为成员，然后上传文件“中南民族大学(02).pptx”和“我的大学(02).PDF”到文件夹中，导出“中南民族大学(02).pptx”文件到D盘。

（9）开启WPS的协作模式，使“WPS云办公.docx”文档可以让自己、李老师、蔡老师远程协助、多人同时查看和编辑。

（10）开启WPS的企业模式，实现WPS+云办公。创建一个企业abcd公司及其下属a部门，邀请 QQ 群 AA 中的所有同事，实现 WPS+云办公。

2. 实验步骤

打开 WPS，新建“w 文字”，并进行以下操作。

（1）打开 WPS，单击“首页”，再单击如图 5-43 所示的“全局设置”按钮，选择“设置”命令，在弹出的“设置中心”对话框中开启“文档云同步”。此时，系统会要求登录账号。用户可以使用 QQ 账号或微信账号或其他账号登录，在手机上确认后，系统会自动开启文档云同步，此时 WPS 界面如图 5-44 所示，WPS 云服务会自动“启用云服务同步”和“跨设备访问云文档”。

图 5-43 单击“全局设置”按钮

图 5-44 开启文档云同步后的 WPS 界面

（2）创建、保存云文档。建立文档后，可以通过“保存”按钮、“文件”菜单中的“另存为”命令以及“未保存”按钮将文件保存到云文档中。选择其中的任一方法，会弹出如图 5-45 所示的“另存文件”对话框，选择“我的云文档”，然后在其分类内容中选择“我的文档”，输入文件名“WPS 云办公”后保存即可。

图 5-45 “另存文件”对话框

（3）标记文档为重要文件（星标）和常用文件。单击“首页”，在打开的如图 5-46 所示的文件列表对话框中，单击文件“WPS 云办公.docx”右端的“星标”；或者右击此文件或单击“更多操作”再单击“添加星标”，即可添加“星标”。“星标”文件可以在云文档左上方“星标”处查看。

选中文件“WPS 云办公.docx”，右击“固定到‘常用’”即可设置为常用文件。若想删除“常用”位置的文件/文件夹，可右击“常用”位置的文件，然后单击“移除”按钮即可。

（4）查找文件位置。

① 如果“WPS 云办公.docx”已经打开，将鼠标放在文件标题处，此时出现如图 5-47 所示的文件信息浮窗，可以查看文件位置，单击“打开位置”按钮即可快速定位此文件。

图 5-46 “首页”的文件列表对话框

② 如果没有打开文件，则单击“首页”，在弹出的如图 5-46 所示的对话框中，在“WPS 搜索框”中输入文件名或关键词，可以快速定位文件位置，打开文件。

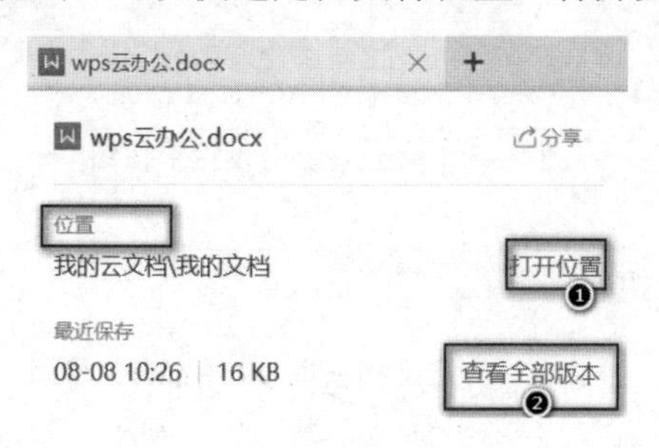

图 5-47 文件信息浮窗

（5）查看、操作文件的历史版本。

将鼠标放在“WPS 云办公.docx”的标题处，此时出现如图 5-47 所示的文件信息浮窗，单击“查看全部版本”按钮，弹出如图 5-48 所示的“历史版本”对话框，可查看文件的所有历史版本。选择第 2 次修改的文件，单击图 5-48 中①所示的按钮，在下拉列表中选择“另存为”命令，保存文件为“WPS 云办公 2.docx”；选择第 1 次修改的文件，在下拉列表中选择“恢复”命令，当前文件的内容即可恢复为第 1 次保存的内容。

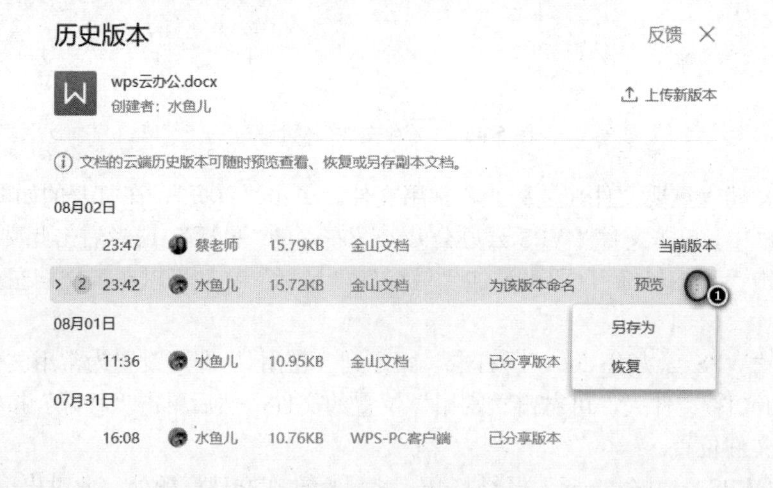

图 5-48 “历史版本”对话框

（6）①新建文件夹。单击“首页”，在左边第 2 列选择“我的云文档”，打开云文档面板，右击，在弹出的快捷菜单中选择“新建文件夹”命令，输入“WPS 云”。

② 复制文件。在云文档面板中，右击“WPS 云办公.docx”，在弹出的快捷菜单中选择“复制到”命令，在弹出的“复制到”对话框中选择“WPS 云”文件夹，然后单击“粘贴”按钮。

（7）①创建分享。打开“WPS 云办公.docx”，单击如图 5-44 所示的菜单栏右侧的“分享”按钮，在弹出的如图 5-49 所示的分享面板对话框中，设置“指定范围分享”为“仅指定人可查看/编辑”，并单击“创建并分享”按钮，弹出如图 5-50 所示的分享链接对话框。

图 5-49 分享面板对话框

图 5-50 分享链接对话框

② 复制链接给好友。设置链接权限下拉框为“仅下方指定人可查看/编辑”，在“高级设

置”处设置“禁止查看者下载、另存和打印”权限，然后单击“复制链接”按钮，打开 QQ 或者微信，发送链接给 QQ 好友“李老师”和“蔡老师”。

在普通链接分享时，好友单击分享链接，登录账号并进入文档，即可将好友添加到联系人中。在“分享链接”界面中，单击“获取免登录链接”并将此链接发送给好友。当好友单击该链接时，不需要登录就可以进入编辑文档。

③ 添加联系人。好友编辑文档后，单击“通信录”会打开“选择联系人”对话框，在“最近”联系人列表中选中联系人，单击“确定”按钮返回如图 5-51 所示的分享链接对话框。如果联系人很多，则可以通过搜索通信录添加协作者，或者通过扫码分享添加协作者共同编辑文档。添加联系人时需要对方确认加入，或者打开 WPS 文档。

图 5-51　分享链接对话框

④ 设置不同联系人的权限。在“李老师”后面的“可编辑”下拉框中选择“可查看”。

⑤ 若想取消分享，可在分享链接界面的链接权限处单击“取消分享”。

（8）① 创建共享文件夹。单击“首页”，在左边第 2 列选择“我的云文档”，打开云文档面板，右击，在弹出的快捷菜单中选择“新建共享文件夹”命令，在弹出的“新建共享文件夹”对话框中单击“共享文件夹”，输入“云文档”后单击“立即创建”按钮，弹出“邀请成员”对话框。

② 邀请成员。在“邀请成员”对话框中单击“复制链接”按钮，然后打开 QQ 面板，找到 QQ 群 AA，粘贴链接并发送给群中的所有同事，他们确认后进入如图 5-52 所示的窗口。

③ 上传文件。单击“上传文件”按钮，在本地磁盘找到文件“中南民族大学(02).pptx”和“我的大学(02).PDF”，上传到云文档文件夹中。

④ 导出文件。在文件夹中选择“中南民族大学(02).pptx”，单击文件上方的“导出”按钮，选择文件的“位置”为 D 盘，然后单击“保存”按钮。

（9）①开启协作。打开“WPS 云办公.docx”，单击如图 5-44 所示的菜单栏右侧的“协作”按钮，WPS 会保存文档并上传协作文档至云端，上传完毕进入协作编辑页面。

② 单击“创建并分享”按钮，将分享链接发送给成员，成员收到链接后单击“进入”按钮，即可共同编辑文档。

图 5-52　与好友一起共享文件

（10）① 创建企业。免费注册 WPS+云办公，输入企业名称“abcd 公司”、创始人、电话（真实的）和验证码，单击“确认创建”按钮，然后根据需要创建一个部门“a”。

② 邀请成员。在“邀请成员”对话框中单击“复制链接”按钮，然后打开 QQ 面板，找到 QQ 群 AA，粘贴链接并发送给群中的所有同事，邀请 QQ 群 AA 中的所有同事。

③ 成员审批。企业管理员依次单击“企业名称”→“企业主页”→“成员审批”按钮，在弹出的页面中对需要加入成员的申请单击“通过”按钮，该名成员即可加入企业。

④ 上传文件。手动上传文件或文件夹，即可在团队中上传文件，并与同事在线协作共同编辑文件。

操作练习 1

（1）新建演示文稿，选择 “标题幻灯片”版式，输入标题“大学计算机应用基础”，字体为华文行楷，字号为 60，加粗；副标题为“任课教师”，字体加粗。

（2）插入一张版式为“标题和内容”的幻灯片，添加标题“课程概述”，正文内容如下。

计算机概述
微型计算机系统组成
Windows XP 操作系统
文字处理软件 Word 2010
电子表格软件 Excel 2010
演示文稿软件 PowerPoint 2010
计算机网络与 Internet 应用
多媒体基础与软件应用
软件开发基础

（3）给正文添加 1、2、3 等数字编号。

（4）插入一张版式为“标题和内容”的幻灯片，添加标题“课程学时安排”，插入“簇状柱形图”图表，图表的数据为每章的学时，如图 5-53 所示。

（5）插入一张版式为“标题和内容”的幻灯片，标题为“教材及其参考书”，内容如下。

教材

大学计算机应用基础 唐光海 电子工业出版社

参考书

最新计算机应用基础 张海棠 电子工业出版社

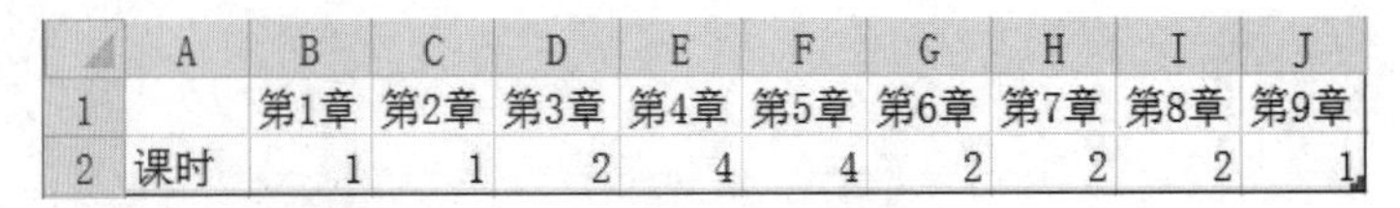

	A	B	C	D	E	F	G	H	I	J
1		第1章	第2章	第3章	第4章	第5章	第6章	第7章	第8章	第9章
2	课时	1	1	2	4	4	2	2	2	1

图 5-53 图表对应数据

（6）将正文第 2 段和第 4 段降为二级。

（7）插入一张“空白”版式的幻灯片，插入艺术字“第 1 章 计算机概述”。

（8）插入水平文本框，向文本框中添加以下正文内容。

1.1 计算机的发展和展望

1.2 计算机的特点及应用

1.3 计算机中信息的表示与存储

（9）将文本框正文字体设置为宋体，字号设置为 28。

（10）将文本框正文行距设置为单倍行距，段前距设置为 1。

（11）插入一张剪贴画并将其移动到合适位置。

（12）将第 4 张幻灯片移动到第 2 张幻灯片的后面。

（13）保存演示文稿为“大学计算机应用基础”。

操作练习 2

打开“大学计算机基础”演示文稿，按以下要求制作如图 5-54 所示的演示文稿。

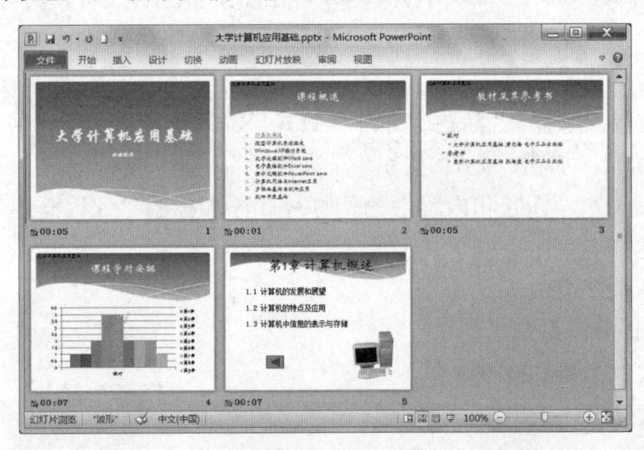

图 5-54 演示文稿

（1）修改幻灯片母版。使每张幻灯片的左上方有一个文本框，文本框内容为“大学计算机应用基础”，并制作页脚“中南民族大学”。

（2）为第 2 张幻灯片中的“计算机概述”插入超链接，链接目标为第 5 张幻灯片。

（3）在第 5 张幻灯片中插入“上一张幻灯片”类型的“动作按钮”，设置动作为单击鼠标时超链接到第 2 张“课程概述”幻灯片。

（4）为第 5 张幻灯片中的艺术字添加动作路径为“橄榄球形”的动画效果，声音为“风铃”，并设置使艺术字随同幻灯片一起出现。

（5）为第 5 张幻灯片中的文本框添加“百叶窗”的进入动画效果。

（6）为第 5 张幻灯片中的图片添加“飞入”的进入动画效果和“陀螺旋”的强调效果。

（7）在第 4 张幻灯片中插入系统盘下的“Windows/Media/ Windows 启动.wav”声音文件，使其可以自动开始播放，并可跨幻灯片循环播放，在幻灯片放映时隐藏小喇叭图标。

（8）设置所有幻灯片之间以“水平百叶窗”方式进行自动切换。

（9）进行排练计时，将放映方式设置为“在展台浏览（全屏幕）”方式，并设置为“如果存在排练时间，则使用它”。

操作练习 3

（1）将第 3 章实验 8“长文档-结果.docx”中的文章标题以及标题 1、标题 2 和标题 3 样式的文字转换为 WPS 演示文稿，保存为“Word 转换成 ppt.pptx”。

（2）设置幻灯片的大小为“全屏显示(16∶9)”格式，幻灯片版式为横向方向，设置幻灯片的起始编号为 5。

（3）在“Word 转换成 ppt.pptx”的最后追加演示文稿“我的大学（学号）-设置.pptx”中的所有幻灯片并保留原有格式。

（4）设置所有幻灯片页脚为“Word 的新增功能”并居中显示，同时在页脚添加幻灯片编号靠左显示，可以变化的日期靠右显示。

（5）把演示文稿按每 4 张幻灯片分成 4 节，设置前 2 节的主题分别为波形和凤舞九天，切换方式分别为形状和闪光。

（6）在演示文稿中插入如图 5-55 所示的 SmartArt 图。

图 5-55　SmartArt 图

习　题

一、单项选择题

1．WPS 演示文稿类型的扩展名是（　　）。

A．.html　　B．.pptx　　C．.ppsx　　D．.pptm

2．WPS 演示文稿在“幻灯片浏览视图”模式下，不允许进行的操作是（　　）。

A．幻灯片的移动和复制　　B．设置动画效果

C．幻灯片的删除　　D．幻灯片切换

3. 在 WPS 演示文稿自定义动画中，不可以设置（　　）。

A. 动画效果　　B. 动作循环播放　　C. 时间和顺序　　D. 多媒体效果

4. 在 WPS 演示文稿中，在插入超链接中所链接的目标不能是（　　）。

A. 另一个演示文稿　　B. 同一演示文稿的某张幻灯片

C. 其他应用程序的文档　　D. 幻灯片中的某个对象

5. 在 WPS 演示文稿中，如果在大纲视图中输入文本，则（　　）。

A. 该文本只能在幻灯片视图中修改

B. 既可以在幻灯片视图中修改文本，也可以在大纲视图中修改文本

C. 可以在大纲视图中用文本框移动文本

D. 不能在大纲视图中删除文本

6. 在 WPS 演示文稿中，可以按行列显示，并可以直接在幻灯片上修改其格式和内容的对象是（　　）。

A. 数据表　　B. 表格　　C. 图表　　D. 机构图

7. 在 WPS 演示文稿中，幻灯片母版是（　　）。

A. 用户定义的第 1 张幻灯片，以供其他幻灯片调用

B. 统一文稿各种格式的特殊幻灯片

C. 用户自行设计的幻灯片模板

D. 幻灯片模板的总称

8. 在 WPS 演示文稿中，下列说法错误的是（　　）。

A. 在幻打片母版中，设置的标题和文本的格式不会影响其他幻灯片

B. 幻灯片母版主要强调文本的格式

C. 普通幻灯片主要强调的是幻灯片的内容

D. 要向某张幻灯片中添加文字，必须从幻灯片母版视图切换到幻灯片视图或大纲视图后才能进行

9. 在 WPS 演示文稿的幻灯片普通视图中，单击视图栏中的“幻灯片放映”按钮，将在屏幕上看到（　　）。

A. 从第 1 张幻灯片开始全屏幕放映所有幻灯片

B. 从当前幻灯片开始放映剩余的幻灯片

C. 只放映当前 1 张幻灯片

D. 按照幻灯片设置的时间放映全部幻灯片

10. 在打印 WPS 演示文稿的幻灯片时，下列说法不正确的是（　　）。

A. 设置了演示时隐藏的幻灯片也能打印出来

B. 打印可将文档打印到磁盘中

C. 打印时只能打印一份

D. 打印时可按讲义形式打印

11. 在 WPS 演示文稿的幻灯片视图窗格中，在状态栏中如果出现“幻灯片 2/7”的文字，则表示（　　）。

A. 共有 7 张幻灯片，目前只编辑了 2 张

B. 共有 7 张幻灯片，目前显示的是第 2 张

C. 共编辑了 2/7 张幻灯片

D．共有 9 张幻灯片，目前显示的是第 2 张

12．在 WPS 演示文稿的幻灯片中，如果要同时选中几个对象，则按住（　　）的同时逐个单击待选的对象。

A．Shift 键　　B．“Alt+Shift”组合键

C．“Ctrl+Alt”组合键　　D．Alt 键

13．在 WPS 演示文稿的幻灯片中设置母版，可以起到（　　）的作用。

A．统一整套幻灯片的风格　　B．统一标题内容

C．统一图片内容　　D．统一页码内容

14．在 WPS 演示文稿中对某张幻灯片进行隐藏设置后，（　　）。

A．在幻灯片视图窗格中，该张幻灯片被隐藏

B．在大纲视图窗格中，该张幻灯片被隐藏

C．在幻灯片浏览视图状态下，该张幻灯片被隐藏

D．在幻灯片演示状态下，该张幻灯片被隐藏

二、填空题

1．在交易会上将演示文稿作为广告片连续放映时，应该选择（　　）放映方式。

2．为了让同一份演示文稿以多种顺序进行放映，可以进行（　　）设置。

3．需要将演示文稿转移至其他计算机上放映时，最好的方法是进行（　　）。

4．在幻灯片放映中，要想中止放映，只要按键（　　）即可。

5．幻灯片中的对象的动画可以设置为进入、（　　）、退出、动作路径 4 种。

6．在普通视图中，幻灯片中会出现“单击此处添加标题”或“单击此处添加副标题”等提示文本框，这种文本框统称为（　　）。

7．在 WPS 演示文稿中，常用的文本对齐方式有左对齐、居中、右对齐、（　　）和（　　）。

8．在 WPS 演示文稿中，想绘制正圆时应按住键盘上的（　　）键。

9．在 WPS 演示文稿中，插入的图像可以是图形、剪贴画、（　　）和相册。

10．在 WPS 演示文稿中，可以新建、保存文稿的选项卡是（　　）。

三、判断题

1．幻灯片就是演示文稿。（　　）

2．在 WPS 演示文稿中，文本的对齐方式没有“左对齐”。（　　）

3．设置幻灯片母版，可以起到统一整套幻灯片风格的作用。（　　）

4．大纲视图窗格可以用来编辑、修改幻灯片中对象的位置。（　　）

5．如果要从第 3 张幻灯片跳到第 7 张幻灯片，应单击“幻灯片放映”选项卡中的“动作设置”按钮。（　　）

6．没有标题文字，只有图片或其他对象的幻灯片，在大纲中是不反映出来的。（　　）

7．备注页视图中的幻灯片是 1 张图片，可以被拖动。（　　）

8．可以在幻灯片放映时将鼠标指针永远隐藏起来。（　　）

9．在 1 张幻灯片中，如果将 1 张图片及文本框设置成一致的动画显示效果，则图片有动画效果，文本框没有。（　　）

10．在 WPS 演示文稿中，对象设置动画后，先后顺序不能更改。（　　）

第6章

Python 程序设计

知识要点

1. Python 编程环境的搭建

常用的 Python 编程环境有 IDLE、anaconda、pycharm 等，本书采用 IDLE 3.9。

2. Python 程序入门基础

Python 程序中，关键字、标识符、变量、标准输入函数 input()、标准输出函数 print()，以及代码编写规范中缩进、注释、冒号的使用。利用 turtle 库提供的函数绘图。

3. Python 的数据类型

Python 提供的数据类型包括整数、浮点数、复数、字符串、列表、元组、字典和集合。要掌握的知识点：整数、浮点数、复数的运算；序列数据类型中字符串、列表和元组的共有操作，如索引和切片、基本运算、相关函数和方法、遍历等；字符串独有操作如连接与分割等；列表的增删改查、排序与逆序，元组的不可改变性；集合中不包含重复元素，主要用于去重；字典由键值对构成，键必须是不可变的数据类型，字典的增删改查等操作。

4. 程序的结构

Python 程序的结构有顺序结构、分支结构和循环结构 3 种。顺序结构是指按照程序中语句的先后顺序执行；分支结构有单分支结构、二分支结构和多分支结构，分支结构还可以嵌套使用；循环结构有 for 循环和 while 循环。

实验　程序设计基础

实验目的

（1）掌握编写 Python 程序的环境和方法。

（2）掌握基本数据类型。

（3）掌握程序编写的顺序结构、分支结构、循环结构。

（4）掌握列表元组的操作。

（5）掌握字典集合的操作。

实验内容

1. 启动 Python 编程环境

单击“开始”按钮，从“开始”菜单中找到 Python 3.9 文件夹图标（见图 6-1），展开后单击“IDLE(Python 3.9 64-bit)”启动 Python 编程环境，如图 6-2 所示。

Python 3.9
IDLE (Python 3.9 64-bit)
Python 3.9 (64-bit)
Python 3.9 Module Docs (64-bit)

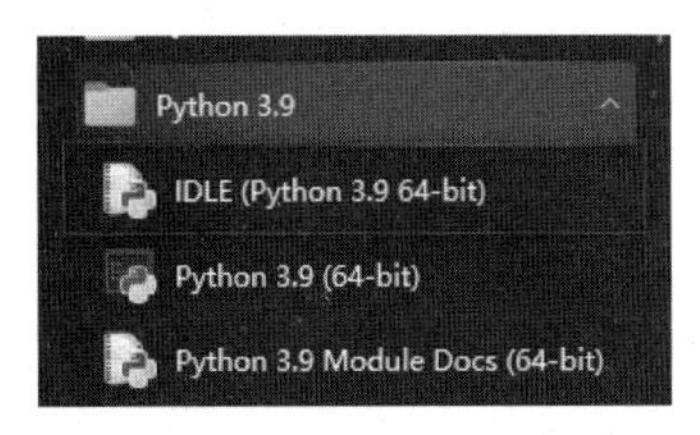

图 6-1　启动 Python

IDLE Shell 3.9.2
File Edit Shell Debug Options Window Help
Python 3.9.2 (tags/v3.9.2:1a79785, Feb 19 2021, 13:44:55) [MSC v.1928 64 bit (AMD64)] on win32
Type "help", "copyright", "credits" or "license()" for more information.
>>>

图 6-2　IDLE 编程主界面

2. 根据实验要求完成代码的编写与程序的调试

3. 实验要求

（1）使用 turtle 库绘制等边三角形，并填充红色，如图 6-3 所示。

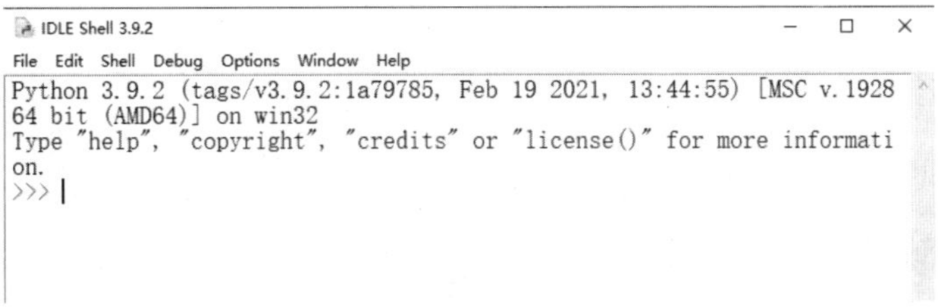

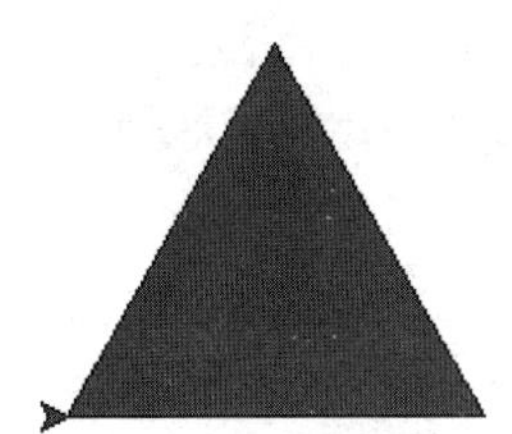

图 6-3　红色等边三角形

① 在 IDLE 编程主界面的菜单栏中选择“File”→“New File”（见图 6-4），打开如图 6-5 所示的代码编辑器。

IDLE Shell 3.9.2
File Edit Shell Debug Options Window Help
New File Ctrl+N
Open... Ctrl+O
Open Module... Alt+M
Recent Files
Module Browser Alt+C
Path Browser
Save Ctrl+S
Save As... Ctrl+Shift+S
Save Copy As... Alt+Shift+S
Print Window Ctrl+P
Close Alt+F4
Exit Ctrl+Q

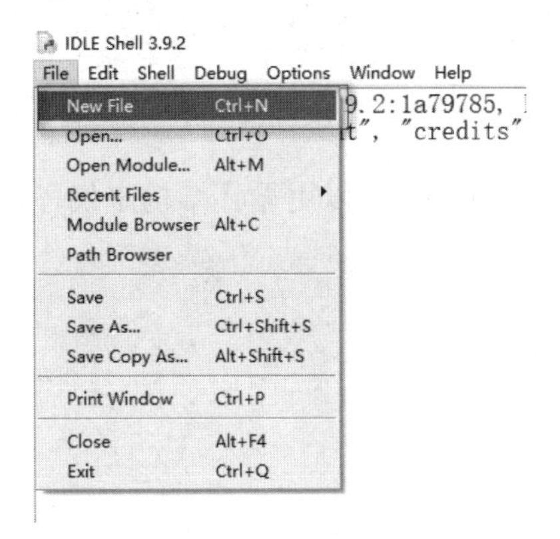

图 6-4　启动代码编辑器

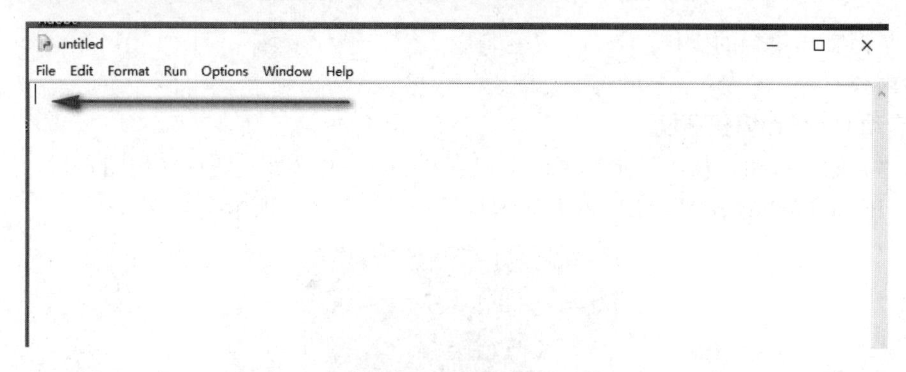

图 6-5　代码编辑器

② 在光标闪烁的地方输入以下代码，注意换行。

```
import turtle
turtle.fillcolor("red")
turtle.begin_fill()
turtle.forward(150)
turtle.left(120)
turtle.forward(150)
turtle.left(120)
turtle.forward(150)
turtle.left(120)
turtle.end_fill()
```

③ 代码编写完成后，选择“Run”→“Run Module”来执行程序，如图 6-6 所示。

④ Python 解释器会弹出如图 6-7 所示的对话框，单击“确定”按钮，系统会弹出“另存为”对话框，将程序保存为“学号+1.py”后，可以看到程序的运行结果，如图 6-3 所示。

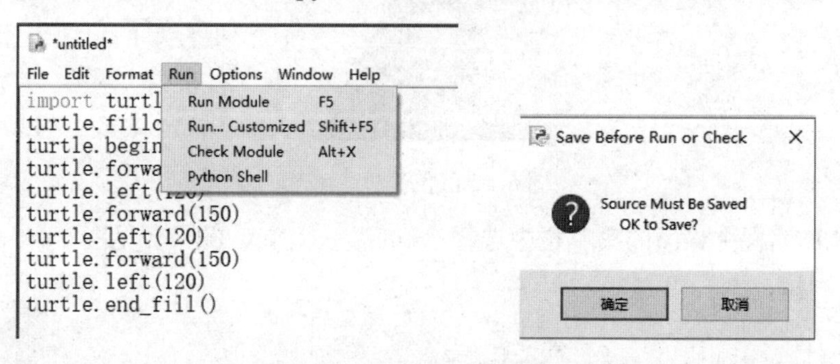

图 6-6　程序的执行　　　　图 6-7　代码的保存

⑤ 注意观察以上代码的重复部分，可以用循环结构来代替，将代码进行优化，代码如下：

```
import turtle
turtle.fillcolor("red")
turtle.begin_fill()
for i in range(3):
    turtle.forward(150)
    turtle.left(120)
turtle.end_fill()
```

程序运行步骤同上，大家可以试一试，并对比分析一下哪种编码更简洁。

（2）从键盘上输入两个数，计算两个数的和并按照结果示例打印输出，结果保留两位小数。

① 选择“File”→“New File”，在代码编辑器中输入以下代码：

```
x1 = eval(input("请输入一个数："))
x2 = eval(input("请输入一个数："))
print("{}+{}={:.2f}".format(x1,x2,x1+x2))
```

② 选择“Run”→“Run Module”，将程序保存为“学号+2.py”，按照以下数据进行程序测试。

输入：

请输入一个数：23.45

请输入一个数：67.8

输出：

23.45+67.8=91.25

（3）编程：输入自己的学号、姓名，再输入自己所在的学院名称，拼接以后将其反向输出。

① 选择“File”→“New File”，在代码编辑器中输入以下代码：

```
s1 = input("请输入学号姓名：")
s2 = input("请输入所在学院：")
s = s1+s2
s = s[::-1]
print(s)
```

② 选择“Run”→“Run Module”，将程序保存为“学号+3.py”，按照以下数据进行程序测试。

输入：

请输入学号姓名：202100001 张三

请输入所在学院：经济学院

输出：

院学济经三张 100001202

（4）双十一商场商品打折，打折情况如表 6-1 所示，请依据商品原价 x 和折扣编程计算打折后的商品价格 y，结果保留一位小数。

表 6-1　商品原价与折扣对照表

商品原价 x	折扣	打折后的商品价格
x≤200	9 折	y
200<x≤500	8.5 折	y
500<x≤1000	8 折	y
1000<x≤2000	7.5 折	y
x>2000	7 折	y

① 选择“File”→“New File”，在代码编辑器中输入以下代码：

```
x = eval(input("请输入商品的原价:"))
if x <=200:
```

```
        y = x*0.9
    elif x<=500:
        y = x*0.85
    elif x<=1000:
        y = x * 0.8
    elif x<2000:
        y = x*0.75
    else:
        y = x*0.7
    print("商品的原价为{:.1f}，折后价为:{:.1f}".format(x,y))
```

② 选择“Run”→“Run Module”，将程序保存为“学号+4.py”，按照以下步骤对程序进行多次运行测试。

第 1 次输入：

请输入商品的原价:100

第 1 次输出：

商品的原价为 100.0，折后价为:90.0

第 2 次输入：

请输入商品的原价:300.50

第 2 次输出：

商品的原价为 300.5，折后价为:255.4

第 3 次输入：

请输入商品的原价:750

第 3 次输出：

商品的原价为 750.0，折后价为:600.0

第 4 次输入：

请输入商品的原价:1400.45

第 4 次输出：

商品的原价为 1400.5，折后价为:1050.3

第 5 次输入：

请输入商品的原价:3005.67

第 5 次输出：

商品的原价为 3005.7，折后价为:2104.0

（5）编写程序，用户从键盘输入一串字符，统计输入的字符串中有多少个数字，有多少个字母，字母中又有多少个元音字母 a、e、i、o、u。

① 选择“File”→“New File”，在代码编辑器中输入以下代码：

```
s = input("请输入一个字符串：")
num = 0   #记录数字的个数
letter = 0 #记录字母的个数
yuan = 0   #记录元音字母的个数
for i in s:
    if i.isdigit():
        num += 1
```

```
        if i.isalpha():
            letter +=1
            if i.lower() in "aeiou":
                yuan +=1
print(f"数字的个数{num},字母的个数{letter},其中元音字母的个数{yuan}")
```

② 选择“Run”→“Run Module”，将程序保存为“学号+5.py”，按照以下步骤对程序进行运行测试。

输入：

请输入一个字符串：adefihomn6874

输出：

数字的个数 4，字母的个数 9，其中元音字母的个数 4

（6）创建一个数字型列表，删除列表中的最大值和最小值，插入一个新的数字元素 100，并计算插入新元素以后的列表的平均值。

① 本程序为了方便观察每步执行的结果，加深对列表操作的理解，在交互模式中进行实验。

② 在如图 6-2 所示的 IDLE 编程主界面的“>>>”后面输入命令。

③ 详细步骤与执行结果如下：

```
>>> ls = [4,8,7,45,32,1,46]
>>> ls
[4, 8, 7, 45, 32, 1, 46]
>>> ls.sort()
>>> ls
[1, 4, 7, 8, 32, 45, 46]
>>> ls.pop()
46
>>> ls
[1, 4, 7, 8, 32, 45]
>>> ls.pop(0)
1
>>> ls
[4, 7, 8, 32, 45]
>>> ls.append(100)
>>> ls
[4, 7, 8, 32, 45, 100]
>>> avg = sum(ls)/len(ls)
>>> avg
32.666666666666664
```

（7）某班学生的学号及成绩定义成以下字典：

```
dic ={'001':88,'002': 90,'003': 73,'004': 82,'005':86}
```

编程：对该班学生按成绩降序排列，并打印输出排序结果。

① 分析：

首先创建一个字典 dic，然后依据字典中“键值对”中的“值”进行排序，排序返回的结果是一个列表，列表中的元素是由“键值对”组成的元组，最后遍历列表将列表元素进行输出。

sorted()函数中第一个参数 dic.items()是字典的键值对构成的元组对象，第二个参数 key 指出排序依据，本例中依据元组中的第一个元素也就是成绩排序，reverse=True 指明按降序排序。

② 选择“File”→“New File”，在代码编辑器中输入以下代码：

```
dic ={'001':88,'002': 90,'003': 73,'004': 82,'005':86}
dic = sorted(dic.items(),key = lambda x:x[1],reverse = True)
for i in dic:
    print("学号:{},成绩:{}".format(i[0],i[1]))
```

③ 选择“Run”→“Run Module”，将程序保存为“学号+6.py”，程序运行结果如下：

```
学号:002,成绩:90
学号:001,成绩:88
学号:005,成绩:86
学号:004,成绩:82
学号:003,成绩:73
```

习　题

一、单项选择题

1．程序段如下：

```
x=["a","b","c"]
y=[1,2,3,4,5]
print(list(zip(x,y)))
```

print()函数的输出结果是（　　）。

A．[('a', 1), ('b', 2), ('c', 3),('',4),('',5)]　　B．{ 'a':1, 'b':1, 'c':3}

C．[('a',"b","c"), (1,2,3,4,5)]　　D．[('a', 1), ('b', 2), ('c', 3)]

2．字典：d={"张三":88, "李四":90,"王五":73,"赵六":82,"钱七":86}

在字典 D 中返回"李四"键的值，正确的语句是（　　）。

A．d.put("李四")　　B．d."李四"　　C．get("李四")　　D．d.get("李四")

3．字典：d={"张三":88, "李四":90,"王五":73,"赵六":82,"钱七":86}

在字典 D 中删除"赵六"对应的键值对，正确的语句是（　　）。

A．delete d["赵六"]　　B．d.popitem("赵六")

C．d["赵六"]=""　　D．del d["赵六"]

4．3*9+2**5//(6/2)+8%3−5 表示运算的结果是（　　）。

A．34　　B．35　　C．−5　　D．33

5．执行以下程序，输入“60”，输出结果是（　　）。

```
s = eval(input())
k ='合格'if s >= 60 else '不合格'
print(s,k)
```

A．不合格　　B．60　　C．合格　　D．60 合格

6．d={"张三":88,"李四":90,"王五":73,"赵六":82,"钱七":86}

```
for key in d:
    print(d[key],end=" ")
```

print()函数的输出结果是（　　）。

A．88
90
73
82
86

B．张三 李四 王五 赵六 钱七

C．张三
李四
王五
赵六
钱七

D．88 90 73 82 86

7．两次调用文件的 Write 方法，以下选项中描述正确的是（　　）。

A．连续写入的数据之间默认采用空格分隔

B．连续写入的数据之间默认采用逗号分隔

C．连续写入的数据之间默认采用换行分隔

D．连续写入的数据之间无分隔符

8．程序如下：

```
s=0
for i in range(1,11):
    s=s+i
    i=i+1
print(s,i)
```

程序运行后 s 和 i 的值分别是（　　）。

A．50，12　　B．55，10　　C．50，10　　D．55，11

9．以下（　　）是 Python 不支持的函数。

A．len()　　B．string()　　C．float()　　D．int()

10．对于序列 s，能够返回序列 s 中第 i 到第 j 以 k 为步长的子序列的表达式是（　　）。

A．s[i:j:k]　　B．s[i,j,k]　　C．s(i,j,k)　　D．s[i;j;k]

11．以下程序的输出结果是（　　）。

```
lt=['绿茶','乌龙茶','红茶','白茶','黑茶']
ls=lt
ls.clear()
print(lt)
```

A．[]　　B．'绿茶','乌龙茶','红茶','白茶','黑茶'

C．['绿茶','乌龙茶','红茶','白茶','黑茶']　　D．变量未定义的错误

12．在 turtle 的画布中输出中文字符、大小写英文字符、数字字符等，应使用 turtle 库中的函数为（　　）。

A．turtle.write("川北医学院",font=("宋体",20,"normal"))

B．turtle.output("川北医学院",font=("宋体",20,"normal"))

C．turtle.print("川北医学院",font=("宋体",20,"normal"))

D．turtle 库中没有输出字符的函数

13．表达式“",".join(ls)”中 ls 是列表类型，以下选项中对其功能描述正确的是（　　）。

A．将列表所有元素连接成一个字符串，每个元素后面增加一个逗号

B．将列表所有元素连接成一个字符串，元素之间增加一个逗号

C．将逗号字符串增加到列表 ls 中

D．在列表 ls 每个元素后面增加一个逗号

14．集合：s={1,2,3,4,5,6}

向集合 s 中增加“Python”元素的正确函数是（　　）。

A．s.add("Python")　　B．s.increase("Python")

C．s.raise("Python")　　D．s.discard("Python")

15．程序段如下：

```
d={"张三":88，"李四":90,"王五":73,"赵六":82,"钱七":86}
item=list(d.items())
item.sort(key=lambda x:x[1],reverse=True)
print(item)
```

print()函数的输出结果是（　　）。

A．[('李四':90), ('张三':88), ('钱七':86), ('赵六':82), ('王五':73)]

B．["张三":88, "李四":90,"王五":73,"赵六":82,"钱七":86]

C．[("张三",88), ("李四",90),("王五",73),("赵六",82),("钱七",86)]

D．[('李四', 90), ('张三', 88), ('钱七', 86), ('赵六', 82), ('王五', 73)]

16．程序段如下：

```
ls=list(range(5))
ls[-4:4]=["Computer","Python"]
print(ls)
```

print()函数的输出结果是（　　）。

A．[0, 'Computer', 'Python', 4]　　B．[0, 1,2,'Computer', 'Python']

C．['Computer', 'Python']　　D．[0, 'Computer', 'Python',2,3, 4]

17．以下程序的执行结果是（　　）。

```
x = [90,87,93]
y = ("Aele","Bob","lala")
z={}
for i in range(len(x)):
z[x[i]]=y[i]
print(z)
```

A．{'Aele':'90','Bob':'87','lala':'93'}　　B．{90:'Aele',87:'Bob',93:'lala'}

C．{'90':'Aele','87':'Bob','93':'lala'}　　D．{'Aele':90,'Bob':87,'lala':93}

二、填空题

1．已知 x = ([1], [2])，那么执行语句 x[0].append(3)后 x 的值为（　　）。

2．（　　）命令既可以删除列表中的一个元素，也可以删除整个列表。

3．已知 f = lambda x: x+5，那么表达式 f(3)的值为（　　）。

4．表达式 sorted(['bbd','abc','aae'], key=lambda x:(x[1],x[2]))的值为（　　）。

5．已知 x = {1:1, 2:2}，那么执行语句 x[3] = 3 后，表达式 sorted(x.items())的值为（　　）。

6．表达式 sorted([111, 2, 33], key=lambda x: len(str(x))) 的值为（　　）。

7．表达式 5 if 5>6 else (6 if 3>2 else 5) 的值为（　　）。

8．假设 math 标准库已导入，那么表达式 eval('math.sqrt(4)') 的值为（　　）。

9．执行语句 x,y,z = map(str, range(3))后，变量 y 的值为（　　）。

10．已知 x = [1, 2]，那么执行语句 x[0:0] = [3, 3]后，x 的值为（　　）。

三、编程题

编写程序判断一个数是否能同时被 3 和 7 整除，统计并输出 1000 以内所有能同时被 3 和 7 整除的数。

第7章 网络基础

知识要点

1．对网络的认识

计算机网络是计算机技术与通信技术相结合的产物。按照资源共享的观点，将计算机网络定义为以各种通信设备和传输介质，将处于不同位置的多台独立计算机连接起来，并在相应网络软件的管理下，实现多台计算机之间信息传递和资源共享的系统。

2．网络的分类

（1）按照网络的覆盖范围来分类，可以将网络分为局域网、城域网和广域网。

（2）按照网络所采用的传输技术来分类，可以将网络分为广播式网络和点到点式网络。

（3）按照网络的传输介质来分类，可以将网络分为有线网络和无线网络。

（4）按照网络的拓扑结构来分类，可以将网络分为环形网、星形网、总线型网和树形网。

3．对网络拓扑结构的理解

网络中各台计算机连接的形式和方法称为网络的拓扑结构。常见的网络拓扑结构有总线型拓扑结构、星形拓扑结构、环形拓扑结构、树形拓扑结构等。

4．网卡

网络系统中的一种关键硬件是适配器，俗称网卡。在局域网中，网卡起着重要的作用。网卡的功能主要有两个：一是将计算机的数据封装为帧，并通过网线将数据发送到网络上；二是接收网络上其他设备传过来的帧，并将帧重新组合成数据，发送到所在的计算机中。

5．网线

要连接局域网，网线是必不可少的。在局域网中常见的网线主要有双绞线、同轴电缆和光纤 3 种。

6．集线器

集线器的英文名称为 Hub。集线器的主要功能是对接收的信号进行整形放大，以扩大网络的传输距离，同时把所有节点集中在以它为中心的节点上。集线器工作于 OSI 参考模型的物理层。

7. TCP/IP

Internet 上所使用的网络协议是 TCP/IP，它因两个主要协议即传输控制协议（TCP）和网络互连协议（IP）而得名。

8. IP 地址的分类和子网掩码

Internet 上的每台计算机都被赋予一个世界上唯一的 32 位 Internet 地址，简称 IP 地址。IP 地址由网络地址和主机地址两部分组成，其中网络地址用来标识该计算机属于哪个网络，主机地址用来标识是该网络上的哪台计算机。

为了便于对 IP 地址进行管理，充分利用 IP 地址以适应主机数目不同的各种网络，对 IP 地址进行了分类，共分为 A、B、C、D、E 五类地址。A 类地址由 1 字节的网络地址和 3 字节的主机地址组成，网络地址的最高位必须是“0”；B 类地址由 2 字节的网络地址和 2 字节的主机地址组成，网络地址的最高两位必须是“10”；C 类地址由 3 字节的网络地址和 1 字节的主机地址组成，网络地址的最高三位必须是“110”；D 类地址被称为组播地址，以“1110”开头；E 类地址是保留地址，以“11110”开头，主要为将来使用而保留。

为了进行子网划分，引入了子网掩码的概念。子网掩码和 IP 地址一样，也是一个 32 位的二进制数，用圆点分隔成 4 组。子网掩码规定，将 IP 地址的网络标识和子网标识部分用二进制数“1”表示，主机标识部分用二进制数“0”表示。

实验　网络基础应用

实验目的

（1）掌握 Windows 10 中网络资源配置的方法。

（2）了解比较常见的网络命令。

（3）熟悉 Internet 各种工具的使用方法。

实验内容

1. 设置 IP 地址

（1）单击通知区域中的“网络”图标，在弹出的列表中选择“网络和 Internet 设置”命令，打开“设置”界面。

（2）单击该界面左窗格中的“以太网”，单击右窗格中“相关设置”组中的“更改适配器选项”，如图 7-1 所示。

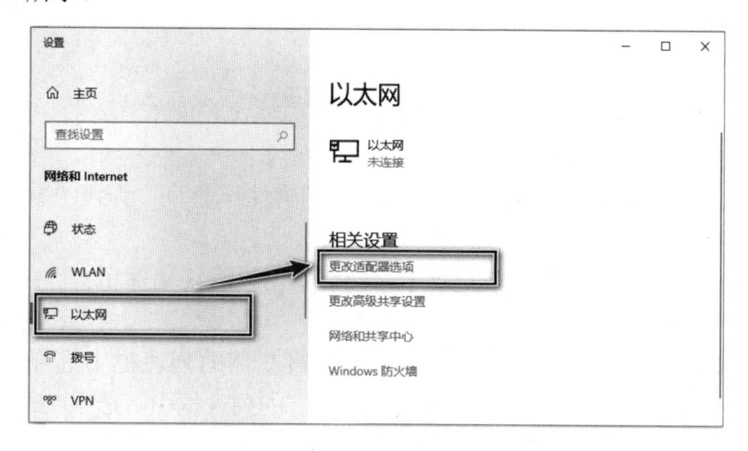

图 7-1　“设置”界面

（3）右击“以太网”图标，在弹出的快捷菜单中选择“属性”命令，弹出“以太网属性”对话框。

（4）在该对话框的“此连接使用下列项目”组中，单击“Internet 协议版本 4(TCP/IPv4)，再单击“属性”按钮，如图 7-2 所示。

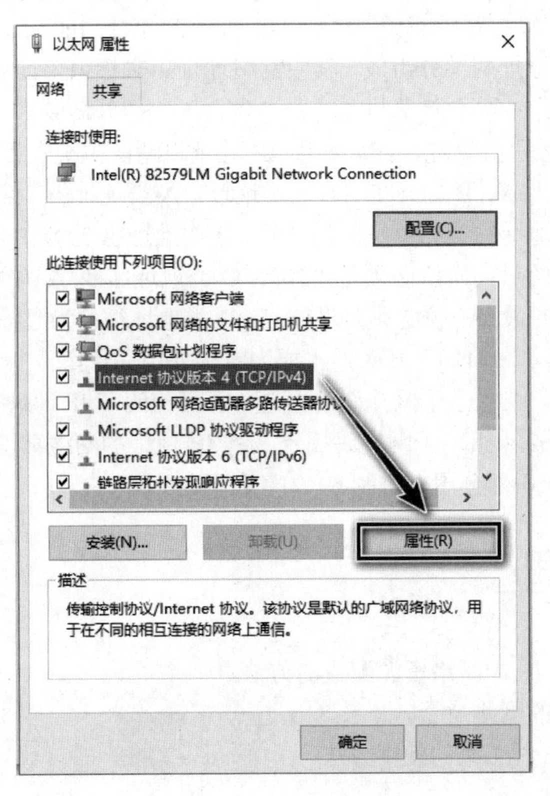

图 7-2　设置 TCP/IPv4 属性

（5）在弹出的“Internet 协议版本 4(TCP/IPv4)属性”对话框中，输入 IP 地址及相关信息，如图 7-3 所示。如果不知道具体的 IP 地址，则可以通过设置自动获得 IP 地址。

2. 设置文件共享

如果某台计算机需要和其他计算机共享一些文件，则可以设置共享的文件夹。下面分别介绍简单共享法和高级共享法。

（1）简单共享法。

简单共享法一般用于临时的共享访问需求，设置方法比较简单。

① 在 D 盘的根目录下，新建一个“共享文件”的文件夹。

② 右击该文件夹，在弹出的快捷菜单中选择“属性”命令，弹出“共享文件属性”对话框。

③ 在该对话框中，选择“共享”选项卡，然后单击“网络文件和文件夹共享”区域中的“共享”按钮，如图 7-4 所示。

④ 弹出“网络访问”对话框，在“添加”按钮左侧的列表框中选择用户，这里选择“Everyone”，单击“添加”按钮，即可将其添加到下方的列表框中。选中某个用户，在“权限级别”中可以进一步设置用户对共享文件夹的操作权限，如图 7-5 所示。

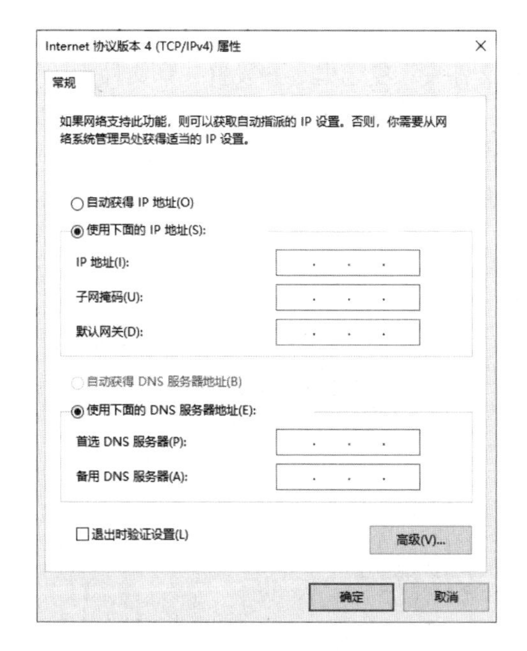

图 7-3 设置 TCP/IPv4 属性

图 7-4 “共享文件属性”对话框

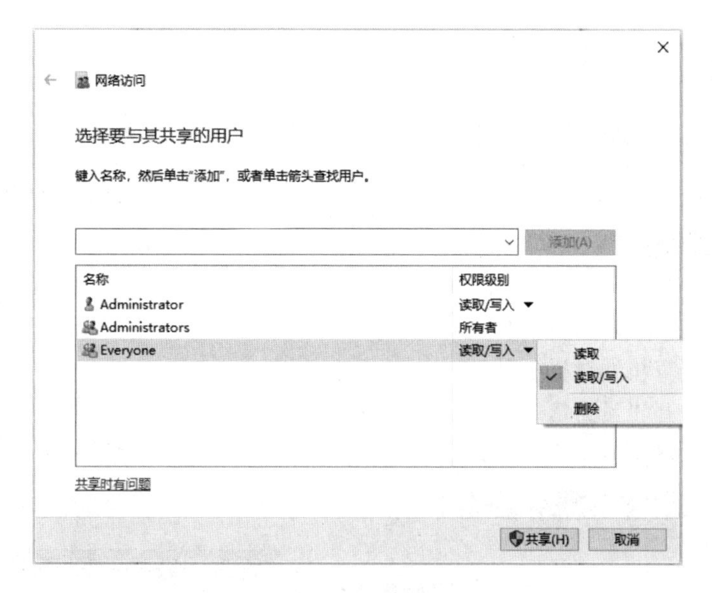

图 7-5 “网络访问”对话框

⑤ 单击“共享”按钮，提示文件夹共享成功，并显示该共享文件夹的链接地址。

⑥ 单击“完成”按钮，完成该文件夹的共享，局域网中的其他用户可以通过网络访问这个文件夹。

（2）高级共享法。

高级共享法主要是为共享的文件设置必要的访问权限。

① 右击需要共享的文件夹，在弹出的快捷菜单中选择“属性”命令，弹出“共享文件属性”对话框。

② 在该对话框中，选择“共享”选项卡，然后单击“高级共享”区域中的“高级共享”

按钮。

③ 弹出“高级共享”对话框，勾选“共享此文件夹”复选框，并设置共享文件夹的名称、同时共享的用户属性限制等，如图 7-6 所示。

④ 单击“权限”按钮，弹出“共享文件的权限”对话框，在“组或用户名”列表框中选择需要设置权限的用户，在用户权限列表框中可以进一步设置用户对共享文件夹的访问权限，如图 7-7 所示。

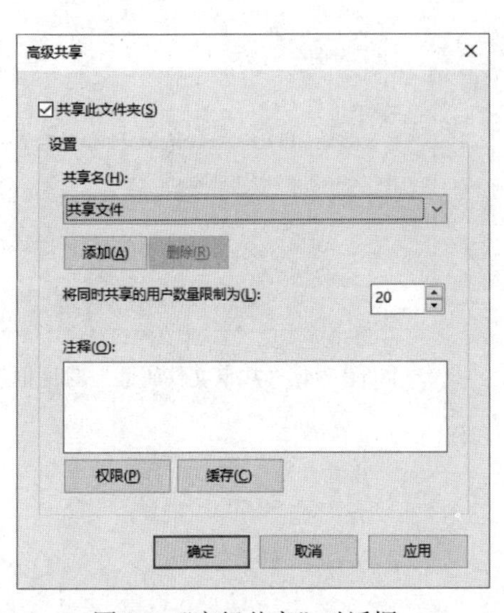

图 7-6 “高级共享”对话框

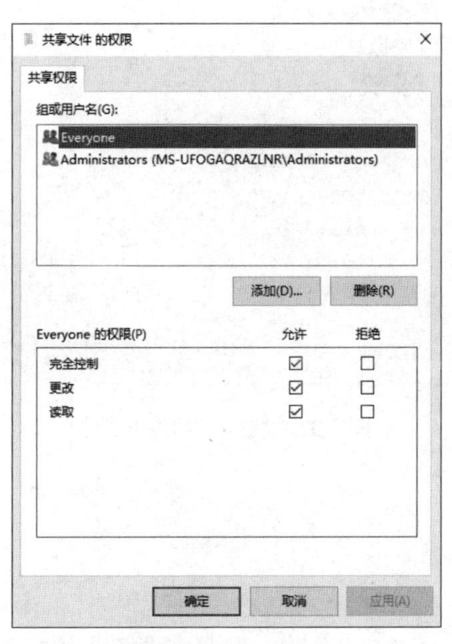

图 7-7 “共享文件的权限”对话框

3. 利用 USB 通过手机上网

如果家里的宽带断了，又需要通过计算机上网办理一些事情，则可以通过 USB 共享手机流量上网。下面以安卓手机为例进行介绍。

① 将手机和计算机通过数据线连接。

② 在手机端点开“设置”，选择“无线和网络”。

③ 点开“移动网络共享”，选择“USB 共享网络”。具体操作如图 7-8 所示。

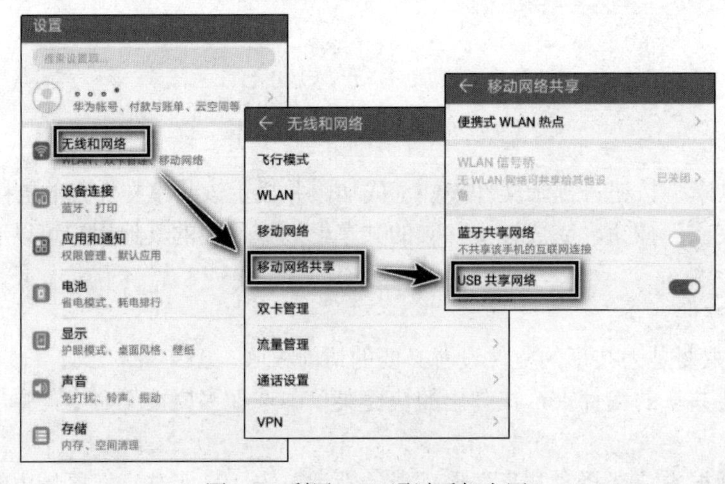

图 7-8 利用 USB 通过手机上网

4. 常见网络命令运行

（1）ping 命令。

ping 命令通常用来检查网络的可用性。通过 ping 命令对一个网络地址发送测试数据包，看该网络地址是否有响应并统计响应时间，以此来测试网络。

① 单击“开始”按钮，在“开始”菜单中选择“Windows 系统”，单击“命令提示符”，打开命令提示符窗口。

② 在该窗口中输入“ping /?”，可列出 ping 命令的相关参数，如图 7-9 所示。

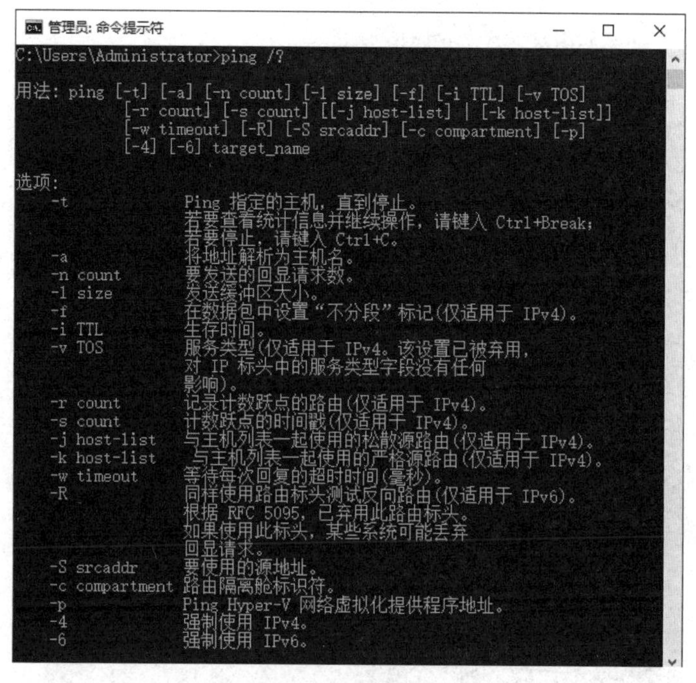

图 7-9　ping 命令的相关参数

③ 在该窗口中输入“ping 127.0.0.1”，观察本地的 TCP/IP 是否已经设置好，如图 7-10 所示。

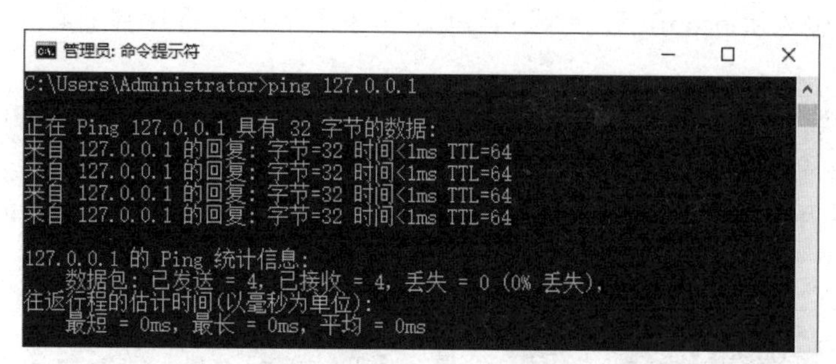

图 7-10　观察本地的 TCP/IP 是否已经设置好

④ 在该窗口中输入“ping www.cpcnews.cn”，可检查本机与外部连接是否正常，如果无应答，则表示 DNS 服务器的 IP 地址配置不正确或 DNS 服务器有故障，如图 7-11 所示。

（2）ipconfig 命令。

ipconfig 命令可以用于显示系统的 TCP/IP 网络配置值，这些信息通常用来检验人工配置的 TCP/IP 设置是否正确。

```
管理员: 命令提示符
C:\Users\Administrator>ping www.cpcnews.cn

正在 Ping www.cpcnews.cn.wscdns.com [183.95.80.125] 具有 32 字节的数据:
来自 183.95.80.125 的回复: 字节=32 时间=2ms TTL=56
来自 183.95.80.125 的回复: 字节=32 时间=3ms TTL=56
来自 183.95.80.125 的回复: 字节=32 时间=2ms TTL=56
来自 183.95.80.125 的回复: 字节=32 时间=2ms TTL=56

183.95.80.125 的 Ping 统计信息:
    数据包: 已发送 = 4, 已接收 = 4, 丢失 = 0 (0% 丢失),
往返行程的估计时间(以毫秒为单位):
    最短 = 2ms, 最长 = 3ms, 平均 = 2ms
```

图 7-11　观察本机与外部连接是否正常

① 在窗口中输入“ipconfig /?”，可列出 ipconfig 命令的相关参数，如图 7-12 所示。

```
管理员: 命令提示符
C:\Users\Administrator>ipconfig /?

用法:
    ipconfig [/allcompartments] [/? | /all |
                                 /renew [adapter] | /release [adapter] |
                                 /renew6 [adapter] | /release6 [adapter]
 |
                                 /flushdns | /displaydns | /registerdns
 |
                                 /showclassid adapter |
                                 /setclassid adapter [classid] |
                                 /showclassid6 adapter |
                                 /setclassid6 adapter [classid] ]

其中
    adapter             连接名称
                       (允许使用通配符 * 和 ?, 参见示例)

    选项:
       /?               显示此帮助消息
       /all             显示完整配置信息。
       /release         释放指定适配器的 IPv4 地址。
       /release6        释放指定适配器的 IPv6 地址。
       /renew           更新指定适配器的 IPv4 地址。
       /renew6          更新指定适配器的 IPv6 地址。
       /flushdns        清除 DNS 解析程序缓存。
       /registerdns     刷新所有 DHCP 租用并重新注册 DNS 名称
       /displaydns      显示 DNS 解析程序缓存的内容。
       /showclassid     显示适配器允许的所有 DHCP 类 ID。
       /setclassid      修改 DHCP 类 ID。
       /showclassid6    显示适配器允许的所有 IPv6 DHCP 类 ID。
       /setclassid6     修改 IPv6 DHCP 类 ID。
```

图 7-12　ipconfig 命令的相关参数

② 在窗口中输入“ipconfig”，可显示每个完成配置的接口的 IP 地址、子网掩码和默认网关值。

③ 在窗口中输入“ipconfig /all”，可显示所有网络适配器的完整的 TCP/IP 配置。

（3）nslookup 命令。

nslookup 命令用来解析域名，可以查询任何一台机器的 IP 地址和其对应的域名。

在窗口中输入“nslookup www.scuec.edu.cn”，可解析出该网站的 IP 地址，如图 7-13 所示。

图 7-13　解析中南民族大学网站的 IP 地址

5. Microsoft Edge 浏览器

Microsoft Edge 浏览器是 Windows 10 操作系统内置的浏览器，它的一些功能包括：支持内置 Cortanna 语音功能，内置了阅读器、笔记和分享功能，设计注重实用和极简功能。

（1）设置主页。

Microsoft Edge 中的设置主页，指的是打开浏览器时默认打开的页面。

① 打开 Microsoft Edge 浏览器，单击页面上的“设置及其他”按钮，在下拉列表中选择“设置”选项。

② 打开“设置”界面后，在“常规”页面中，拖动滚动条找到“Microsoft Edge 打开方式”，选择“特定页”选项，并在下方的文本框中输入用户想要设置为主页的网址，单击右侧的“保存”按钮即可。具体操作如图 7-14 所示。

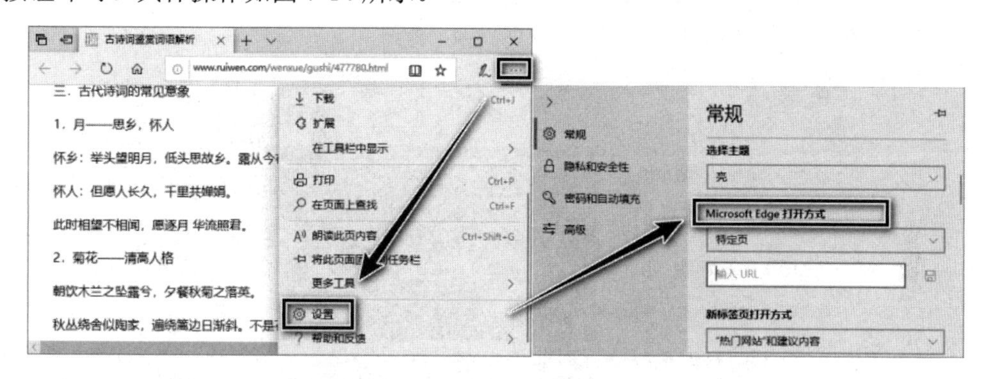

图 7-14　设置 Microsoft Edge 的主页

（2）使用阅读视图。

Microsoft Edge 浏览器提供阅读模式，可以在没有干扰（没有广告，没有网页的头标题和尾标题等，只有正文）的模式下看文章，还可以调整背景和文字大小。

① 在 Microsoft Edge 浏览器中，打开一篇文章的网页，如可以打开一篇有关古诗词鉴赏的网页。

② 单击浏览器工具栏中的“阅读视图”按钮，如图 7-15 所示。

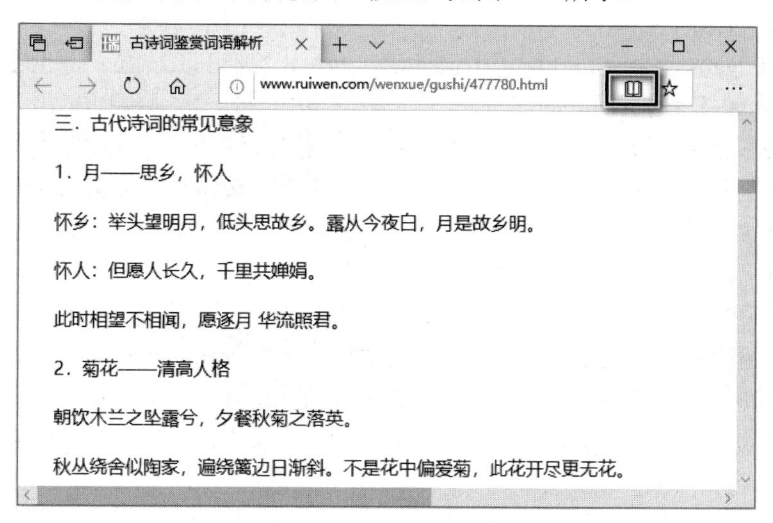

图 7-15　单击“阅读视图”按钮

③ 进入网页阅读视图模式后，可以看到此模式下除了文章，没有网页上的其他东西，此时，滚动鼠标滑轮即可进行翻页阅读。

④ 在网页空白处任意位置单击，都可弹出设置工具栏，单击工具栏中的“文本选择”按钮，可以更改阅读视图的样式，如文字大小、页面主题等，选择最适合自己的显示方式。

⑤ 再次单击“阅读视图”按钮，即可退出阅读模式。

（3）添加阅读列表。

在 Microsoft Edge 浏览器中，用户可以将文章、电子书或想以后再阅读的内容，保存到阅读列表中，使用 Microsoft 账户登录任何 Windows 设备，都可以随时阅读。

① 打开要保存到阅读列表中的网页，单击“添加到收藏夹或阅读列表”按钮。

② 在弹出的对话框中，单击“阅读列表”图标，在下方的“名称”框中输入名称信息，并单击“添加”按钮，具体操作如图 7-16 所示。

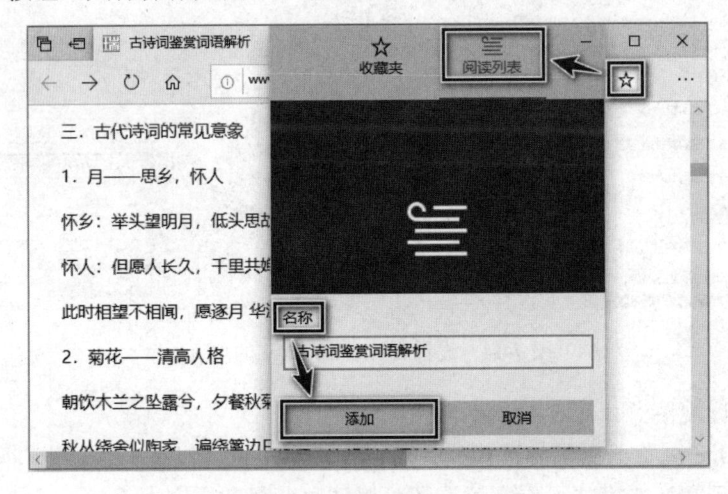

图 7-16　添加阅读列表

③ 当需要查看阅读列表内的文章时，单击网页上的“设置及其他”按钮，在下拉列表中，选择“阅读列表”选项，就可以看到添加的文章，单击该文章就能阅读。

（4）在 Web 页面上书写。

Microsoft Edge 浏览器支持在网页上记笔记、书写、涂鸦和突出显示，也支持按所有常用的方式保存或分享书写的页面。

① 打开要添加内容的网页，单击“添加笔记”按钮。

② 进入浏览器添加笔记的工作环境，单击“圆珠笔”按钮，在弹出的面板中可以设置写笔记时的圆珠笔的颜色和大小，如图 7-17 所示。

③ 用圆珠笔在网页中书写和绘图。

④ 单击“荧光笔”按钮，可以突出显示重点文字。

⑤ 如果想清除刚写的笔记内容，可以单击“橡皮擦”按钮，对刚写的墨迹进行清除，也可以单击“擦除所有墨迹”按钮，擦除页面中的所有笔记。

⑥ 单击“添加笔记”按钮，可以在页面中绘制一个文本框，然后在里面输入笔记内容。该文本框可以被折叠、展开或删除。

⑦ 单击“剪辑”按钮，进入剪辑编辑状态，按鼠标左键并拖动鼠标，可以选择复制区域，并将内容复制到剪贴板上。

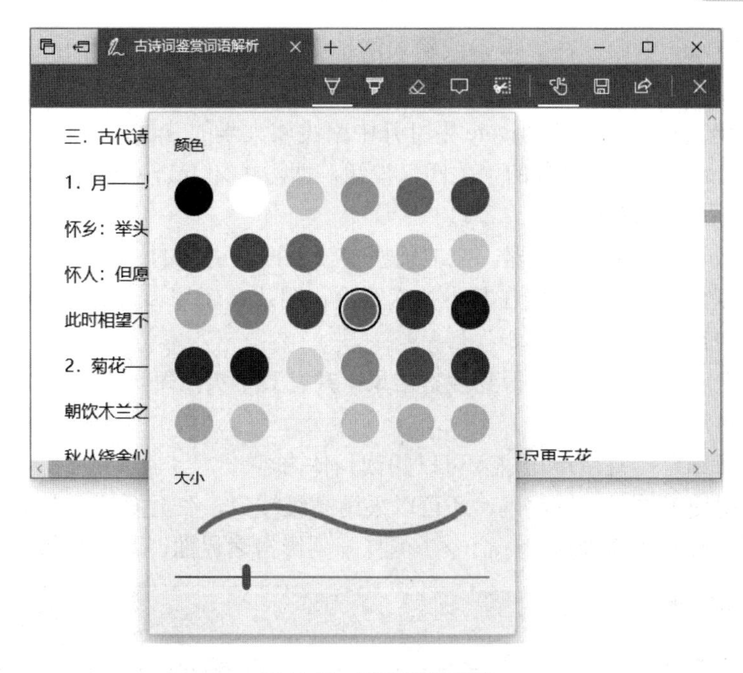

图 7-17　圆珠笔的设置

⑧ 写完笔记后，单击页面中的“保存 Web 笔记”按钮，弹出笔记保存设置页面，设置保存名称和位置后，单击“保存”按钮即可。

⑨ 如果要退出添加笔记工作模式，则单击“退出”按钮。

（5）隐私保护——InPrivate 浏览。

使用 InPrivate 浏览网页时，用户的浏览数据（如 Cookie、历史记录或临时文件）在用户浏览完后不保存在计算机中，也就是说，当关闭所有的 InPrivate 标签页后，Microsoft Edge 浏览器会从计算机中删除临时数据。

使用 InPrivate 浏览网页的具体操作步骤如下。

① 打开 Microsoft Edge 浏览器，单击页面上的“设置及其他”按钮，在下拉列表中选择“新建 InPrivate 窗口”选项，如图 7-18 所示。

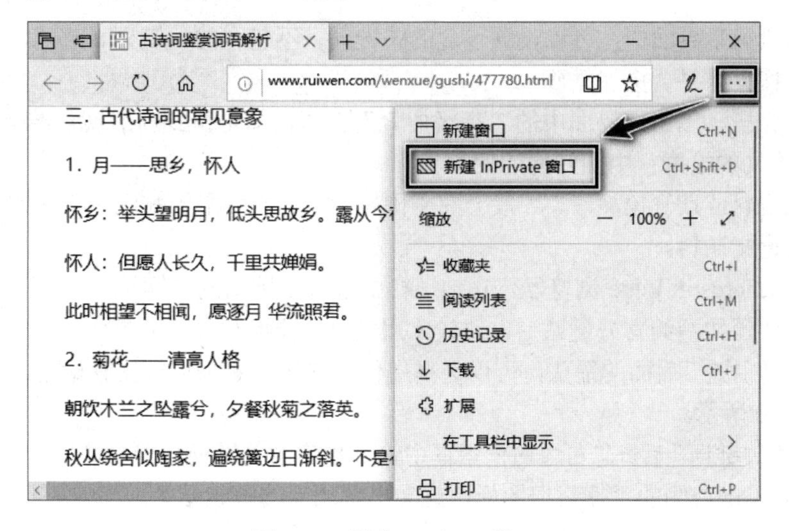

图 7-18　新建 InPrivate 窗口

② 打开 InPrivate 窗口，在“搜索或输入网址”文本框中输入想用 InPrivate 浏览的网页地址。

③ 按 Enter 键，就可以在 InPrivate 中打开中南民族大学的首页。

④ 单击 InPrivate 窗口右上角的“关闭”按钮，即可关闭 InPrivate 窗口。

6. 网络搜索引擎的使用

（1）打开 Microsoft Edge 浏览器，在地址栏中输入搜索引擎的地址。

（2）打开百度主页后，用户能在其中搜索网页、图片、新闻、音乐、百科知识等。此时，在搜索关键字栏中输入“古诗词赏析”。

（3）单击“百度一下”按钮，得到搜索结果，共有数十页，每页有一个编号，可以通过单击不同的页编号，浏览搜索结果。

（4）选择某条结果，直接单击进入可以阅读具体内容。

（5）如果觉得搜索结果不够精确，还可以采用高级搜索。在页面的右上角单击“设置”按钮，在下拉列表中选择“高级搜索”命令，可打开高级搜索界面。具体操作如图 7-19 所示。

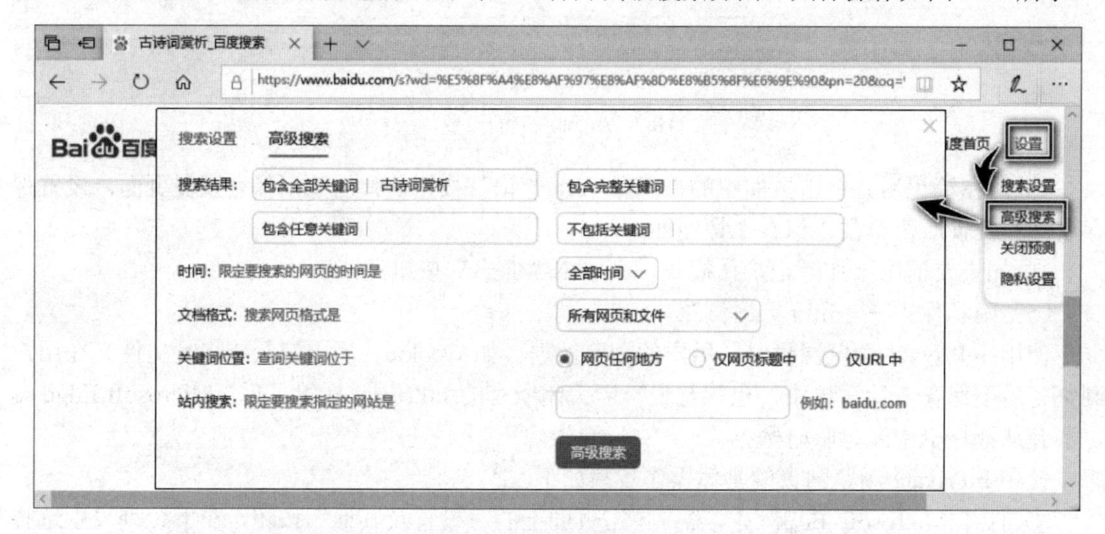

图 7-19　百度高级搜索

（6）在高级搜索界面中，可以设置包含的关键词、不包含的关键词、时间、文档格式、关键词位置等，搜索结果会更加精确。

（7）设置完毕，单击该界面中的“高级搜索”按钮，即可得到新的搜索结果。

7. 期刊论文的检索：中国知网的使用

用户查找资料或期刊论文时，一般会在中国知网中查找。中国知网中有非常多的资源，可以检索大量的论文期刊。

（1）打开 Microsoft Edge 浏览器，在地址栏中输入中国知网的网址。

（2）进入中国知网的官方网站后，比较常用的是“文献检索”功能。

（3）单击“主题”后面的箭头，可以选择用什么样的方式来进行文献检索，以关键词检索为例，如图 7-20 所示。

（4）单击“关键词”后，在右边的搜索框中输入相应的关键词即可。如在搜索框中输入“网络爬虫”，然后单击右侧的“搜索”图标，就会出现相应的搜索结果。

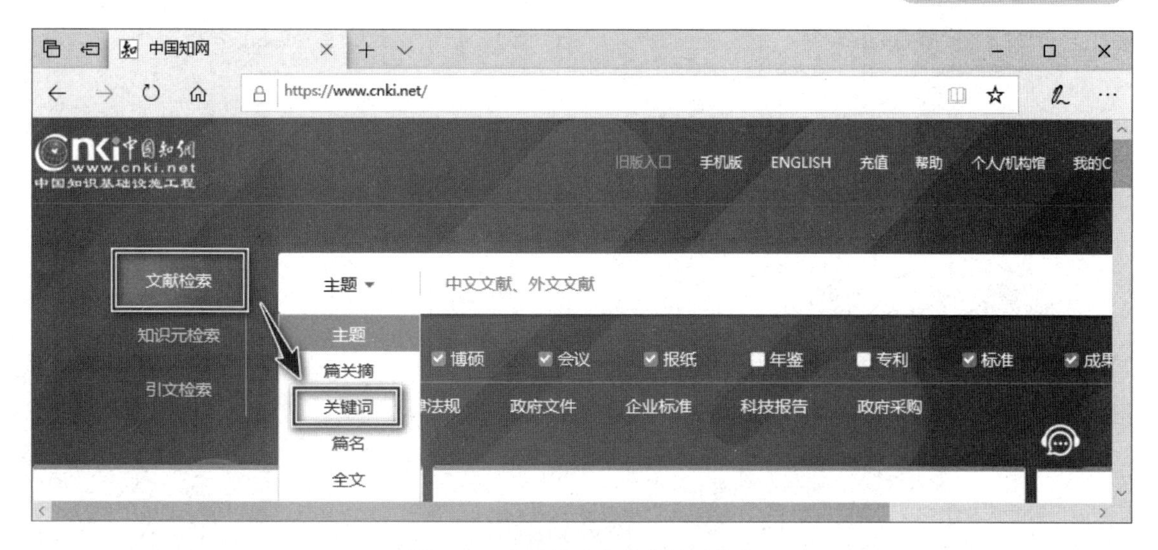

图 7-20　文献检索中的关键词检索

（5）文献的搜索结果如图 7-21 所示，在方框处可以根据相关度、发表时间等对文献进行排序，选择自己需要的排序方式即可。

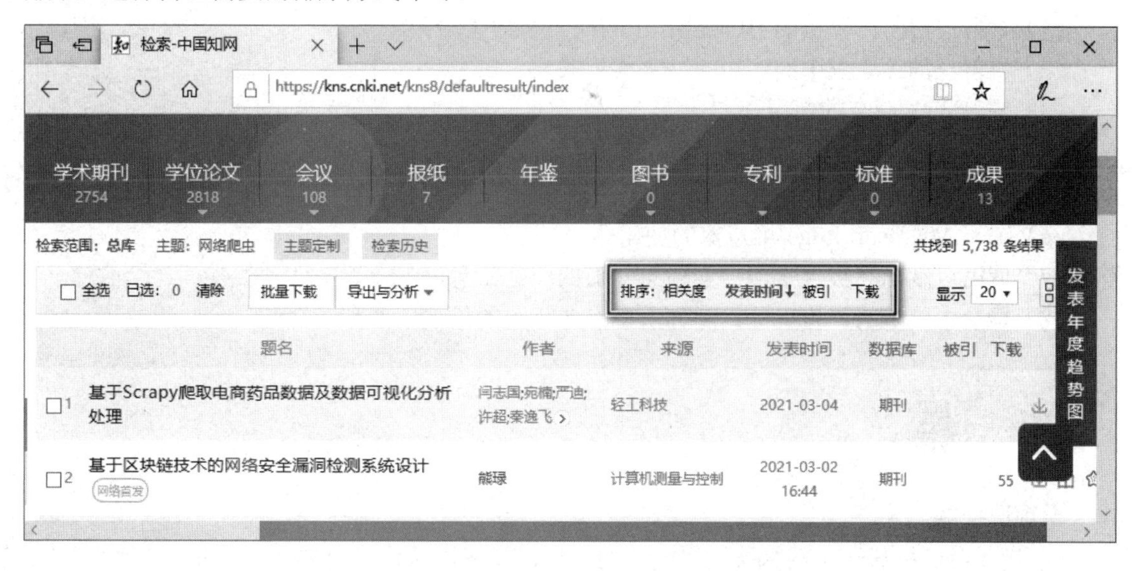

图 7-21　选择检索文件的不同排序方式

（6）找到自己想要查看的文献后，单击文献标题，就可以查看文献详情。

（7）如果想要下载文献，可以选择“CAJ 下载”或“PDF 下载”这两种不同方式。注意，下载前要登录知网的账号。由于知网上的很多文献都是收费的，因此，大家可以使用学校的账号来免费下载文献。

（8）除了常用的关键词检索，中国知网还有高级检索的功能。单击“高级检索”，即可进入如图 7-22 所示的高级检索界面，输入相应的检索条件，单击“检索”按钮，就能查到符合条件的文献。

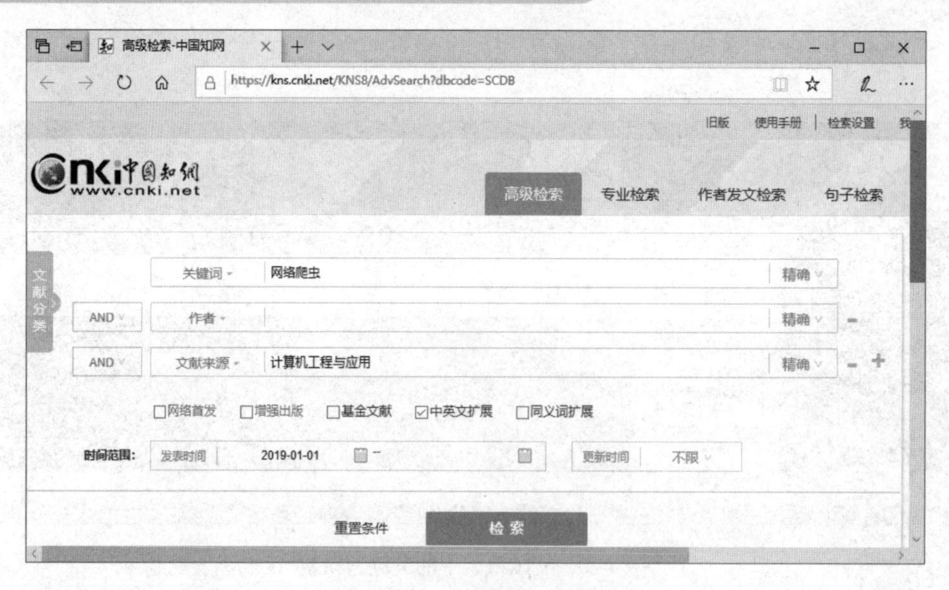

图 7-22　高级检索界面

操作练习

（1）查看自己的计算机的 IP 地址、子网掩码和默认网关。

（2）将自己的计算机中的一个文件夹实现共享。

（3）练习 ping 命令的使用。

（4）练习 ipconfig 命令的使用。

（5）练习 nslookup 命令的使用。

（6）练习 Microsoft Edge 浏览器的使用。

（7）使用百度的高级搜索，搜索你想知道的一些信息。

（8）登录中国知网，检索一篇和你所学专业相关的论文。

习　题

单项选择题

1．当一台主机从一个网络移到另一个网络时，以下说法正确的是（　　）。

A．必须改变它的 IP 地址和 MAC 地址

B．必须改变它的 IP 地址，但不用改动 MAC 地址

C．必须改变它的 MAC 地址，但不用改动 IP 地址

D．IP 地址和 MAC 地址都不用改动

2．在 Internet 上浏览时，浏览器和 WWW 服务器之间传输网页使用的协议是（　　）。

A．IP　　B．FTP　　C．HTTP　　D．Telnet

3．世界上很多国家都相继组建了自己国家的公用数据网，现有的公用数据网大多采用（　　）。

A．分组交换方式　　B．报文交换方式

C．电路交换方式　　D．空分交换方式

4．在 IP 地址方案中，159.226.181.1 是一个（　　）。

A．A 类地址　　B．B 类地址　　C．C 类地址　　D．D 类地址

5．TCP 的协议数据单元被称为（　　）。

A．比特　　B．帧　　C．分段　　D．字符

6．世界上第一个计算机网络是（　　）。

A．ARPAnet　　B．ChinaNet　　C．Internet　　D．CERNET

7．一般来说，用户上网要通过因特网服务提供商，其英文缩写为（　　）。

A．IDC　　B．ICP　　C．ASP　　D．ISP

8．在以下传输介质中，带宽最宽、抗干扰能力最强的是（　　）。

A．双绞线　　B．无线信道　　C．同轴电缆　　D．光纤

9．一座大楼内的计算机网络系统属于（　　）。

A．PAN　　B．LAN　　C．MAN　　D．WAN

10．将一个局域网接入 Internet，首选的设备是（　　）。

A．路由器　　B．中继器　　C．网桥　　D．网关

11．域名 www.scuec.edu.cn 由 4 个子域组成，其中（　　）代表主机。

A．www　　B．scuec　　C．edu　　D．cn

12．在 Internet 的基本服务功能中，远程登录所使用的命令是（　　）。

A．ftp　　B．telnet　　C．mail　　D．ipconfig

13．IPv6 将 32 位地址空间扩展到（　　）。

A．64 位　　B．128 位　　C．256 位　　D．512 位

14．下面的（　　）命令用来测试网络是否连通。

A．telnet　　B．nslookup　　C．ping　　D．ftp

15．系统可靠性最高的网络拓扑结构是（　　）。

A．总线型　　B．树形　　C．星形　　D．网状形

第8章 数据库应用技术

知识要点

1. 数据库和数据库管理系统

数据库是一个按数据结构来存储和管理数据的计算机软件系统。

数据库管理系统是一种操纵和管理数据库的大型软件，用于建立、使用和维护数据库。它对数据库进行统一的管理和控制，以保证数据库的安全性和完整性。用户通过 DBMS 访问数据库中的数据，数据库管理员也通过 DBMS 进行数据库的维护工作。

2. 关系数据库系统

关系数据库是目前最重要、应用最广泛的数据库系统。在关系数据库中，实体与实体之间的联系都用单一的结构类型关系来表示，这种逻辑结构是一张二维表。

关系模型的数据结构非常简单，只包含单一的数据结构——关系。在用户看来，关系模型中数据的逻辑结构是一张二维表。

关系数据模型的操作包括数据查询、数据删除、数据插入、数据修改。

关系模型的完整性规则是对关系的某种约束条件。关系数据库的数据与更新操作必须遵循三类完整性规则，即实体完整性、参照完整性和用户自定义完整性。

3. 关系数据库标准语言 SQL

结构化查询语言（Structured Query Language，SQL）是关系数据库的标准语言，也是通用的、功能极强的关系数据库语言。其功能不仅是查询，还包括数据库模式创建、数据库数据的插入与修改、数据库安全性完整性定义与控制等功能。

SQL 功能主要包括数据定义（CREATE，DROP，ALTER）、数据操纵（INSERT，UPDATE，DELETE）、数据查询（SELECT）和数据控制（GRANT，REVOKE）。

4. Python 连接数据库流程

Python 连接 SQLite3 数据库的流程如图 8-1 所示。

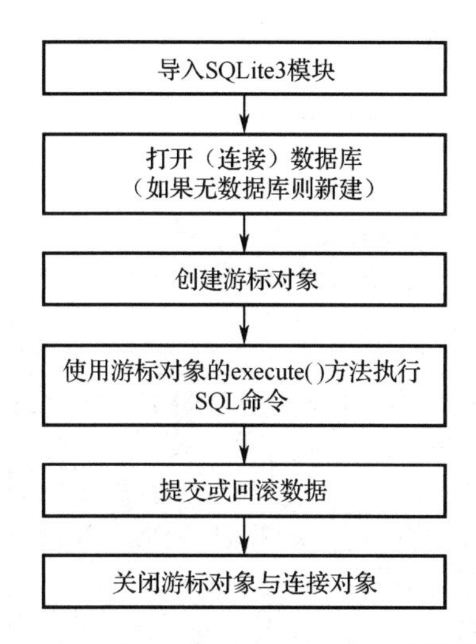

图 8-1　Python 连接 SQLite3 数据库的流程

实验　数据库应用基础

实验目的

1．掌握 Python 连接数据库的基本操作步骤。

2．了解使用 SQL 语句进行新建、插入、查询等操作的方法。

实验步骤

1．了解数据库基本结构

假设有一个职工人事管理数据库 EMDT，其中包括部门信息表和员工信息表两张表：

```
Dept(DNo, DName, Tel)
Emp (Eno, Name, Age, Sex, DNo, Position)
```

部分信息如表 8-1 和表 8-2 所示。

表 8-1　部门信息表

部门编号	部门名称	部门电话
101	财务部	87651234
102	销售部	87651122

表 8-2　员工信息表

工号	姓名	年龄	性别	部门编号	职务
1011	刘小同	52	男	101	经理
1012	王琳	30	女	101	员工
1019	王茜	45	女	102	经理
1022	李真	38	女	102	员工
1031	贺凯	28	男	102	实习生

2. 新建数据库，新建表

新建一个 Python 文件，命名为 newtable.py。

程序代码如下：

```
import sqlite3          #导入 SQLite3 模块
conn=sqlite3.connect("D:\\ EMDT.db")  #新建数据库，建立数据库连接
curs=conn.cursor()      #创建游标对象
#使用游标对象的 execute()方法执行 SQL 命令，新建两张表
sql_c1="CREATE TABLE Dept(DNo CHAR(3) PRIMARY KEY, DName CHAR(6), Tel CHAR(8))"
curs.execute(sql_c1)    #新建部门信息表
sql_c2="CREATE TABLE Emp(Eno CHAR(4) PRIMARY KEY, Name CHAR(8), Age SMALLINT, Sex CHAR(1) , DNo CHAR(3), Position CHAR(6), FOREIGN KEY(DNo) REFERENCES Dept(DNo))"
curs.execute(sql_c2)    #新建员工信息表
conn.commit()           #提交
curs.close()            #关闭游标对象
conn.close()            #关闭连接对象
```

执行程序，执行完毕可以在 D 盘看到一个文件 EMDT.db，这就是新建的数据库文件。

3. 向表中插入数据

新建一个 Python 文件，命名为 ins_rec.py。

程序代码如下：

```
import sqlite3          #导入 SQLite3 模块
conn=sqlite3.connect("D:\\ EMDT.db")  #打开数据库，建立数据库连接
curs=conn.cursor()      #创建游标对象
#使用游标对象的 execute()方法执行 SQL 命令，输入数据
sql_i1="INSERT INTO Dept VALUES('101','财务部',' 87651234'),('102','销售部',' 87651122')"
curs.execute(sql_i1)
sql_i2="INSERT INTO Emp VALUES('1011','刘小同',52,'男','101','经理'),('1012','王琳',30,'女','101','员工'),('1019','王茜',45,'女','102','经理')"
curs.execute(sql_i2)
conn.commit()           #提交
curs.close()            #关闭游标对象
conn.close()            #关闭连接对象
```

4. 自己编写程序，将表 8-2 中最后两条记录插入 Emp 表中

5. 从表中查询记录

新建一个 Python 文件，命名为 sel.py。

程序代码如下：

```
import sqlite3    #导入 SQLite3 模块
conn=sqlite3.connect("D:\\ EMDT.db")  #打开数据库，建立数据库连接
curs=conn.cursor()      #创建游标对象
#使用游标对象的 execute()方法执行 SQL 命令，查询记录
#查询工号为"1012"的员工的信息
sql_s1="SELECT * FROM Emp WHERE Eno='1012'"
curs.execute(sql_s1)
row = curs.fetchone()    #因为查询结果只有一条记录，可以使用 fetchone()方法
```

```
if row !=None:
print(row)
#查询财务部所有工作人员的姓名和年龄
sql_s2="SELECT EName, Age FROM Emp, Dept WHERE Emp.DNo=Dept.DNo AND DName='财务部'"
curs.execute(sql_s2)
result = curs.fetchall()
for row in result:
print(row)
curs.close()
conn.close()
```

6. 自己编写程序，从职工基本信息表中查询所有经理的个人信息

习 题

单项选择题

1．最常用的一种基本数据模型是关系数据模型，它的表示采用（　　）。

A．树　　B．网络　　C．图　　D．二维表

2．数据库、数据库系统和数据库管理系统之间的关系是（　　）。

A．数据库包括数据库系统和数据库管理系统

B．数据库系统包括数据库和数据库管理系统

C．数据库管理系统包括数据库和数据库系统

D．三者之间没有必然的联系

3．关系表中的每一行称为（　　）。

A．元组　　B．字段　　C．属性　　D．码

4．在数据库系统中，数据模型有（　　）3 种。

A．大型、中型和小型　　B．环状、链状和网状

C．层次、网状和关系　　D．数据、图形和多媒体

5．在数据库管理系统中，能实现对数据库中的数据进行查询、插入、修改和删除功能，这类功能称为（　　）。

A．数据定义功能　　B．数据管理功能

C．数据操纵功能　　D．数据控制功能

6．关系数据库管理系统应能实现的专门关系运算包括（　　）。

A．排序、索引、统计　　B．选择、投影、连接

C．关联、更新、排序　　D．显示、打印、制表

7．（　　）由数据结构、关系操作集合和完整性约束 3 部分组成。

A．关系模型　　B．关系　　C．关系模式　　D．关系数据库

8．在关系数据模型中，域是指（　　）。

A．字段　　B．记录

C．属性　　D．属性的取值范围

9．假设学生关系是 S(S#, SNAME, SEX, AGE)，课程关系是 C(C#, CNAME, TEACHER)，学生选课关系是 SC(S#, C#, GRADE)，要查找选修“计算机基础”课程的女学生的姓名，将涉及关系（　　）。

A．S　　B．SC, C　　C．S, SC　　D．S, C, SC

10．SQL 语言集数据定义功能、数据操纵功能和数据控制功能于一体。下列语句中，属于数据控制功能的是（　　）。

A．GRANT　　B．CREATE　　C．INSERT　　D．SELECT

附录 全国计算机等级考试一级 WPS Office 考试大纲（2022 年版）

基本要求

1．具有微型计算机的基础知识（包括计算机病毒的防治常识）。

2．了解微型计算机系统的组成和各部分的功能。

3．了解操作系统的基本功能和作用，掌握 Windows 的基本操作和应用。

4．了解文字处理的基本知识，熟练掌握文字处理软件 WPS 文字的基本操作和应用，熟练掌握一种汉字（键盘）输入方法。

5．了解电子表格软件的基本知识，掌握 WPS 表格的基本操作和应用。

6. 了解多媒体演示软件的基本知识，掌握演示文稿制作软件 WPS 演示的基本操作和应用。

7．了解计算机网络的基本概念和因特网（Internet）的初步知识，掌握 IE 浏览器软件和 Outlook Express 软件的基本操作和使用。

考试内容

一、计算机基础知识

1．计算机的发展、类型及其应用领域。

2．计算机中数据的表示、存储与处理。

3．多媒体技术的概念与应用。

4．计算机病毒的概念、特征、分类与防治。

5．计算机网络的概念、组成和分类；计算机与网络信息安全的概念和防控。

6．因特网网络服务的概念、原理和应用。

二、操作系统的功能和使用

1．计算机软、硬件系统的组成及主要技术指标。

2．操作系统的基本概念、功能、组成及分类。

3．Windows 操作系统的基本概念和常用术语，文件、文件夹、库等。

4．Windows 操作系统的基本操作和应用：

（1）桌面外观的设置，基本的网络配置。

（2）熟练掌握资源管理器的操作与应用。

（3）掌握文件、磁盘、显示属性的查看、设置等操作。

（4）中文输入法的安装、删除和选用。

（5）掌握检索文件、查询程序的方法。

（6）了解软、硬件的基本系统工具。

三、WPS 文字处理软件的功能和使用

1．文字处理软件的基本概念，WPS 文字的基本功能、运行环境、启动和退出。

2．文档的创建、打开和基本编辑操作，文本的查找与替换，多窗口和多文档的编辑。

3．文档的保存、保护、复制、删除、插入。

4．字体格式、段落格式和页面格式设置等基本操作，页面设置和打印预览。

5．WPS 文字的图形功能，图形、图片对象的编辑及文本框的使用。

6．WPS 文字表格制作功能，表格结构、表格创建、表格中数据的输入与编辑及表格样式的使用。

四、WPS 表格软件的功能和使用

1．电子表格的基本概念，WPS 表格的功能、运行环境、启动与退出。

2．工作簿和工作表的基本概念，工作表的创建、数据输入、编辑和排版。

3．工作表的插入、复制、移动、更名、保存等基本操作。

4．工作表中公式的输入与常用函数的使用。

5．工作表数据的处理，数据的排序、筛选、查找和分类汇总，数据合并。

6．图表的创建和格式设置。

7．工作表的页面设置、打印预览和打印。

8．工作簿和工作表数据安全、保护及隐藏操作。

五、WPS 演示软件的功能和使用

1．演示文稿的基本概念，WPS 演示的功能、运行环境、启动与退出。

2．演示文稿的创建、打开和保存。

3．演示文稿视图的使用，演示页的文字编排，图片和图表等对象的插入，演示页的插入、删除、复制以及演示页顺序的调整。

4．演示页版式的设置，模板与配色方案的套用，母版的使用。

5．演示页放映效果的设置，换页方式及对象动画的选用，演示文稿的播放与打印。

六、因特网（Internet）的初步知识和应用

1．了解计算机网络的基本概念和因特网的基础知识，主要包括网络硬件和软件，协议 TCP/IP 的工作原理，以及网络应用中常见的概念，如域名、IP 地址、DNS 服务等。

2．能够熟练掌握浏览器、电子邮件的使用和操作。

考试方式

1．采用无纸化考试，上机操作。考试时间为 90 分钟。

2．软件环境：Windows 7 操作系统，WPS Office 2019 办公软件。

3．在指定时间内，完成下列各项操作：

（1）选择题（计算机基础知识和网络的基本知识）。（20 分）

（2）Windows 操作系统的使用。（10 分）

（3）WPS 文字的操作。（25 分）

（4）WPS 表格的操作。（20 分）

（5）WPS 演示软件的操作。（15 分）

（6）浏览器（IE）的简单使用和电子邮件收发。（10 分）